普通高等教育计算机类专业教材

基于 AI 的 Web 技术项目实战

主　编　李　攀　孙晓叶　孙旭光

副主编　刘　颖　鹿玉红　陈福明　尹慧超

中国水利水电出版社

www.waterpub.com.cn

·北京·

内 容 提 要

本书共分为 10 章，主要内容包括 Java 基础语法、面向对象程序设计、Java 基础加强、Java 高级编程以及 Java 进阶案例实战。本书介绍了 Java 的高级编程技巧和最佳实践，如设计模式、代码重构、性能调优等，帮助读者写出高质量、高性能的 Java 程序；介绍了各种常见的 Java Web 框架和开发工具，如 Spring、Spring Boot、MyBatis、Hibernate 等。本书涵盖了 Java 的绝大部分知识点，不仅适合初学者快速入门，也适合有一定经验的开发者进一步提高自己的技能水平。

本书适合用于高等院校计算机及软件工程专业的"Web 开发基础"或"人工智能应用开发"课程，尤其适合涉及 AI 技术与 Web 技术结合的实验课程和项目实训。此外，本书还可为 Java Web 开发工程师和 AI 技术从业者提供实用的参考，为智能应用的开发提供丰富的案例与实践指导。

图书在版编目（CIP）数据

基于 AI 的 Web 技术项目实战 / 李攀，孙晓叶，孙旭光主编. -- 北京 : 中国水利水电出版社，2025. 9.
（普通高等教育计算机类专业教材）. -- ISBN 978-7-5226-3537-8

Ⅰ. TP393.092.2

中国国家版本馆 CIP 数据核字第 2025T8V939 号

策划编辑：石永峰　　　责任编辑：张玉玲　　　封面设计：苏　敏

书　　名	普通高等教育计算机类专业教材 **基于 AI 的 Web 技术项目实战** JIYU AI DE Web JISHU XIANGMU SHIZHAN	
作　　者	主编　李　攀　孙晓叶　孙旭光 副主编　刘　颖　鹿玉红　陈福明　尹慧超	
出版发行	中国水利水电出版社 （北京市海淀区玉渊潭南路 1 号 D 座　100038） 网址：www.waterpub.com.cn E-mail：mchannel@263.net（答疑） 　　　　sales@mwr.gov.cn 电话：（010）68545888（营销中心）、82562819（组稿）	
经　　售	北京科水图书销售有限公司 电话：（010）68545874、63202643 全国各地新华书店和相关出版物销售网点	
排　　版	北京万水电子信息有限公司	
印　　刷	三河市鑫金马印装有限公司	
规　　格	184mm×260mm　　16 开本　　17 印张　　435 千字	
版　　次	2025 年 9 月第 1 版　　2025 年 9 月第 1 次印刷	
印　　数	0001—2000 册	
定　　价	52.00 元	

前　言

当前的人工智能（Artificial Intelligence，AI）技术正处于迅速发展的时期，越来越多的企业和开发者开始利用 AI 技术来提升工作效率和开发效率。而 Java 编程语言作为一种广泛应用于软件开发领域的高级编程语言，其面向对象、跨平台的特点使之成为 AI 技术的重要应用对象之一。因此，本书以当前比较热门的文心一言大语言模型为案例，结合 Java 编程语言，探索如何利用 AI 技术辅助项目的设计和构建。通过对本书的学习，读者将会掌握 Java 基础语法、面向对象程序设计以及 Java 综合应用程序的开发，同时也能够了解如何使用 AI 技术来提升工作效率，实现高效开发。

本书共分为 10 章，第 1 章介绍了文心一言大语言模型及 Java Web 应用程序，讲解了 AI 技术在 Web 开发中的应用。第 2 章涵盖 HTML、CSS、JavaScript 等前端技术和 Node.js、Python、Java 等后端语言，帮助读者建立完整的 Web 开发知识体系。第 3 章着重讲解项目规划，涵盖项目需求分析、项目计划制订和项目资源分配等内容，为后续开发奠定坚实的基础。第 4 章聚焦系统架构设计、数据库设计和安全性设计等内容，帮助读者掌握构建高效、可靠系统的核心技能。第 5 章详细介绍了编码实现，包括 Java Web 项目的功能开发，同时结合 AI 技术实现智能化应用。第 6 章涵盖服务器配置、代码部署和运维方法等内容，并引入 Docker、Kubernetes 等现代化技术，提升系统运维效率。第 7 章展示了前端项目开发的实际应用，强化前端开发技能。第 8 章讲解了 API 设计、数据存储和身份验证，列举了博客、论坛等后端应用实例。第 9 章通过 ToDo 应用、聊天应用等全栈项目案例，让读者能够掌握前后端集成及项目部署的完整流程。第 10 章综合应用总结开源框架与文心一言 API 的集成方法，展望 AI 技术在未来 Web 开发中的应用潜力。

通过本书的学习，读者将不仅仅学习到 Java 的基础知识和高级技巧，更将了解如何运用文心一言来提高工作效率和项目开发质量。

无论是计算机专业的学生，还是专业的 Web 开发人员，或是对 Web 技术和 AI 技术感兴趣的爱好者，都可使用本书学习或参考。让我们一起踏上探索 Java 和文心一言结合应用的旅程，开启智能化编程的新纪元，探索 Web 开发的无限可能！

本书由李攀、孙晓叶、孙旭光任主编，刘颖、鹿玉红、陈福明、尹慧超任副主编。李攀负责全书技术框架设计与 AI 融合逻辑，主笔第 1 章与第 10 章；孙晓叶构建前端教学体系并规范交互设计，主笔第 2 章与第 7 章；孙旭光主导项目全周期方法论，主笔第 3 章与第 4 章；刘颖审核 Java Web 功能逻辑与 AI 技术集成方案，参与第 5 章与第 9 章编写，确保前后端联调与 AI 功能对接；鹿玉红主笔第 6 章；陈福明构建 API 安全体系，主笔第 8 章；尹慧超主笔第 9 章；研究生孟佳兵和李军参与本书的程序调试和校对工作。

由于编者水平有限，加之时间仓促，难免存在错漏之处，请广大读者批评指正。

编　者
2024 年 10 月

目　录

第1章 Web 概述

1.1 文心一言简介

1.1.1 文心一言的历史和背景

百度作为中国领先的搜索引擎公司，致力于为用户提供更精准、快捷的信息搜索服务。随着技术的发展和市场需求的变化，百度逐渐将研究方向扩展到人工智能（Artificial Intelligence，AI）领域，旨在利用先进的 AI 技术提升搜索引擎的效能，同时探索 AI 在其他领域的应用潜力。文心一言便是在这样的背景下诞生的。

文心一言的开发始于百度对自然语言处理技术的深入研究，百度的研究团队致力于创建一个能够理解和生成自然语言的人工智能程序，以提供更智能化的搜索和交互体验。经过不断的试验和优化，研发推出了文心一言，这是一个集成了自然语言处理和深度学习技术的智能对话系统。

自推出以来，文心一言不仅在搜索引擎领域发挥了重要作用，还在智能问答、在线客服、内容生成等多个领域展现了强大的功能。百度通过持续的技术迭代和优化，使文心一言的理解和生成能力越来越强，不仅支持中文，还能够处理多种语言，满足不同用户的需求。在开发过程中，研发团队克服了数据处理、模型训练等多方面的挑战，不断提升文心一言的性能和用户体验。

1.1.2 文心一言的工作原理

文心一言的核心技术基于 ERNIE 模型，该模型是一种集成了先进神经网络技术的架构，特别是 Transformer 架构，该架构特别适用于处理语言中的长距离依赖和复杂结构。ERNIE 模型通过在大量文本数据上进行预训练，能够捕获深层次的语言特征和知识，从而在语言理解和生成方面达到更高的水平。

在解析用户查询语句的时候，文心一言不只是简单地分析表面文字，而是结合上下文信息、识别出语言模式，并整合常识性知识，从而能够提供更加精准和贴近用户需求的答案。这一能力的背后是大量的数据处理、模型训练和算法优化工作，确保文心一言能够在各种应用场景中进行有效的语言交互和信息服务。

1.1.3 文心一言在 Web 开发中的应用

文心一言的应用场景在 Web 开发中极为广泛，它不仅能够作为智能客服为用户即时提供支持，还能够在内容推荐、交互式 Web 应用和数据分析等领域发挥重要作用。以下是文心一言在 Web 开发中应用的一些例子：

（1）智能问答系统：文心一言可以快速准确地回答用户的问题，无论是客户服务、技术支持还是商品咨询，都能提供及时的服务。

（2）内容创作与优化：文心一言可以帮助内容创作者产生创意、生成文章初稿，或对已有内容进行语言上的优化和改写。

（3）用户行为分析：通过理解用户的查询和反馈，文心一言可以帮助网站运营者深入理解用户的需求，优化网站结构和内容布局。

（4）语言教学应用：文心一言可以作为语言学习工具，提供语言练习、对话模拟和语言学习建议。

（5）交互式 Web 应用：在 Web 应用中集成文心一言作为聊天机器人，可以与用户进行自然语言交互，提供娱乐、教育、信息查询等多种功能。结合语音识别技术，文心一言可以实现语音输入和输出，为用户提供更加便捷的交互方式。

此外，文心一言的集成还需考虑应用程序接口（Application Programming Interface，API）调用、数据接口设计和用户界面友好性等技术细节，以确保用户体验的流畅度和数据的安全性。通过这些集成，文心一言能够为 Web 应用台带来更高效、智能和个性化的服务。

1.2　Java Web 应用程序简介

1.2.1　Java Web 应用程序概述

Java Web 应用程序是一种利用 Java 编程语言创建的应用程序类型，旨在通过 Web 浏览器或其他超文本传输协议（Hypertext Transfer Protocol，HTTP）客户端访问。这些应用程序提供了一种强大的方式来实现各种在线服务、交互性网站和 Web 应用。以下是 Java Web 应用程序的一些关键特点：

（1）基于 HTTP：Java Web 应用程序通过 HTTP 与客户端通信，这使它们能够在不同平台和设备上无缝运行。

（2）Servlet 和 Java 服务器页面（Java Server Pages，JSP）：Java Web 应用程序通常使用 Servlet（Java 类）和 JSP 来处理 HTTP 请求和生成动态内容。Servlet 负责处理请求，而 JSP 用于生成动态超文本标注语言（Hyper Text Markup Language，HTML）页面。

（3）模型-视图-控制器（Model-View-Controller，MVC）：Java Web 应用程序采用 MVC 架构，将应用程序分为模型、视图和控制器 3 个部分。这有助于更好地组织和管理代码。

（4）数据库交互：Java Web 应用程序通常需要与数据库进行交互，以存储和检索数据。Java 提供了多种持久性框架，简化了数据库操作。

（5）前端技术：Java Web 应用程序使用 HTML、CSS、JavaScript 等前端技术来创建用户界面和实现交互。

1.2.2　Java Web 应用程序的关键组件

Java Web 应用程序包括多个关键组件，这些组件一起工作以实现和保障应用程序的功能和性能。

（1）Servlet 和 JSP：Servlet 用于处理 HTTP 请求和生成响应，而 JSP 用于生成动态 Web 页面。

（2）Web 容器：负责管理 Servlet 的生命周期，处理 HTTP 请求和提供其他 Web 服务。

（3）数据库：Java Web 应用程序通常需要与数据库交互，以存储和检索数据。这可以通过 Java 数据库连接（Java Database Connectivity，JDBC）或持久性框架来实现。

（4）前端技术：包括 HTML、CSS、JavaScript 和前端框架，用于创建用户友好的界面。

（5）安全性：Java Web 应用程序可以使用 Java 提供的安全性功能来保护应用程序和用户数据，包括超文本传输安全协议（Hypertext Transfer Protocol Secure，HTTPS）、认证和授权。

1.2.3　Java Web 应用程序的开发和部署

Java Web 应用程序的开发和部署是一个迭代的过程，涉及多个步骤和工具：

（1）开发：开发过程包括编写 Servlet 和 JSP 代码、设计数据库模型、创建用户界面以及编写业务逻辑。开发人员通常使用 Java 集成开发环境（IDE）来编写、测试和调试代码。

（2）测试：测试是确保应用程序质量的关键步骤。开发人员可以编写单元测试、集成测试和功能测试来验证应用程序的功能和性能。

（3）部署：Java Web 应用程序通常以 WAR（Web 应用程序存档）文件的形式部署到 Web 容器中。部署可以手动执行，也可以自动化以确保应用程序的稳定性。

（4）监控和维护：一旦部署，就需要监控应用程序的运行状况，以及记录日志来帮助识别和解决问题。维护包括修复错误、更新应用程序和增加新功能。

实验 1　创建和部署一个简单的 Java Web 应用程序

实验目标

（1）创建一个基本的 Java Web 应用程序项目。

（2）编写一个 Servlet 以响应 HTTP 请求。

（3）部署应用程序到 Tomcat 服务器并测试它。

实验步骤

前提条件：请确保已安装 JDK（Java 开发工具包）、Apache Tomcat 和一个 Java IDE（如 Eclipse 或 IntelliJ IDEA）。

步骤 1：创建 Java Web 应用程序项目。

在 Java IDE 中执行以下步骤：

（1）创建一个新的 Java Web 应用程序项目，选择 Dynamic Web Project 或类似选项。

（2）指定项目名称（如 MyWebApp）和目标运行时的服务器（Tomcat）。

（3）完成项目创建向导，确保选择创建 Web 内容目录。

步骤 2：编写 Servlet。

在项目中的 src 目录下，创建一个新的 Servlet 类，如 HelloServlet，并编写以下代码：

```java
import javax.servlet.*;
import javax.servlet.http.*;
import java.io.*;

public class HelloServlet extends HttpServlet {
```

```
public void doGet(HttpServletRequest request, HttpServletResponse response)
        throws ServletException, IOException {
    response.setContentType("text/html");
    PrintWriter out = response.getWriter();
    out.println("<html><head><title>Hello Servlet</title></head><body>");
    out.println("<h1>Hello, World!</h1>");
    out.println("</body></html>");
    }
}
```

这个 Servlet 简单地响应 HTTP GET 请求并返回一个包含"Hello, World!"信息的 HTML 页面。

步骤 3：配置部署描述符。

在 Web 应用程序的 WEB-INF 目录下，创建一个 web.xml 文件，并添加 Servlet 的配置信息，代码如下：

```
<web-app xmlns="namespace-placeholder"
        xmlns:xsi="xsi-placeholder"
        xsi:schemaLocation="namespace-placeholder schema-definition-placeholder"
        version="4.0">

    <servlet>
        <servlet-name>HelloServlet</servlet-name>
        <servlet-class>HelloServlet</servlet-class>
    </servlet>

    <servlet-mapping>
        <servlet-name>HelloServlet</servlet-name>
        <url-pattern>/hello</url-pattern>
    </servlet-mapping>
</web-app>
```

这个配置文件告诉 Tomcat 如何映射统一资源定位符（Uniform Resource Locator，URL）到 Servlet。

步骤 4：部署到 Tomcat。

在 IDE 中，将项目部署到 Tomcat 服务器上，确保 Tomcat 服务器正在运行。

步骤 5：测试应用程序。

在浏览器中访问 URL"http://localhost:8080/MyWebApp/hello"（根据自己的项目和 Servlet 的名称进行调整）。能够在浏览器中看到"Hello, World!"信息，如图 1.1 所示。

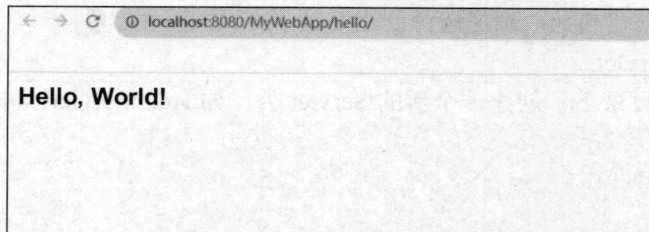

图1.1　运行页面

到此，已成功创建和部署一个简单的 Java Web 应用程序。

这个实验只是一个入门级示例，Java Web 应用程序的开发有更多复杂的方面，涉及数据库交互、用户认证、会话管理等。然而，这个实验提供了一个了解如何创建和运行一个基本的 Java Web 应用程序的起点。

习　题　1

一、选择题

1. Java Web 应用程序是（　　）。
    A．一种桌面应用程序　　　　　　　B．一种移动应用程序
    C．一种 Web 应用程序　　　　　　　D．一种嵌入式应用程序
2. 在 Java Web 应用程序中，Web 容器的主要作用是（　　）。
    A．处理数据库连接　　　　　　　　B．提供 Web 页面的美化样式
    C．执行 Java 代码来处理 HTTP 请求　D．管理应用程序的硬件资源
3. 对于 Java Web 应用程序中的静态内容（如 CSS、JavaScript 文件），最好放置在（　　）目录下。
    A．/WEB-INF　　　　　　　　　　　B．/META-INF
    C．/css　　　　　　　　　　　　　　D．/static
4. 在 Java Web 应用程序中，（　　）部分负责生成动态 HTML 内容。
    A．HTML 文件　　　　　　　　　　B．Servlet
    C．JSP 文件　　　　　　　　　　　　D．CSS 文件
5. 在 Java Web 应用程序中，Servlet 和 JSP 的主要作用是（　　）。
    A．处理数据库操作　　　　　　　　B．生成动态网页内容
    C．管理 Web 服务器配置　　　　　　D．运行客户端脚本

二、填空题

1. 在 Java Web 应用程序中，_____负责处理 HTTP 请求并生成响应。
2. 在 Java Web 应用程序中，_____用于存储 Web 页面、静态资源和 JSP 文件。

三、判断题

1. Web 容器和 Web 服务器是相同的概念，可以互换使用。　　　　　　　　（　　）
2. Java Web 应用程序可以处理客户端的请求并返回响应，但不能生成动态内容。（　　）

四、简答题

1. 简述 Java Web 应用程序是什么，以及它们与传统桌面应用程序的主要区别。
2. 什么是 Servlet 和 JSP？它们在 Java Web 应用程序中的角色分别是什么？

第 2 章　Web 开发基础知识

本章将从 HTML、CSS 和 JavaScript 的基础开始，深入研究 Web 开发的基础知识。了解这些基础知识对于构建任何类型的 Web 项目都至关重要。

2.1　HTML

HTML 是 Web 开发的基础，用于创建网页的结构和内容。

2.1.1　HTML 基础标记

HTML 标记是通过尖括号 "<" 和 ">" 包围的标签，用于定义网页的结构和元素。以下是一些常见的 HTML 基础标记：

<p>：定义段落。例如：

```
<p>这是一个段落</p>
```

<h1>到<h6>：定义标题，其中<h1>是最高级别的标题，而<h6>是最低级别的标题。例如：

```
<h1>这是一个标题</h1>
```

<span>：定义内联元素，通常用于包装一小段文本或其他内联元素。例如：

```
<span>这是一个内联元素</span>
```

2.1.2　HTML 文档结构

HTML 文档遵循特定的结构，这个结构有助于浏览器正确地解析和渲染页面。一个标准的 HTML 文档包含以下几个主要部分：

<!DOCTYPE html>：声明文档类型。

<html>：HTML 文档的根元素。

<head>：头部元素，包含页面的元信息，如标题和链接到外部资源的标签。

<meta charset="UTF-8">：指定字符集。

<title>：设置页面标题，显示在浏览器标签栏上。

<body>：主体元素，包含可见内容，如文本、图像和链接。

HTML 文档结构示例代码如下：

```
<!DOCTYPE html>
<html>
<head>
    <meta charset="UTF-8">
    <title>网页标题</title>
</head>
<body>
```

```
    <h1>这是一个标题</h1>
    <p>这是一个段落。</p>
    <img src="image.jpg" alt="图片描述">
    <a href="https://www.example.com">链接到示例网站</a>
</body>
</html>
```

设计界面如图 2.1 所示。

这是一个标题

这是一个段落。

图 2.1　设计界面

2.1.3　表单和输入元素

HTML 提供了表单元素，用于收集用户输入的数据。常见的表单输入元素包括文本框、密码框、单选按钮、复选框和下拉框等。使用表单输入元素可以创建用户交互性强的 Web 页面。

（1）文本框（Text Input）：用于接收单行文本输入。例如，用户可以在文本框中输入名称、电子邮件地址等。示例代码如下：

```
<label for="username">用户名：</label>
<input type="text" id="username" name="username">
```

（2）密码框（Password Input）：与文本框类似，但输入内容会被隐藏，通常用于输入密码。示例代码如下：

```
<label for="password">密码：</label>
<input type="password" id="password" name="password">
```

（3）单选按钮（Radio Button）：允许用户从多个选项中选择一个选项。每个单选按钮都有一个关联的值，用户选择其中一个选项后，该值将被提交。示例代码如下：

```
<label>性别：</label>
<input type="radio" id="male" name="gender" value="male">
<label for="male">男</label>
    <input type="radio" id="female" name="gender" value="female">
<label for="female">女</label>
```

（4）复选框（Check Box）：允许用户在多个选项中进行任意选择。复选框也有关联的值，可以一次选择多个选项。示例代码如下：

```html
<label>兴趣：</label>
<input type="checkbox" id="music" name="interest" value="music">
<label for="music">音乐</label>

<input type="checkbox" id="sports" name="interest" value="sports">
<label for="sports">体育</label>
```

（5）下拉框（Select Dropdown）：通常用于提供一组选项，用户可以从中选择一个或多个选项。示例代码如下：

```html
<label for="country">选择国家：</label>
<select id="country" name="country">
    <option value="cn">中国</option>
    <option value="usa">美国</option>
    <option value="uk">英国</option>
</select>
```

（6）提交按钮（Submit Button）：用于将表单数据提交给服务器进行处理。示例代码如下：

```html
<input type="submit" value="提交">
```

下面是一个简单的表单示例，运行界面如图 2.2 所示。

```html
<form>
    <label for="username">用户名：</label>
    <input type="text" id="username" name="username"><br>

    <label for="email">邮箱：</label>
    <input type="email" id="email" name="email"><br>

    <label for="password">密码：</label>
    <input type="password" id="password" name="password"><br>

    <input type="submit" value="注册">
</form>
```

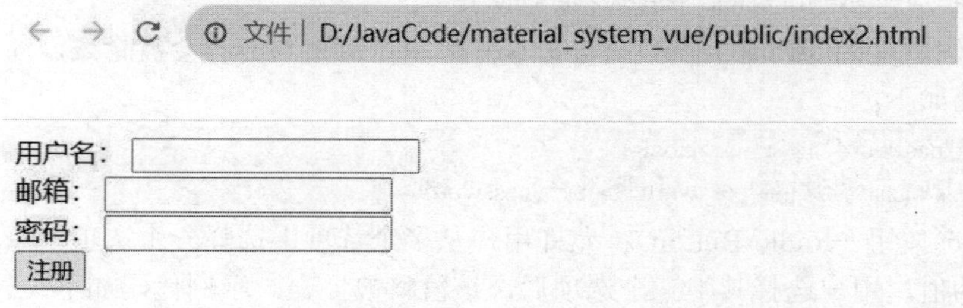

图 2.2　表单示例界面

这个示例包括文本框、密码框和提交按钮。当用户填写完表单并单击提交按钮时，表单数据将被发送到服务器进行处理。在 HTML 中，表单输入元素用于收集用户的输入信息。

2.2　CSS

在本节中，将深入研究层叠样式表（Cascading Style Sheets，CSS），这是一种用于定义网页样式和布局的样式表语言。CSS 允许为网页元素指定样式，如颜色、字体、边距和布局。

2.2.1　CSS 基础样式

CSS 样式通常以属性和值的形式定义。以下是一些常见的 CSS 基础样式属性：
color：定义文本颜色。
font-size：定义字体大小。
margin：定义元素的外边距。
padding：定义元素的内边距。
CSS 样式示例代码如下：

```
p {
    color: blue;
    font-size: 16px;
    margin: 10px;
    padding: 5px;
}
```

2.2.2　CSS 选择器和样式规则

CSS 选择器用于选择要应用样式的 HTML 元素。选择器可以基于元素名称、类名、ID 等条件进行匹配。样式规则由选择器和一组样式属性值组成。
CSS 选择器和样式规则示例代码如下：

```
/* 通过元素名称选择所有段落 */
p {
    color: blue;
}

/* 通过类名选择所有具有 "highlight" 类的元素 */
.highlight {
    background-color:yellow;
}

/* 通过 ID 选择具有 "header" ID 的元素 */
#header {
    font-size: 24px;
}
```

2.2.3　CSS 布局和盒模型

CSS 允许控制网页的布局，包括元素的位置和大小。CSS 的盒模型定义了元素的尺寸，包括内容、内边距、边框和外边距。

CSS 布局和盒模型示例代码如下：

```css
/* 设置元素的宽度和边距 */
.box {
    width: 200px;
    margin: 10px;
    padding: 20px;
    border: 1px solid black;
}
```

2.3 JavaScript

JavaScript 是一门多用途的编程语言，它不仅可以在浏览器中执行，还可以用于服务器端开发（Node.js）。在 Web 开发中，JavaScript 通常用于添加交互性和动态性。

JavaScript 的基础语法包括变量、数据类型、运算符和控制结构。以下是一些 JavaScript 重要的基础语法。

1. 变量声明

在 JavaScript 中，可以使用不同的关键字来声明变量：var、let 和 const。这些关键字在变量声明时具有不同的作用域和可变性。

var：具有全局或函数级别的作用域，可以被多次声明，但不推荐使用。

let：具有块级作用域，可以重新赋值。

const：也具有块级作用域，但一旦赋值后不能再重新赋值，通常用于声明不可变的常量。

示例代码如下：

```javascript
let x = 10;             // 使用 let 声明变量 x 并初始化为 10
const pi = 3.1415;      // 使用 const 声明常量 pi 并初始化为 3.1415
```

2. 数据类型

JavaScript 有多种数据类型，每种类型都有不同的特征和用途。

数字（Number）：用于表示数值，可以是整数或浮点数。示例代码如下：

```javascript
let num = 42;           // 整数
let price = 19.99;      // 浮点数
```

字符串（String）：用于表示文本数据，可以使用单引号或双引号。示例代码如下：

```javascript
let greeting = "Hello, World!";
let name = 'Alice';
```

布尔值（Boolean）：只有两个可能的值，true 和 false，用于表示逻辑条件。示例代码如下：

```javascript
let isTrue = true;
let isFalse = false;
```

数组（Array）：用于存储多个值的有序集合，可以包含不同数据类型的元素。示例代码如下：

```javascript
let fruits = ["apple", "banana", "orange"];
```

对象（Object）：用于表示复杂的数据结构，由属性和方法组成。示例代码如下：

```javascript
let person = {
    firstName: "John",
```

```
    lastName: "Doe",
    age: 30
};
```

3．运算符

JavaScript 支持各种运算符，包括数学运算符和逻辑运算符。这些运算符允许执行各种操作，例如加法、减法、比较等。

数学运算符示例代码如下：

```
let sum = 5 + 3;              // 加法，结果为 8
let difference = 10 - 4;      // 减法，结果为 6
let product = 6 * 7;         // 乘法，结果为 42
let quotient = 20 / 4;       // 除法，结果为 5
```

逻辑运算符示例代码如下：

```
let isGreaterThan = 10 > 5;      // 大于运算，结果为 true
let isEqual = (5 == 5);          // 等于运算，结果为 true
let isNotEqual = (10 != 5);   // 不等于运算，结果为 true
```

4．条件语句

JavaScript 条件语句用于根据特定的条件或表达式的结果来执行不同的代码块。它们允许程序根据运行时的情况作出决策，从而控制程序的流程。JavaScript 提供了几种不同类型的条件语句，以满足不同的编程需求。

条件语句允许根据条件执行不同的代码块。最常见的条件语句是 if、if-else、if-else if-else、switch。

（1）if 语句：最基本的条件语句，它允许程序在特定条件为真时执行一段代码。基本格式如下：

```
if (condition) {
// 如果 condition 为真，则执行这里的代码
}
```

示例代码如下：

```
let age = 18;

if (age < 18) {
    console.log("未成年人");
}
```

（2）if-else 语句：允许程序在特定条件为真时执行一段代码，否则执行另一段代码。基本格式如下：

```
if (condition) {
    // 如果 condition 为真，则执行这里的代码
} else {
    // 如果 condition 为假，则执行这里的代码
}
```

示例代码如下：

```
let age = 25;
```

```
if (age < 18) {
    console.log("未成年人");
} else if(age < 65) {
    console.log("成年人");
}
```

（3）if-else if-else 语句：允许程序检查多个条件，并根据第一个为真的条件执行相应的代码块。如果没有条件为真，则执行 else 部分的代码。基本格式如下：

```
if (condition1) {
    // 如果 condition1 为真，则执行这里的代码
} else if (condition2) {
    // 如果 condition1 为假且 condition2 为真，则执行这里的代码
} else {
    // 如果所有条件都为假，则执行这里的代码
}
```

示例代码如下：

```
let age = 70;

if (age < 18) {
    console.log("未成年人");
} else if (age < 65) {
    console.log("成年人");
} else {
    console.log("老年人");
}
```

（4）switch 语句：允许程序根据表达式的值选择不同的代码块来执行。它通常用于处理多个离散的值或状态。基本格式如下：

```
switch (expression) {
    case value1:
        // 如果 expression 等于 value1，则执行这里的代码
        break;
    case value2:
        // 如果 expression 等于 value2，则执行这里的代码
        break;
    default:
        // 如果 expression 不匹配任何 case，则执行这里的代码
}
```

示例代码如下：

```
let ageGroup = "adult";

switch (ageGroup) {
  case "child":
    console.log("未成年人");
    break;
```

```
case "adult":
  console.log("成年人");
  break;
case "senior":
  console.log("老年人");
  break;
default:
  console.log("未知年龄段");
}
```

5. 循环

JavaScript 中的循环语句用于重复执行一段代码，直到满足某个条件为止。JavaScript 提供了几种不同类型的循环语句，包括 for 循环、while 循环、do-while 循环等。下面是对这些循环语句的简要介绍。

（1）for 循环：最常用的循环结构之一，它可以在指定的次数内重复执行一段代码。for 循环的语法如下：

```
for (初始化; 条件; 增量) {
    // 循环体，要重复执行的代码
}
```

示例代码如下：

```
for (let i = 0; i < 5; i++) {
    console.log(i);       // 输出 0, 1, 2, 3, 4
}
```

（2）while 循环：会在指定的条件为真时重复执行一段代码。while 循环的语法如下：

```
while (条件) {
    // 循环体，要重复执行的代码
}
```

示例代码如下：

```
let i = 0;
while (i < 5) {
    console.log(i);       // 输出 0, 1, 2, 3, 4
    i++;
}
```

（3）do-while 循环：与 while 循环类似，但 do-while 循环会至少执行一次循环体，然后再检查条件。do-while 循环的语法如下：

```
do {
    // 循环体，要重复执行的代码
} while (条件);
```

示例代码如下：

```
let i = 0;
do {
    console.log(i);       // 输出 0, 1, 2, 3, 4
    i++;
} while (i < 5);
```

6. 函数

函数是 JavaScript 编程的基本组成部分，允许封装可重复使用的代码块。函数有参数和返回值。示例代码如下：

```javascript
function greet(name) {
    return "Hello, " + name + "!";
}


let message = greet("Alice");
console.log(message);          // 输出 Hello, Alice!
```

以上是 JavaScript 基础语法的详细描述，只有通过不断的实践和练习，才能够更深入地理解这门多用途的编程语言。

2.4　前　端　框　架

前端框架是用于构建交互性、动态性丰富的 Web 应用程序的工具。它们提供了组织代码、管理状态、渲染视图等功能，以简化前端开发。在这一部分，将概述一些常见的前端框架，包括 React、Angular 和 Vue.js。

2.4.1　常见前端框架概述

前端框架是前端开发的关键工具，它们有助于提高开发效率、可维护性和可扩展性。以下是一些常见的前端框架：

React：由脸书（Facebook，现更名为 Meta）开发，是一个用于构建用户界面的 JavaScript 库，以组件化开发为核心。React 广泛用于单页应用（SPA）和大规模应用。

Angular：由谷歌（Google）开发，是一个完整的前端开发框架，提供了一整套工具和库来开发 Web 应用。它采用了强类型的 TypeScript 编写，并支持双向数据绑定。

Vue.js：一款渐进式 JavaScript 框架，易于学习和集成到现有项目中。Vue.js 注重简单性和灵活性，可以用于构建各种规模的应用。

这些框架都具有强大的生态系统，有大量的社区支持和开源工具，使得前端开发更加高效。

2.4.2　React 框架介绍

React 是一个流行的 JavaScript 库，用于构建用户界面。它的核心思想是将界面拆分成可复用的组件，每个组件有自己的状态（state）和属性（props）。以下是 React 的一些关键特点：

（1）组件化开发：React 鼓励将用户界面（User Interface，UI）分解为小型、可重用的组件，这有助于代码的组织和维护。

（2）虚拟 DOM：React 使用虚拟 DOM 来提高性能。它将页面状态的变化与实际 DOM 操作分离，然后在最小化 DOM 更新的情况下更新页面。

（3）单向数据流：React 应用中的数据流是单向的，数据从父组件传递到子组件。这有助于构建可预测的应用。

（4）生态系统：React 生态系统包括许多附加工具和库，如 React Router（用于路由管理）、

Redux（用于状态管理）等。

（5）JSX 语法：React 使用 JSX（JavaScript XML）语法，允许在 JavaScript 代码中编写类似 HTML 的标记，使组件的结构更清晰。

React 组件示例代码如下：

```
import React from 'react';

class Welcome extends React.Component {
  render() {
    return <h1>Hello, {this.props.name}</h1>;
  }
}

export default Welcome;
```

2.4.3　Angular 框架介绍

Angular 是一个由 Google 开发的较为全面的前端开发框架。它提供了一整套工具和库，用于构建复杂的 Web 应用。以下是 Angular 的一些关键特点：

（1）完整性：Angular 是一个完整的前端框架，包括路由、表单管理、HTTP 通信、状态管理等方面的功能。

（2）TypeScript：Angular 采用了 TypeScript，这是一种强类型的 JavaScript 超集，增加了类型检查和面向对象的功能。

（3）双向数据绑定：Angular 支持双向数据绑定，使 UI 与数据模型之间的同步更加容易。

（4）组件化：与 React 类似，Angular 也采用组件化开发的方式，组件是构建界面的基本单元。

（5）依赖注入：Angular 内置了依赖注入机制，有助于管理组件之间的依赖关系。

（6）强大的 CLI 工具：Angular CLI（命令行界面）提供了快速生成、测试和部署 Angular 应用的能力。

Angular 组件示例代码如下：

```
import { Component } from '@angular/core';

@Component({
  selector:'app-root',
  template:'<h1>Hello, {{ name }}</h1>'
})
export class AppComponent {
  name = 'Angular';
}
```

2.4.4　Vue.js 框架介绍

Vue.js 是一款渐进式 JavaScript 框架，旨在构建用户界面。它的设计理念是简单性和灵活性，允许用户逐渐采用其特性。以下是 Vue.js 的一些关键特点：

（1）渐进式：Vue.js 是渐进式的，可以根据需要逐渐引入其特性，从简单的页面交互到单页面应用。

（2）轻量级：Vue.js 非常轻量，文件小，加载速度快。

（3）双向数据绑定：Vue.js 支持双向数据绑定，使数据和 UI 之间的同步更加容易。

（4）组件化：Vue.js 也采用了组件化开发方式，允许构建可重用的 UI 组件。

（5）虚拟 DOM：类似于 React，Vue.js 使用虚拟 DOM 来提高性能。

（6）生态系统：Vue.js 有一个活跃的社区，提供了许多第三方库和工具，如 Vue Router（用于路由管理）和 Vuex（用于状态管理）。

Vue.js 组件示例代码如下，运行结果如图 2.3 所示。

```
<template>
  <div>
    <h1>Hello, {{ name }}</h1>
  </div>
</template>

<script>
export default {
  data() {
    return {
      Name: 'Vue.js'
    };
  }
};
</script>
```

Hello, Vue.js

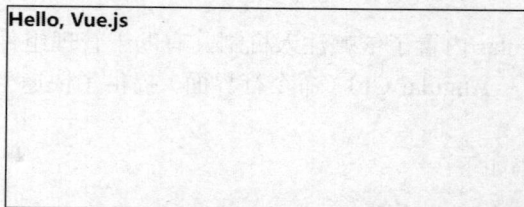

图 2.3　Vue.js 组件运行结果

以上是 React、Angular 和 Vue.js 的简要介绍，它们都是强大的前端框架，可以根据项目需求选择其中的一种来构建 Web 应用。

2.4.5　单页应用（SPA）开发

在现在的 Web 开发中，SPA 越来越受到欢迎。SPA 通过在一个页面内动态更新内容，提供更流畅的用户体验。本小节旨在为初学者介绍 SPA 的基本概念、开发流程以及实践方法。

1. 基本概念

SPA 是一种 Web 应用程序模型，旨在提高用户体验。与传统的多页应用（MPA）相比，SPA 在用户与应用程序交互时不需要重新加载整个页面，从而实现更快的页面响应和更平滑的用户体验。

2．开发框架

SPA 的开发通常依赖于前端框架和库，如前文介绍的 React、Angular 和 Vue.js，这些框架提供了数据绑定、路由、状态管理等功能，帮助开发者高效构建 SPA。

3．开发流程

（1）项目设置：初始化项目结构，配置路由、状态管理等。

（2）界面构建：使用组件化开发方法构建应用的 UI。

（3）数据管理：设计应用的数据结构和状态管理方案。

（4）交互实现：编写处理用户输入和页面动态更新的逻辑。

（5）路由配置：设置页面间的导航逻辑。

（6）API 集成：与后端服务交互，获取或发送数据。

4．实例入门

考虑一个简单的 SPA——一个任务列表应用，用户可以添加新任务、标记任务为完成或删除任务。在这个实例中，将使用 React 进行开发，代码如下：：

```javascript
import React, { useState } from 'react';

function TodoApp() {
    const [tasks, setTasks] = useState([]);
    const [newTask, setNewTask] = useState("");

    const addTask = () => {
        if (newTask) {
            setTasks([...tasks, { id: Date.now(), text: newTask, completed: false }]);
            setNewTask("");
        }
    };

    return (
        <div>
            <input type="text" value={newTask} onChange={(e) => setNewTask(e.target.value)} />
            <button onClick={addTask}>Add Task</button>
            <ul>
                {tasks.map(task => (
                    <li key={task.id}>{task.text}</li>
                ))}
            </ul>
        </div>
    );
}

export default TodoApp;
```

5．额外资源

为了深入学习 SPA 的开发，推荐以下学习资源：

（1）官方文档：React、Angular、Vue.js 的官方文档是学习这些技术的最佳起点。

（2）在线教程：如 Codecademy、Udemy 和 freeCodeCamp 提供的相关课程。

（3）社区和论坛：如 Stack Overflow、Reddit 的前端社区，可以提供帮助和灵感。

通过本小节的学习，希望能对 SPA 有一个基本的了解。

2.5 后　端　语　言

后端语言是用于构建服务器端应用程序的编程语言。这些应用程序通常用于处理数据、执行业务逻辑、与数据库交互以及提供 API 供前端应用程序使用。在这一部分，将概述一些常见的后端语言，包括 Node.js、Python 和 Java。

2.5.1 后端语言概述

后端代码是构建 Web 应用程序的关键组成部分，它们与前端代码协同工作，以提供完整的应用程序功能。以下是一些常见的后端语言：

Node.js：基于 JavaScript 的后端运行时环境，允许使用 JavaScript 编写服务器端代码。Node.js 采用事件驱动、非阻塞输入/输出（I/O）模型，适用于构建高性能的 Web 应用程序。

Python：一种简单易学的编程语言，广泛用于 Web 开发、数据分析、人工智能等领域。Python 有丰富的第三方库和框架，使后端开发更加便捷。

Java：一种强大的编程语言，被广泛用于企业级应用程序和大型系统的开发。Java 拥有强大的生态系统和跨平台特性。

2.5.2 Node.js 后端开发

Node.js 是一个基于 Chrome V8 引擎的 JavaScript 运行环境，用于构建高性能的后端应用程序。以下是 Node.js 后端开发的一些关键特点：

（1）JavaScript：Node.js 使用 JavaScript 作为主要编程语言，使得前端和后端可以使用同一种语言，有助于开发团队之间的协作。

（2）事件驱动：Node.js 采用事件驱动的编程模型，允许异步处理请求，提高应用程序的性能和响应速度。

（3）模块化：Node.js 支持模块化开发，允许将代码拆分为小型、可重用的模块。

（4）管理器：Node.js 有一个强大的包管理器（Node Package Manager，NPM），使安装和管理第三方库和工具变得非常容易。

（5）跨平台：Node.js 可以运行在多种操作系统上，具有跨平台的特性。

示例代码如下（一个简单的 Node.js HTTP 服务器）：

```
const http = require('http');

const server = http.createServer((req, res) => {
  res.writeHead(200, { 'Content-Type': 'text/plain' });
  res.end('Hello, Node.js!');
});

server.listen(3000, 'localhost', () => {
  console.log('Server is running at http://localhost:3000/');
});
```

2.5.3　Python 后端开发

Python 是一种广泛用于后端开发的编程语言，它具有以下特点：

（1）易学易用：Python 的语法简单明了，容易学习和阅读，可以提高开发效率。

（2）丰富的库和框架：Python 有许多第三方库和框架，如 Django 和 Flask，可用于构建 Web 应用程序。

（3）数据科学和机器学习：Python 在数据科学和机器学习领域非常流行，有大量的库和工具用于数据分析和建模。

（4）跨平台：Python 可以运行在多个操作系统上，具有跨平台的特性。

示例代码如下（使用 Flask 框架创建一个简单的 Web 应用程序）：

```python
from flask import Flask

app = Flask(__name__)

@app.route('/')
def hello_world():
    return 'Hello, Flask!'

if __name__ == '__main__':
    app.run()
```

2.5.4　Java 后端开发

Java 是一种强大的编程语言，广泛用于构建企业级应用程序和大型系统。以下是 Java 后端开发的一些关键特点：

（1）强类型：Java 是一种强类型语言，具有严格的类型检查特点，有助于编写稳定和可维护的代码。

（2）支持多线程：Java 支持多线程编程，允许并行处理请求，可以提高应用程序的性能。

（3）大型生态系统：Java 拥有庞大的生态系统，包括 Spring、Hibernate、Apache Struts 等框架，用于构建各种类型的应用程序。

（4）跨平台：Java 是一种跨平台的语言，可以在不同操作系统上运行，通过 Java 虚拟机（JVM）可实现跨平台兼容。

示例代码如下（使用 Spring Boot 框架创建一个简单的 RESTful API）：

```java
import org.springframework.boot.SpringApplication;
import org.springframework.boot.autoconfigure.SpringBootApplication;
import org.springframework.web.bind.annotation.GetMapping;
import org.springframework.web.bind.annotation.RestController;

@SpringBootApplication
public class MyApplication {

    public static void main(String[] args) {
        SpringApplication.run(MyApplication.class, args);
```

```
        }
    }

@RestController
class HelloController {

    @GetMapping("/hello")
    public String hello() {
        return "Hello, Spring Boot!";
    }

}
```

运行结果如图 2.4 所示。

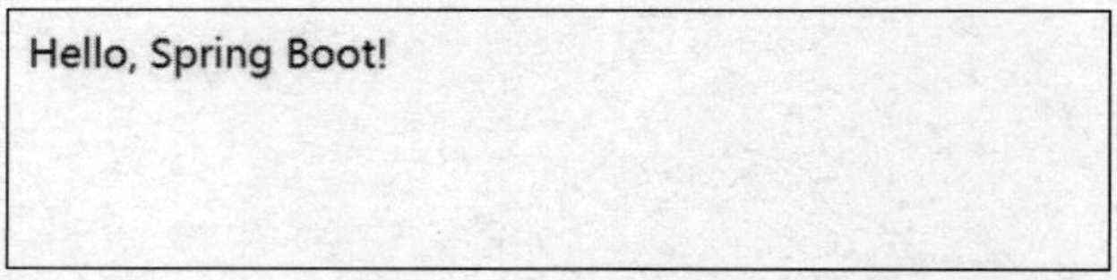

Hello, Spring Boot!

图 2.4　运行结果

以上是 Node.js、Python 和 Java 的简要介绍，它们都是强大的后端开发语言，可以根据项目需求和团队技能选择其中的一种来构建后端应用程序。

2.6　数据库选择

数据库是应用程序的关键组成部分，用于存储和管理数据。在选择数据库时，需要考虑数据类型、性能、扩展性和数据模型等因素。本节将讨论数据库的不同类型、SQL 和 NoSQL 数据库管理系统，以及数据库设计和建模的基础知识。

2.6.1　数据库类型和特点

数据库可以分为不同类型，主要有两种常见类型：SQL 数据库和 NoSQL 数据库。

SQL 数据库（Structured Query Language Database）是关系型数据库，它的特点如下：

（1）结构化数据：SQL 数据库使用表格（表）来存储数据，具有严格的数据结构和模式，需要预定义表的结构。

（2）事务支持：SQL 数据库支持事务，确保了数据的一致性和完整性。

（3）SQL 查询语言：SQL 数据库使用 SQL 查询语言对数据进行操作，包括插入、更新、删除和查询。

（4）ACID 属性：SQL 数据库通常满足 ACID 属性（原子性、一致性、隔离性、持久性），确保数据的可靠性。

适用场景：SQL 数据库适用于需要强一致性和复杂查询的应用，如企业应用、金融系统等。

NoSQL 数据库（Not Only SQL Database）是非关系型数据库，它的特点如下：

（1）灵活的数据模型：NoSQL 数据库具有灵活的数据模型，可以存储半结构化或非结构化数据。

（2）横向扩展：NoSQL 数据库通常易于横向扩展，支持处理大规模数据。

（3）无固定模式：NoSQL 数据库不要求固定的表结构，数据可以根据需要动态添加字段。

（4）不支持事务：一些 NoSQL 数据库放弃了 ACID 属性，支持较松散的一致性模型。

适用场景：NoSQL 数据库适用于需要高度可扩展性和灵活数据模型的应用，如大数据存储、实时分析等。

2.6.2 SQL 数据库管理系统

SQL 数据库管理系统是用于管理 SQL 数据库的软件，如比较流行的 MySQL、PostgreSQL、Microsoft SQL Server 和 Oracle Database，此处主要介绍 MySQL 和 PostgreSQL。

1. MySQL

特点：MySQL 是一个开源的关系型数据库管理系统，具有高性能、可靠性和广泛的社区支持。

用途：MySQL 常用于 Web 应用、企业应用和中小型数据库。

示例代码：使用 MySQL 创建表格和插入数据。

```
CREATE TABLE users (
    id INT AUTO_INCREMENT PRIMARY KEY,
    username VARCHAR(255) NOT NULL,
    email VARCHAR(255) NOT NULL
);

INSERT INTO users (username, email)
VALUES ('user1', 'user1@example.com');
```

2. PostgreSQL

特点：PostgreSQL 是一款强大的开源关系型数据库，具有高级特性、扩展性和安全性。

用途：PostgreSQL 适用于复杂的数据处理和大规模数据存储，常用于企业级应用。

示例代码：使用 PostgreSQL 创建表格和进行查询操作。

```
CREATE TABLE products (
    id SERIAL PRIMARY KEY,
    name VARCHAR(255) NOT NULL,
    price DECIMAL(10, 2) NOT NULL
);

INSERT INTO products (name, price)
VALUES ('Product A', 19.99);

SELECT * FROM products;
```

2.6.3 NoSQL 数据库管理系统

NoSQL 数据库管理系统提供了不同于 SQL 数据库的数据模型和操作方式。一些常见的 NoSQL 数据库包括 MongoDB、Cassandra 和 Redis，此处主要介绍 MongoDB 和 Redis。

1. MongoDB

特点：MongoDB 是一款面向文档的 NoSQL 数据库，具有灵活的数据模型和横向扩展性。

用途：MongoDB 常用于大数据存储、数据实时分析和应用程序的快速开发。

示例代码：使用 MongoDB 创建集合（类似于表格）和插入文档。

```
// 创建集合
db.createCollection("users");

// 插入文档
db.users.insert({
    username:"user1",
    email:"user1@example.com"
});
```

2. Redis

特点：Redis 是一个高性能的 NoSQL 键值存储数据库，用于缓存和快速数据检索。

用途：Redis 常用于缓存、会话存储和消息队列等应用。

示例代码：使用 Redis 存储键值对数据。

```
# 存储数据
SET user:1 "User Data"

# 获取数据
GET user:1
```

2.6.4 数据库设计和建模基础

数据库设计和建模是构建可靠数据库系统的关键步骤。以下是数据库设计的基础知识：

实体关系模型（ER 模型）：ER 模型是数据库设计的基础，用于表示数据的实体（Entity）和它们之间的关系（Relationship）。

表格设计：在关系型数据库中，表格用于存储数据，需要确定表格的结构，包括字段、主键、外键和索引等。

数据类型：数据库字段需要选择适当的数据类型，以确保数据的准确性和有效性。

关系设计：在关系型数据库中，需要定义表格之间的关系，包括一对一、一对多和多对多关系。

规范化：规范化是数据库设计的重要环节，用于消除数据重复和提高数据存储效率。

索引：索引是用于加速数据检索的数据结构，需要根据查询需求创建适当的索引。

数据库设计和建模是复杂并且关键的过程，它影响着应用程序的性能和可维护性。合理的数据库设计可以提高数据的一致性和可靠性，同时提供高效的数据访问方式。

以上是关于数据库选择、SQL 和 NoSQL 数据库管理系统，以及数据库设计和建模基础的介绍。选择合适的数据库和良好的设计对于构建可靠的应用程序至关重要。

实验 2　Servlet 与前端整合应用开发

实验目标

（1）掌握 Servlet 的创建、配置和调用方法。
（2）掌握 HTML、CSS、JavaScript 的基本语法和结构。
（3）能够整合使用 Servlet 和前端技术开发简单 Web 应用程序。
（4）通过浏览器访问应用程序，验证功能效果。

实验步骤

步骤 1：学习 Servlet 基础知识。
了解 Servlet 的生命周期、主要方法，参考 JavaEE 标准教材或在线教程。
通过编写如下简单示例，掌握 Servlet 的创建与配置方法。

```java
import java.io.*;
import javax.servlet.*;
import javax.servlet.http.*;

public class HelloWorld extends HttpServlet {
    public void doGet(HttpServletRequest request, HttpServletResponse response)
    throws ServletException, IOException {
        response.setContentType("text/html");
        PrintWriter out = response.getWriter();
        out.println("<html>");
        out.println("<head><title>Hello World</title></head>");
        out.println("<body><h1>Hello World!</h1></body>");
        out.println("</html>");
    }
}
```

步骤 2：学习 HTML、CSS 与 JavaScript 基础。
参考万维网联盟（World Wide Web Consortium，W3C）教材或在线资源，掌握网页结构与交互设计基本知识。
如下示例展示了一个简单网页与交互按钮：

```html
<!DOCTYPE html>
<html>
<head>
  <title>My Web Page</title>
  <style>
    body { background-color: lightblue; }
    h1 { color: white; text-align: center; }
  </style>
</head>
```

```
<body>
    <h1>Welcome to my Web Page!</h1>
    <p>This is a paragraph.</p>
    <button onclick="alert('Hello!')">Click me!</button>
</body>
</html>
```

步骤 3：整合前后端开发一个简单 Web 应用。

使用 Servlet 处理请求；使用 HTML/CSS/JavaScript 构建前端展示页面；配置 web.xml 文件，实现 URL 映射，示例代码如下：

```
<web-app>
    <servlet>
        <servlet-name>HelloWorldServlet</servlet-name>
        <servlet-class>HelloWorld</servlet-class>
    </servlet>
    <servlet-mapping>
        <servlet-name>HelloWorldServlet</servlet-name>
        <url-pattern>/hello</url-pattern>
    </servlet-mapping>
</web-app>
```

步骤 4：部署与测试。

启动 Tomcat 服务器，部署应用，访问浏览器中的相应地址，确认页面展示及交互功能正常。

习　题　2

一、选择题

1. HTML 中用于创建超链接的标签是（　　）。
   A. `<p>`　　　　　　　B. `<a>`　　　　　　　C. `<div>`　　　　　　D. `<span>`
2. JavaScript 中的 document.getElementById 方法用于获取（　　）的引用。
   A. HTML 元素　　　　　　　　　　　B. JavaScript 元素
   C. CSS 元素　　　　　　　　　　　　D. 文档对象
3. 在 MongoDB 中，可以返回所有文档的查询操作是（　　）。
   A. find()　　　　　　B. findOne()　　　　　C. count()　　　　　D. sum()
4. 在 SQL 中，用于定义一个表的约束的关键字是（　　）。
   A. PRIMARYKY　　　　　　　　　　B. FOREIGN KEY
   C. INDEX　　　　　　　　　　　　　D. CHECK
5. 下面的 JavaScript 代码中，是全局变量的是（　　）。
   A. var x = 10;　　　　　　　　　　B. function global(){…}
   C. const y = 20;　　　　　　　　　D. let z = 30;

二、填空题

1. HTML 中的<body>标签用于定义_____。
2. JavaScript 中的条件语句可以使用_____关键字来比较值。
3. 在 MongoDB 中，可以使用_____操作符来比较文档中的值。
4. 在 SQL 中，可以使用_____函数来计算字符串的长度。
5. 在 JavaScript 中，使用_____关键字可以将函数定义为全局函数。

第 3 章　项 目 规 划

在本章中，将深入研究 Web 项目的规划阶段。项目规划是确保项目成功的关键阶段，它包括了解项目需求、确定项目范围、分配资源、制订计划以及建立有效的项目管理体系。通过示例，可以更好地解决如何在实际项目中进行规划的问题。

3.1　项目需求分析

3.1.1　需求收集和识别

在项目需求收集阶段，我们将与关键利益相关者合作，以确保充分了解项目的范围和目标。这一步通常包括与客户、用户和团队成员的讨论，以确定他们的期望和需求。一种常见的方法是创建需求收集表单，以便及时记录和整理这些信息。

需求收集是一个系统性的过程，通常包括以下步骤：

（1）确定干系人：确定项目干系人，包括客户、用户、管理层和项目团队成员。他们可能拥有不同的需求和期望。

（2）需求识别：识别并记录需求，包括功能性需求、非功能性需求和约束条件。这可以通过面对面会议、问卷调查、访谈和竞品分析来完成。

（3）需求分析：对需求进行详细分析，确保它们清晰、一致且可衡量。使用用例、用户故事、需求文档等帮助澄清需求。

（4）优先级设定：分配需求优先级，以确定哪些需求在项目的早期阶段实现，哪些可以在后续阶段完成。

（5）需求管理：设立需求变更管理流程，以便处理项目进展中的需求变更。

需求收集是项目成功关键的一步。在这一阶段，需要定义项目的功能和特性，并确保能够理解用户的需求。以下是一个 Java 示例代码，演示如何创建一个需求收集表单，创建的需求收集表单如图 3.1 所示。

```java
import java.util.Scanner;

public class RequirementCollectionForm {
    public static void main(String[] args) {
        Scanner scanner = new Scanner(System.in);

        System.out.println("请输入项目名称：");
        String projectName = scanner.nextLine();

        System.out.println("请输入项目描述：");
        String projectDescription = scanner.nextLine();
```

```
        System.out.println("请输入用户需求：");
        String userRequirements = scanner.nextLine();

        System.out.println("项目名称： " + projectName);
        System.out.println("项目描述： " + projectDescription);
        System.out.println("用户需求： " + userRequirements);

        // 将收集到的信息保存到数据库或文件中
        // 这里可以添加保存功能的代码
    }
}
```

```
请输入项目名称：
文心一言项目
请输入项目描述：
创建一个基于文心一言的Web应用程序，提供自然语言处理功能。
请输入用户需求：
1．用户可以向文心一言提问问题。
2．文心一言可以回答用户的问题。
3．用户可以查看文心一言的历史回答。
项目名称： 文心一言项目
项目描述： 创建一个基于文心一言的Web应用程序，提供自然语言处理功能。
用户需求： 1．用户可以向文心一言提问问题。
```

图 3.1　需求收集表单示例

在上面的 Java 示例代码中，创建了一个简单的需求收集表单，通过与运行界面交互来收集项目名称、项目描述和用户需求。这些信息可以保存到数据库或文件中，以供后续使用。

3.1.2　需求优先级和权重

一旦收集到需求，就需要为它们分配优先级和权重，以便在项目进行过程中更好地进行决策。

需求优先级和权重的设定应该基于以下因素：

（1）战略目标：需求是否与组织的战略目标一致？

（2）紧急性：需求是否有紧急性，例如，是否需要立即满足用户需求？

（3）价值：需求的实现是否能为项目或组织带来重要的价值？

（4）资源可用性：是否有足够的资源来满足需求？

（5）风险：某些需求是否有潜在的风险或不确定性？

下面的 Java 示例代码对一组假设的需求进行了简单的优先级分配示范，运行结果如图 3.2 所示。

```java
public class RequirementPriority {
    public static void main(String[] args) {
        // 假设有一些需求
        String[] requirements = {"功能 A", "功能 B", "功能 C"};
```

```
    // 为需求分配优先级
    int priority = 1;
    for (String requirement  :  requirements) {
        System.out.println("需求优先级: " + priority + " - " + requirement);
        priority++;
    }
  }
}
```

```
需求优先级: 1 - 功能A
需求优先级: 2 - 功能B
需求优先级: 3 - 功能C
```

图 3.2   优先级分配示例

3.1.3 需求文档编写

需求文档是项目中的重要文档之一，用于记录项目的范围、目标和需求的详细描述。需求文档是将项目需求详细记录下来的关键文档，它应该包括以下内容：

（1）项目背景：描述项目的背景信息和目标。

（2）需求列表：列出所有的需求，包括功能需求、性能需求、安全需求等。

（3）需求描述：对每个需求进行详细描述，包括输入、输出、特性和非功能性需求。

（4）验收标准：定义每个需求的验收标准，以便在项目结束时验证它们是否满足要求。

（5）需求跟踪：使用唯一的标识符来跟踪每个需求的状态和进展情况。

在这一过程中，创建了一个需求文档模板，并填写了项目名称、描述以及需求列表。这个文档模板可以是一个简单的文本字符串，也可以使用更高级的工具来创建，如 Markdown 或专业的需求管理软件。

编写清晰的需求文档对于项目团队的协作非常重要。以下是一个 Java 示例代码，演示如何生成需求文档的初稿，运行结果如图 3.3 所示。

```java
public class RequirementDocument {
    public static void main(String[] args) {
        // 创建一个需求文档模板
        String requirementDocument = "项目名称: 文心一言 Web 项目\n" +
                            "项目描述: 创建一个基于文心一言的 Web 应用程序，
                                提供自然语言处理功能。\n\n" +
                            "需求列表: \n" +
                            "1. 用户可以向文心一言提问。\n" +
                            "2. 文心一言可以回答用户的问题。\n" +
                            "3. 用户可以查看文心一言的历史回答记录。\n\n" +
                            "需求验证和确认: \n" +
                            "- 需求 1 已在用户界面中实现。\n" +
                            "- 需求 2 已在后端逻辑中实现。\n" +
                            "- 需求 3 已在数据库中存储为历史记录。\n";

        // 打印需求文档
```

```
        System.out.println(requirementDocument);

        // 可以将文档保存为文件或上传到项目管理工具
        // 这里可以添加保存或上传的代码
    }
}
```

```
项目名称：文心一言 Web项目
项目描述：创建一个基于文心一言的Web应用程序，提供自然语言处理功能。

需求列表：
1．用户可以向文心一言提问。
2．文心一言可以回答用户的问题。
3．用户可以查看文心一言的历史回答记录。

需求验证和确认：
- 需求1已在用户界面中实现。
- 需求2已在后端逻辑中实现。
- 需求3已在数据库中存储为历史记录。
```

图 3.3　需求文档编写示例

3.1.4　需求验证和确认

在项目进行过程中，需要不断地验证和确认需求是否被满足。这通常涉及到与项目干系人的沟通，以确保需求的实现与最初的期望一致。

需求验证和确认是确保项目交付满足客户期望的关键步骤，包括以下内容：

（1）验收测试：根据需求文档中的验收标准执行测试，以确保需求得到满足。

（2）用户验收：与客户和最终用户一起进行验收测试，以确保他们满意项目的交付。

（3）变更管理：处理需求变更请求，确保变更不会影响项目的原始目标和进度。

在下面的 Java 示例代码中，简单地检查了一些假设的需求是否已经满足，但在实际项目中，通常需要更复杂的方法和工具来进行需求验证和确认，运动结果如图 3.4 所示。

```java
public class RequirementValidation {
    public static void main(String[] args) {
        boolean isRequirement1Met = true;
        boolean isRequirement2Met = true;
        boolean isRequirement3Met = true;

        if (isRequirement1Met && isRequirement2Met && isRequirement3Met) {
            System.out.println("所有需求已验证和确认。");
        } else {
            System.out.println("还有未满足的需求。");
        }
    }
}
```

```
所有需求已验证和确认。
```

图 3.4　需求验证确认示例

3.2　项目计划制订

3.2.1　项目计划编制

项目计划编制是确保项目按时交付的关键步骤。在这个阶段，项目经理和团队成员将一起制订项目计划，确定项目的时间表、任务分配和关键阶段。

项目计划是项目的路线图，它包括以下内容：

（1）任务分解：将项目分解为小任务和子任务，以便更好地管理和监控。

（2）资源分配：确定项目所需的人力资源、技术资源和工具资源。

（3）时间表：创建项目时间表，包括任务开始和结束的日期。

（4）里程碑：设定项目的关键里程碑，以便在项目进展中跟踪重要事件。

（5）风险管理计划：创建项目风险管理计划，以应对潜在的风险。

以下是一个简单的 Java 示例代码，演示如何创建一个项目计划，运行结果如图 3.5 所示。

```java
import java.util.Date;
import java.text.SimpleDateFormat;

public class ProjectPlan {
    public static void main(String[] args) {
        // 创建项目计划
        String projectName = "文心一言 Web 项目";
        Date startDate = new Date();
        Date endDate = new Date(startDate.getTime() + 365 * 24 * 60 * 60 * 1000L); // 一年后的日期

        SimpleDateFormat sdf = new SimpleDateFormat("yyyy-MM-dd");

        System.out.println("项目名称：" + projectName);
        System.out.println("开始日期：" + sdf.format(startDate));
        System.out.println("结束日期：" + sdf.format(endDate));

        // 可以添加任务分配和阶段设置的代码
    }
}
```

```
项目名称：文心一言 Web项目
开始日期：2023-10-05
结束日期：2024-10-05
```

图 3.5　项目计划编制示例

3.2.2　时间表和里程碑

项目时间表和里程碑的设定有助于项目团队在项目进行过程中跟踪进度。项目时间表通常包括任务的起始日期、结束日期和依赖关系。而里程碑是项目的关键阶段或重要事件的标志，如项目启动、阶段完成和交付等。时间表和里程碑的设定有助于项目团队在项目进行过程中跟踪进度和管理风险。

在下面的 Java 示例代码中，演示了如何创建一个简单的项目时间表，并添加了一个里程碑，其运行结果如图 3.6 所示。

```java
import java.util.Date;
import java.text.SimpleDateFormat;

public class ProjectSchedule {
    public static void main(String[] args) {
        SimpleDateFormat sdf = new SimpleDateFormat("yyyy-MM-dd");

        // 创建项目时间表
        Date task1StartDate = new Date();
        Date task1EndDate = new Date(task1StartDate.getTime() + 30 * 24 * 60 * 60 * 1000L); // 任务 1 的
结束日期

        Date task2StartDate = new Date(task1EndDate.getTime() + 1); // 任务 2 的开始日期
        Date task2EndDate = new Date(task2StartDate.getTime() + 15 * 24 * 60 * 60 * 1000L); // 任务 2 的
结束日期

        System.out.println("任务 1 开始日期：" + sdf.format(task1StartDate));
        System.out.println("任务 1 结束日期：" + sdf.format(task1EndDate));

        System.out.println("任务 2 开始日期：" + sdf.format(task2StartDate));
        System.out.println("任务 2 结束日期：" + sdf.format(task2EndDate));

        // 添加项目里程碑
        Date milestoneDate = new Date(task2EndDate.getTime() + 1);
        System.out.println("项目里程碑日期：" + sdf.format(milestoneDate));
    }
}
```

```
任务1开始日期: 2023-10-05
任务1结束日期: 2023-11-04
任务2开始日期: 2023-11-04
任务2结束日期: 2023-11-19
项目里程碑日期: 2023-11-19
```

图 3.6 项目时间表和里程碑示例

3.2.3 项目风险评估

项目风险评估是识别、分析和管理项目风险的过程。在这个阶段，需要确定潜在的风险因素，并制定应对策略。

项目风险评估的持续过程，包括以下步骤：

（1）风险识别：识别潜在的项目风险，包括技术风险、人员风险、进度风险等。

（2）风险分析：评估每个风险发生的概率和造成的影响，以确定其严重性。

（3）风险应对策略：制定风险应对策略，包括风险规避、风险转移、风险缓解和风险接受。

（4）风险监控：持续监控项目中的风险，及时采取措施以减轻或消除风险。

在项目进行过程中，定期更新项目风险评估，并确保风险管理计划与项目进展保持一致。以下是一个 Java 示例代码，演示如何进行项目风险评估，运行结果如图 3.7 所示。

```java
public class RiskAssessment {
    public static void main(String[] args) {
        // 列出潜在的项目风险因素
        String[] potentialRisks = {
            "技术难题",
            "人员不足",
            "预算不足",
            "时间压力"
        };

        // 对每个风险因素进行评估并制定应对策略
        for (String risk:potentialRisks) {
            System.out.println("风险因素：" + risk);

            // 在实际项目中，通常需要更详细的评估和策略
            // 这里只是一个简单的示例
            if (risk.equals("技术难题")) {
                System.out.println("应对策略：寻求专业技术支持");
            } else if (risk.equals("人员不足")) {
                System.out.println("应对策略：招聘额外人员或培训现有人员");
            } else if (risk.equals("预算不足")) {
                System.out.println("应对策略：重新评估预算并寻找节省成本的方法");
            } else if (risk.equals("时间压力")) {
                System.out.println("应对策略：调整时间表或优先级");
            }
        }
    }
}
```

```
风险因素：技术难题
应对策略：寻求专业技术支持
风险因素：人员不足
应对策略：招聘额外人员或培训现有人员
风险因素：预算不足
应对策略：重新评估预算并寻找节省成本的方法
风险因素：时间压力
应对策略：调整时间表或优先级
```

图 3.7　项目风险评估示例

3.3　项目资源分配

3.3.1　人力资源

人力资源是项目的关键要素之一。项目经理需要根据项目的复杂性和规模来确定所需的人员，并进行人员分配。以下是一些关于人力资源分配的详细信息：

（1）角色和职责：定义项目中每个成员的角色和职责，确保高效的沟通和协作。

（2）技能匹配：确保分配的人员具备所需的技能和经验，或提供培训来弥补其技能缺陷。

（3）解决资源冲突：处理资源之间的冲突和竞争，以确保项目顺利进行。

（4）团队建设：建立一个团队，鼓励协作和共享知识。

以下是一个 Java 示例代码，演示如何创建一个简单的技能矩阵，运行结果如图 3.8 所示。

```java
import java.util.HashMap;
import java.util.Map;

public class SkillMatrix {
    public static void main(String[] args) {
        // 创建技能矩阵
        Map<String, String> skillMatrix = new HashMap<>();
        skillMatrix.put("项目经理", "项目管理，沟通");
        skillMatrix.put("开发工程师", "编程，软件开发");
        skillMatrix.put("测试工程师", "测试，自动化测试");

        // 输出技能矩阵
        System.out.println("技能矩阵：");
        for (Map.Entry<String, String> entry skillMatrix.entrySet()) {
            System.out.println(entry.getKey() + ": " + entry.getValue());
        }
    }
}
```

```
技能矩阵：
项目经理：项目管理，沟通
开发工程师：编程，软件开发
测试工程师：测试，自动化测试
```

图 3.8　技能矩阵示例

3.3.2　技术和工具资源

除了人力资源，技术和工具资源也是项目的关键要素。这包括硬件、软件和任何必要的开发工具。以下是一些关于技术和工具资源的信息：

（1）硬件需求：确定项目所需的计算机、服务器、网络设备等硬件资源，并确保其可用性。

（2）软件需求：确定项目所需的开发工具、操作系统、数据库系统等软件资源。

（3）许可证管理：确保所有使用的软件和工具都具有合法的许可证。

（4）资源维护：确保技术和工具资源的稳定性并及时维护。

以下是一个 Java 示例代码，演示如何进行技术和工具资源的选择和分配，运行结果如图 3.9 所示。

```java
public class TechnologyAndToolSelection {
    public static void main(String[] args) {
        // 项目技术栈选择
        String technologyStack = "Java Spring Boot, React.js, PostgreSQL";
        System.out.println("项目技术栈选择：" + technologyStack);

        // 工具资源分配
        String developmentTool = "IntelliJ IDEA";
        String versionControlTool = "Git";
        String projectManagementTool = "Jira";

        System.out.println("开发工具：" + developmentTool);
        System.out.println("版本控制工具：" + versionControlTool);
        System.out.println("项目管理工具：" + projectManagementTool);
    }
}
```

```
项目技术栈选择: Java Spring Boot, React.js, PostgreSQL
开发工具: IntelliJ IDEA
版本控制工具: Git
项目管理工具: Jira
```

图 3.9　技术和工具资源的选择和分配示例

项目管理工具是项目成功的关键组成部分，可以帮助项目经理和团队成员规划、推进、监控项目进度，确保项目目标的实现。有效地使用项目管理工具对于确保项目按时、按预算完成至关重要。以下是几种流行的项目管理工具，每个都有其独特的功能和用途。

1. Jira

适用场景：主要用于软件开发项目，支持敏捷开发流程，如 Scrum 和 Kanban。

主要功能：问题跟踪、项目管理、报告、工作流自定义。

优点：强大的定制能力，丰富的插件生态系统。

缺点：初学者可能会觉得有些复杂，价格较高。

2. Trello

适用场景：适合各种规模的团队用于任务管理和协作。

主要功能：基于看板的任务管理。

优点：界面直观，操作简单，适合快速的任务分配和管理。

缺点：功能相对基础，大型或复杂项目可能需要更多功能。

3. Asana

适用场景：适用于任务分配、时间线规划和进度跟踪。

主要功能：任务管理、设置里程碑、查看日历、文件共享和参与评论。

优点：界面友好，功能全面，适合不同规模的团队。

缺点：在复杂项目中，用户可能会发现界面过于拥挤。

4. Microsoft Project

适用场景：复杂的项目管理需求，尤其是对于大型组织。

主要功能：详细的项目规划、资源管理、进度跟踪和报告。

优点：功能强大，支持详细的项目计划和资源管理。

缺点：学习曲线陡峭，价格较高。

5. 选择适合自己的项目管理工具的建议

项目规模和复杂性：大型复杂项目可能需要像 Jira 或 Microsoft Project 这样的功能更全面的工具。

团队偏好和经验：选择团队成员熟悉或容易上手的工具可以减少培训时间和成本。

预算考虑：考虑项目的预算约束，一些工具提供免费版本或试用版本。

集成需求：如果需要与其他系统［如代码仓库、即持续集成和持续部署（Continuous Integration/Continuous Delivery，CI/CD）管道］集成，选择提供这些集成选项的工具。

应用案例：一个中型软件开发团队选择使用 Jira 来管理他们的敏捷开发流程，利用它的 Scrum 板和问题跟踪功能来保持项目进度的可见性和对项目的控制。同时，他们使用 Confluence（与 Jira 集成的知识管理工具）来存储项目文档和决策。

3.3.3　预算和成本估算

项目的预算和成本估算是项目管理的关键方面。以下是关于预算和成本估算的信息：

（1）成本分类：将项目成本分为直接成本（与项目任务直接相关）和间接成本（与项目任务间接相关）。

（2）成本估算方法：使用不同的估算方法，如自上而下估算、自下而上估算、类比估算等，来估算项目成本。

（3）费用控制：在项目执行期间，跟踪和控制成本，确保项目保持在预算范围内。

（4）风险管理：考虑项目风险对成本的影响，并在预算中包含风险储备。

以下是一个 Java 示例代码片段，演示项目的预算和成本估算相关概念，运行结果如图 3.10 所示。

```java
public class CostEstimation {
    public static void main(String[] args) {
        // 定义项目的直接成本和间接成本
        double directCost = 50000.0;          // 直接成本
        double indirectCost = 10000.0;        // 间接成本

        // 计算总成本
        double totalCost = directCost + indirectCost;
        System.out.println("项目总成本：$" + totalCost);

        // 成本估算方法示例
        double topDownEstimate = totalCost * 1.2;               // 自上而下估算，增加20%的储备
        double bottomUpEstimate = directCost + (directCost * 0.1);   // 自下而上估算，增加10%的储备
        double analogyEstimate = directCost * 2.0;              // 类比估算
```

```
        System.out.println("自上而下估算：$" + topDownEstimate);
        System.out.println("自下而上估算：$" + bottomUpEstimate);
        System.out.println("类比估算：$" + analogyEstimate);

        // 费用控制示例（模拟项目执行过程）
        double actualCost = 56000.0;          // 模拟实际成本
        if (actualCost > totalCost) {
            System.out.println("实际成本超出预算!");
        } else {
            System.out.println("项目成本仍然在预算范围内。");
        }

        // 风险管理示例（添加风险储备）
        double riskReserve = 5000.0;          // 风险储备
        double totalCostWithReserve = totalCost + riskReserve;
        System.out.println("包含风险储备的总成本：$" + totalCostWithReserve);
    }
}
```

```
项目总成本：$60000.0
自上而下估算：$72000.0
自下而上估算：$55000.0
类比估算：$100000.0
项目成本仍然在预算范围内。
包含风险储备的总成本：$65000.0
```

图 3.10　项目预算和成本估算示例

3.4　项目进度跟踪

3.4.1　进度监控和报告

项目进度监控和报告是确保项目按计划进行的关键步骤。以下是关于进度监控和报告的信息：

（1）关键绩效指标（Key Performance Indicator，KPI）：定义项目的关键绩效指标，用于量化和评估项目的进展和质量。

（2）仪表板：创建项目仪表板，用于可视化展示项目的进展，包括进度、成本、质量等。

（3）决策支持：利用进度报告为决策制定提供数据支持，确保项目目标得以实现。

以下是一个 Java 示例代码，演示如何创建一个简单的项目进度仪表板，其运行结果如图 3.11 所示。

```
public class ProjectDashboard {
    public static void main(String[] args) {
        // 模拟项目进度数据
```

```
        int totalTasks = 10;
        int completedTasks = 5;

        // 计算完成百分比
        double progress = (double) completedTasks / totalTasks * 100;

        // 输出项目进度仪表板
        System.out.println("项目进度仪表板：");
        System.out.println("总任务数：" + totalTasks);
        System.out.println("已完成任务数：" + completedTasks);
        System.out.println("完成百分比：" + progress + "%");
    }
}
```

```
项目进度仪表板：
总任务数：10
已完成任务数：5
完成百分比：50.0%
```

图 3.11　项目进度仪表板示例

3.4.2　问题解决和变更管理

问题解决和变更管理是确保项目进展顺利的关键步骤。以下是关于问题解决和变更管理的信息：

（1）问题跟踪系统：使用问题跟踪系统来收集、分析和解决项目中的问题，确保它们不会对项目进度产生负面影响。

（2）变更控制委员会：设立变更控制委员会，负责审查和批准需求变更，以确保它们与项目目标一致。

以下是一个 Java 示例代码，演示如何创建一个简单的问题跟踪系统，运行结果如图 3.12所示。

```
import java.util.ArrayList;
import java.util.List;

public class IssueTrackingSystem {
    public static void main(String[] args) {
        // 模拟项目中的问题
        List<String> issues = new ArrayList<>();
        issues.add("技术难题 - 未解决");
        issues.add("资源不足 - 已解决");
        issues.add("进度延迟 - 未解决");

        // 输出问题列表
        System.out.println("问题列表：");
        for (String issue:issues) {
```

```
            System.out.println(issue);
        }
    }
}
```

```
问题列表：
技术难题 - 未解决
资源不足 - 已解决
进度延迟 - 未解决
```

图3.12 问题跟踪系统示例

3.4.3 项目交付和验收

项目交付和验收是项目结束阶段的重要环节。以下是关于项目交付和验收的详细介绍：

（1）文档归档：归档所有项目文档，以便将来参考和审查。

（2）项目总结报告：撰写项目总结报告，总结项目绩效、经验教训和建议。

（3）维护计划：制订维护计划，确保项目交付物的长期可维护性和支持性。

以下是一个Java示例代码，演示完成项目交付和验收的基本步骤，运行结果如图3.13所示。

```
public class ProjectDeliveryAndAcceptance {
    public static void main(String[] args) {
        // 定义验收标准
        String acceptanceCriteria = "所有功能按照需求文档完成，通过用户验收测试。";

        // 输出验收标准
        System.out.println("验收标准：");
        System.out.println(acceptanceCriteria);

        // 项目交付
        boolean isProjectAccepted = true;       // 假设项目已被接受

        if (isProjectAccepted) {
            System.out.println("项目已成功交付并验收。");
        } else {
            System.out.println("项目未能通过验收，需要进一步改进。");
        }
    }
}
```

```
验收标准：
所有功能按照需求文档完成，通过用户验收测试。
项目已成功交付并验收。
```

图3.13 项目交付和验收示例

实验 3　项目管理实战——从需求分析到规划实施

实验目标

（1）掌握项目需求分析方法，明确项目目标与范围。
（2）掌握制订项目计划、进度与任务分解的方法。
（3）掌握项目资源分配技巧。
（4）能初步运用项目管理软件辅助管理全过程。

实验步骤

步骤 1：确定项目选题与需求分析。
选择实际项目，分析用户需求、功能模块与目标成果。
步骤 2：制订项目计划。
进行任务分解（Work Breakdown Structure，WBS）；估算任务持续时间；制订项目进度表与关键路径图。
步骤 3：资源分配计划。
明确所需人力角色、物资、时间与技术资源安排。
步骤 4：工具辅助与过程管理。
使用项目管理工具构建任务图、进度表、资源图。
步骤 5：撰写实验报告与结果分析。
说明项目规划过程中的关键决策，评估计划可行性及风险因素。

习 题 3

1．为什么项目需求分析是项目规划的重要步骤？列举至少三个原因。
2．请解释什么是项目需求验证和审查，以及它们在项目规划中为什么如此关键。
3．项目计划中的里程碑有什么作用？为什么在项目规划中设置里程碑是一个好做法？
4．项目资源分配包括哪些方面？简要描述每个方面的作用。
5．为什么项目成本估算和控制对项目规划至关重要？列举至少两个原因。
6．项目交付和验收阶段的主要目标是什么？为什么客户验收是项目交付的重要环节？
7．项目规划中的风险评估如何有助于项目成功？列举至少两种项目风险，并写出应对策略。
8．在项目规划中，为什么明确角色和职责对项目执行至关重要？列举一些项目团队可能包括的关键角色。

第4章 系统设计

4.1 系统架构设计

4.1.1 架构概述

系统架构是任何软件项目的基础，它定义了系统的整体结构和各个组件之间的互动方式。在 Java Web 项目中，常见的架构模式是 MVC（Model-View-Controller）。MVC 架构模式将应用程序分为三个核心的部分。

模型层（Model）：模型层负责管理数据和应用程序的业务逻辑。模型对象通常代表了应用程序的核心数据结构，并提供了对这些数据的操作方法。例如，在一个在线商店应用中，模型对象可以代表商品信息、用户数据等。

视图层（View）：视图层负责将模型层的数据呈现给用户。它决定了数据如何以可视化的方式展示给用户。视图通常是用户界面的一部分，它可以是 HTML 页面、移动应用界面或其他用户界面元素。

控制器层（Controller）：控制器层作为模型和视图之间的桥梁，接收用户的请求并决定如何处理这些请求。它包含了应用程序的业务逻辑，可以处理用户输入，从模型中获取数据，然后将数据传递给视图进行展示。

MVC 架构的优势在于它将应用程序的不同部分分离开来，使代码更易于维护和扩展。例如，如果需要更改用户界面的外观，只需修改视图部分，而不会影响模型或控制器。这种分离还允许团队中的不同开发者并行工作，提高了开发效率。

以下是一个简单的 MVC 架构示例：

```java
// 控制器(Controller)
@Controller
@RequestMapping("/user")
public class UserController {
    @Autowired
    private UserService userService;

    @GetMapping("/profile/{id}")
    public String getUserProfile(@PathVariable Long id, Model model) {
        User user = userService.getUserById(id);
        model.addAttribute("user", user);
        return "user/profile";
    }
}
```

```
// 服务(Service)
@Service
public class UserService {
    @Autowired
    private UserRepository userRepository;

    public User getUserById(Long id) {
        return userRepository.findById(id).orElse(null);
    }
}

// 视图(View)
<!DOCTYPE html>
<html>
<head>
    <!-- 页面头部信息 -->
</head>
<body>
    <h1>User Profile</h1>
    <p>User Name:${user.name}</p>
    <!-- 更多用户信息展示 -->
</body>
</html>
```

示例代码中的控制器（Controller）演示了如何使用 Spring 框架的注解来定义一个简单的请求处理方法。这个方法接收一个用户 ID 作为参数，然后通过 UserService 获取用户数据并传递给视图进行展示，如图 4.1 所示。

图 4.1　视图展示

UserController（控制器）负责接收和处理用户请求。它使用 UserService（模型），后者进一步与 UserRepository（另一模型）交互来处理数据。处理完成后，UserController 将更新 User Profile Page（视图），用户可以在该页面上看到请求的结果。图 4.2 清晰地展示了 MVC 架构中组件的交互，帮助理解各个部分如何协同工作。

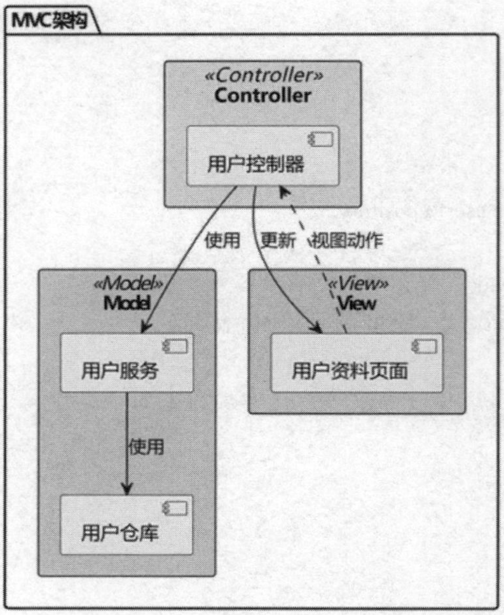

图 4.2　MVC 架构中组件的交互

4.1.2　技术选型

在选择技术栈时，需要考虑项目的需求和约束。在 Java Web 开发中，Spring 框架和 Spring Boot 框架是常见的选择，它们提供了大量的功能和工具来加速开发。使用 Spring Boot，开发者可以快速创建一个独立运行的 Web 应用程序，减少了配置的复杂性。

选择技术栈不仅取决于项目的需求，还取决于开发团队对技术栈的熟练程度。如果团队已经熟悉了 Spring 框架，那么使用它可能会更加高效。Spring Boot 可以让新手更轻松地入门，并且有大量的文档和社区支持。

下面是一个 Spring Boot 配置的示例代码，运行结果如图 4.3 所示。

```java
// Spring Boot 应用入口
@SpringBootApplication
public class WebApplication {
    public static void main(String[] args) {
        SpringApplication.run(WebApplication.class, args);
    }
}
```

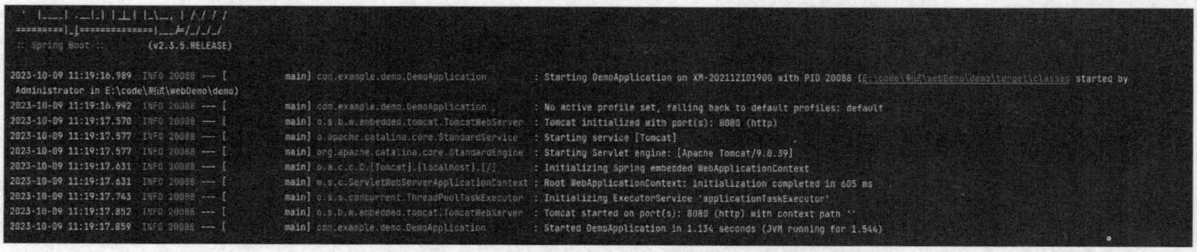

图 4.3　应用入口示例

示例代码中的@SpringBootApplication 注解标识了 Spring Boot 应用程序的入口点。它自动配置了许多常用的功能，如数据库连接池、Web 服务器等，使项目的启动和配置变得非常简单。

4.1.3 系统模块划分

将系统划分为模块是一个关键的设计决策。为什么模块化设计是重要的呢？当项目变得越来越复杂时，将代码划分为独立的模块可以降低代码耦合度，使每个模块都可以独立开发、测试和维护。这意味着当对一个模块进行更改时，不会影响其他模块的功能，从而降低了引入错误的风险，所以模块化设计有助于代码的组织和维护。

图 4.4 是一个简单的模块划分示例。

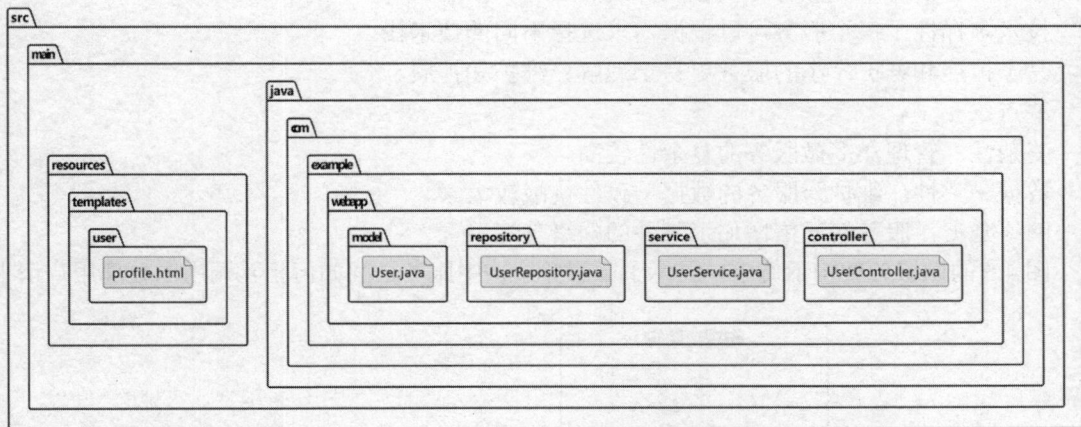

图 4.4　模块划分示例

示例中的目录结构展示了如何将不同的功能组织到不同的包中。这种组织方式使每个功能模块都有自己的命名空间，防止命名冲突，并使项目的结构更加清晰。

4.1.4 性能考虑

性能是一个关键的考虑因素，尤其是对于高流量的 Web 应用程序。用户期望不管是在加载网页还是在处理交互操作时，Web 应用程序响应迅速。因此，需要采取一些措施来提高性能。下面是数据查询的示例代码：

```
// 使用 Spring Data JPA 进行查询优化
public interface UserRepository extends JpaRepository<User, Long> {
    // 根据用户名查询用户信息
    User findByUsername(String username);
}
```

数据库查询是一个常见的性能瓶颈。上述代码中使用了 Spring Data JPA 来进行数据库查询优化。Spring Data JPA 是 Spring 框架的一部分，它提供了一种便捷的方式来执行数据库操作。在这个示例中，定义了一个 findByUsername()方法，它通过用户名查询用户信息。Spring Data JPA 会自动生成 SQL 语句并进行查询，并且具有内置的缓存机制，可以提高查询效率。

4.1.5 比较不同的架构模式

在进行系统设计时，了解和选择合适的架构模式对项目的成功至关重要。除了传统的 MVC 架构外，现在的 Web 开发中常见的还有微服务架构和服务导向架构（Service-Oriented Architecture，SOA）。每种架构模式都有其特定的优点和适用场景，了解它们的关键特性可以帮助开发团队做出更合理的决策。

1. 微服务架构

微服务架构将应用分解为一组小的、自治的服务，每个服务实现应用的特定部分，并通过轻量级的通信协议（如 HTTP RESTful API）进行通信。

优点：

独立部署：每个微服务可以独立开发、部署和扩展。

技术多样性：每个服务可以根据需求选择不同的技术栈。

易于扩展和维护：小的服务更易于理解、维护和扩展。

缺点：

复杂性：管理众多微服务的复杂性较高。

数据一致性：维护跨服务的数据一致性挑战较大。

网络延迟：服务间通信增加了额外的网络延迟。

图 4.5 的微服务架构示例中，展示了微服务架构中服务之间如何相互调用以处理用户请求。

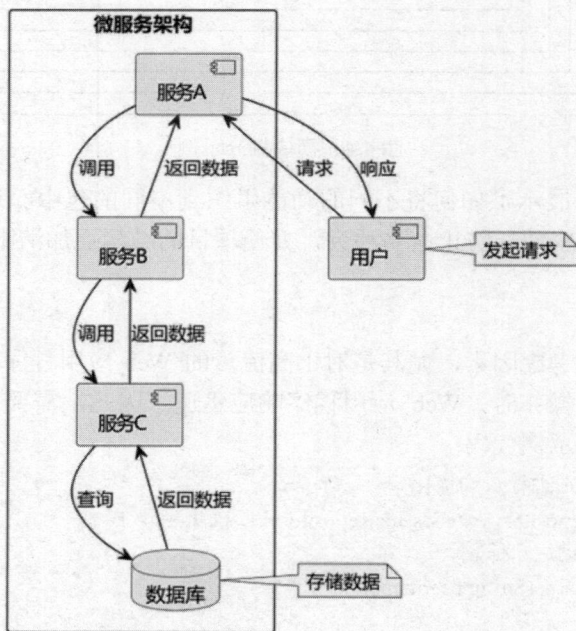

图 4.5　微服务架构示例

2. 服务导向架构（SOA）

SOA 是一种设计模式，它允许不同的服务通过定义良好的接口和合约进行通信，通常用于企业级应用。

优点：

重用性：服务可以被不同的应用重用。

灵活性：服务可以独立更新和替换，而不影响其他服务。

互操作性：通过标准化的接口，不同的服务可以轻松交互。

缺点：

复杂性：SOA 的实现和维护相对复杂。

性能问题：服务间的通信可能导致性能下降。

初始成本：SOA 的设计和实施初期成本较高。

图 4.6 的 SOA 示例中，展示了服务消费者如何从服务注册中心查询服务地址，然后调用服务提供者，以及服务提供者如何响应服务。

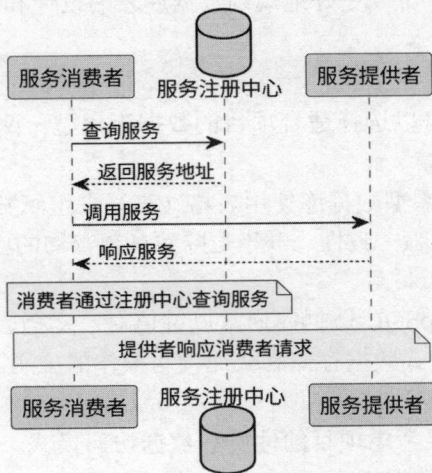

图 4.6　SOA 示例

3. 对比 MVC 架构

与 MVC 架构相比，微服务架构和 SOA 架构提供了更高的灵活性和可扩展性，适用于大型复杂的应用系统。然而，这也伴随着更高的管理复杂性和潜在的性能开销。MVC 架构以其简单性和紧密集成的组件著称，适合快速开发中小型的应用程序，但可能不适合需要高度可扩展性和灵活性的大型项目。

总结：在选择架构模式时，开发团队应该考虑应用的规模、团队的技术能力、项目是否有长期维护需求等因素。没有一种架构是适用于所有情况的，每种架构都有其优势和局限性。理解不同架构模式的关键特性和适用场景，可以帮助团队做出更合适的架构选择，从而更好地满足项目需求和业务目标。

4.2　数据库设计

在系统设计的过程中，数据库设计是一个至关重要的环节。它决定了数据的存储结构、关系和完整性，直接影响着系统的性能和可维护性。在本节中，将深入探讨数据库设计的各个方面，并提供更多的示例代码。

4.2.1 数据库需求分析

在着手数据库设计之前，必须充分了解系统对数据的需求。这包括确定需要存储的数据类型、数据之间的关系，以及对数据的访问模式。在一家在线购物网站的数据库设计中，需求分析可能包括以下方面：

（1）用户信息：存储用户的用户名、密码、电子邮件地址等信息。

（2）商品信息：存储商品的名称、描述、价格、库存等信息。

（3）订单信息：存储订单的详细信息，包括订单号、商品种类、交易金额等。

（4）购物车：用于存储用户选中的商品，以便后续结算。

（5）用户评论：用户可以对商品发表评论，需要存储评论内容、用户信息等。

通过充分了解这些需求，可以更好地规划数据库表的设计和字段的定义。

4.2.2 数据库模型选择

根据需求分析的结果，可以选择适合项目的数据库模型。两种主要的数据库模型分别是关系型数据库和 NoSQL 数据库。

（1）关系型数据库：关系型数据库使用表格（表）来组织数据，表之间可以建立复杂的关系。关系型数据库适合需要强一致性、事务支持和复杂查询的应用。常见的关系型数据库包括 MySQL、PostgreSQL、Oracle 等。

（2）NoSQL 数据库：NoSQL 数据库通常以键值对、文档、列族或图的形式存储数据，适合需要高度可扩展性、分布式数据存储和快速读写操作的应用。常见的 NoSQL 数据库包括 MongoDB、Cassandra、Redis 等。

选择数据库模型时，需要考虑项目的性质和数据访问模式。例如，如果需要处理大量实时数据，则可能选择 NoSQL 数据库更适合；而如果需要进行复杂的数据分析和查询，则关系型数据库可能更合适。

下面是一个简单的关系型数据库表的创建示例，使用 MySQL 数据库，创建的表用于存储用户信息。

```
CREATE TABLE users (
    id INT AUTO_INCREMENT PRIMARY KEY,
    username VARCHAR(50) NOT NULL,
    email VARCHAR(100) NOT NULL,
    password VARCHAR(100) NOT NULL,
    created_at TIMESTAMP DEFAULT CURRENT_TIMESTAMP
);
```

在这个示例中，创建了一个名为 users 的表，包含了用户的 ID、用户名、电子邮件、密码和创建时间等字段。字段的数据类型和约束根据需求进行定义。创建后结果如图 4.7 所示。

对象	users @sqltest (localhost) - 表			
开始事务	文本 · 筛选 排序	导入 导出 数据生成 创建图表		
id	username	email	password	created_at
(N/A) (N/A)		(N/A)	(N/A)	(N/A)

图 4.7 创建数据表

4.2.3　数据表设计

数据表设计是数据库设计的核心。它涉及如何组织数据，定义表的结构、字段和约束。一个设计良好的数据表应该具备以下特点：

（1）一致性：数据表中的字段命名和数据类型应该一致，这有助于维护和查询数据。

（2）完整性：数据表应该定义适当的约束，以确保数据的完整性。例如，主键、外键、唯一性约束等。

（3）冗余性最小化：避免在不同的表中存储相同的数据，以减少数据冗余。

（4）性能优化：合理选择数据类型，创建索引以提高查询性能。

（5）可扩展性：考虑未来的需求，确保表结构可以轻松扩展。

继续以用户表为例，下面是该表的数据表设计示例代码：

```
CREATE TABLE users (
    id INT AUTO_INCREMENT PRIMARY KEY,
    username VARCHAR(50) NOT NULL,
    email VARCHAR(100) NOT NULL,
    password VARCHAR(100) NOT NULL,
    created_at TIMESTAMP DEFAULT CURRENT_TIMESTAMP,
    UNIQUE (username),
    UNIQUE (email)
);
```

在这个示例中，定义了用户表的字段和约束。id 字段作为主键，username 和 email 字段都具有唯一性约束，以确保用户名和电子邮件的唯一性。created_at 字段使用了默认值，以便在插入新用户时自动记录创建时间。其中数据表信息如图 4.8 所示。

信息　摘要　结果 1　剖析　状态						
Field	Type	Null	Key	Default	Extra	
id	int	NO	PRI	(Null)	auto_increment	
username	varchar(50)	NO	UNI	(Null)		
email	varchar(100)	NO	UNI	(Null)		
password	varchar(100)	NO		(Null)		
created_at	timestamp	YES		CURRENT_T	DEFAULT_GENERATE	

图 4.8　数据表信息

4.2.4　数据库优化策略

为了确保数据库的高性能和可扩展性，需要采取一些优化策略。以下是一些常见的数据库优化策略：

（1）索引优化：创建适当的索引以加速查询操作。然而，要避免过多的索引，因为它们可能会降低写操作的性能。

（2）查询优化：编写高效的查询语句，避免全表扫描和复杂的连接操作。使用数据库查询分析工具来检测慢查询并进行优化。

（3）缓存：使用缓存来减轻数据库的负载，尤其是对于频繁读取但不经常更改的数据。

（4）分区和分表：对于大型数据库，可以考虑将数据分区或分表，以减轻单一表的负担。

（5）定期维护：定期执行数据库维护操作，如清理无用数据、优化表、备份等。

数据库优化是一个持续的过程，需要不断监控数据库性能并根据需要进行调整。良好的优化策略可以显著提高系统的性能和响应速度。

以下是一个创建索引的示例，以提高用户表的查询性能。

```
CREATE INDEX idx_username ON users (username);
CREATE INDEX idx_email ON users (email);
```

在这个示例中，创建了针对 username 和 email 字段的索引，以加速根据用户名和电子邮件地址的查询操作。索引使数据库可以更快地定位到相关数据，从而提高查询速度。索引信息如图 4.9 所示。

Table	Non_unique	Key_name	Seq_in_index	Column_name	Collation	Cardinality	Sub_part	Packed	Null	Index_type	Comment	Index_comment	Visible	Expression
users	0	PRIMARY	1	id	A	0	(Null)	(Null)		BTREE			YES	(Null)
users	0	username	1	username	A	0	(Null)	(Null)		BTREE			YES	(Null)
users	0	email	1	email	A	0	(Null)	(Null)		BTREE			YES	(Null)
users	1	idx_username	1	username	A	0	(Null)	(Null)		BTREE			YES	(Null)
users	1	idx_email	1	email	A	0	(Null)	(Null)		BTREE			YES	(Null)

图 4.9　索引信息

4.3　界面设计

用户界面（User Interface，UI）是用户与系统交互的主要途径，因此界面设计至关重要。一个良好的用户界面能够提升用户体验，提高用户满意度，从而增加用户的黏性和忠诚度。在系统设计中，界面设计包括以下关键方面。

4.3.1　用户界面需求分析

在进行界面设计之前，必须充分了解用户的需求和期望。这一步骤通常需要与最终用户或项目的利益相关者进行密切合作。需求分析包括以下方面：

（1）功能需求：明确系统的功能和操作流程。例如，在在线购物网站的界面设计中，用户需要能够搜索商品、添加商品到购物车、结算订单等。

（2）用户群体：了解不同用户群体的需求，包括他们的技术水平、偏好和习惯。例如，一个面向老年人健康的应用界面可能需要更大的字体和更简单的操作。

（3）设备和平台：考虑用户会使用的设备和平台，包括移动设备、操作系统和浏览器等。界面应该在不同设备上具有良好的兼容性。

4.3.2　界面设计原则

在设计用户界面时，需要遵循一些界面设计原则，以确保界面的可用性和用户友好性。以下是一些常见的界面设计原则：

（1）一致性：保持界面的一致性，包括布局、颜色、字体等方面。一致的界面使用户更容易学习和使用系统。

（2）可用性：确保界面易于使用。使用清晰的标签、直观的导航和明确的反馈，以降低用户的学习成本。

（3）可理解性：界面应该能够让用户理解系统的操作方式。避免使用晦涩难懂的术语和图标。提供帮助文档和提示。

（4）可访问性：确保界面对于各种用户，包括残障用户，都是可访问的。使用无障碍标准，提供键盘导航和屏幕阅读器支持。

（5）反馈：及时提供反馈，告知用户他们的操作是否成功。例如，当用户提交表单时，显示成功或错误消息。

（6）简单性：避免界面过于复杂。精简界面元素，确保用户能够快速完成任务。

下面是一个简单的 HTML 表单示例，用于用户注册界面的设计，遵循了一致性和可理解性的原则。运行结果如图 4.10 所示。

```
<form action="/register" method="post">
    <label for="username">用户名：</label>
    <input type="text" id="username" name="username" required><br>

    <label for="email">邮箱：</label>
    <input type="email" id="email" name="email" required><br>

    <label for="password">密码：</label>
    <input type="password" id="password" name="password" required><br>

    <button type="submit">注册</button>
</form>
```

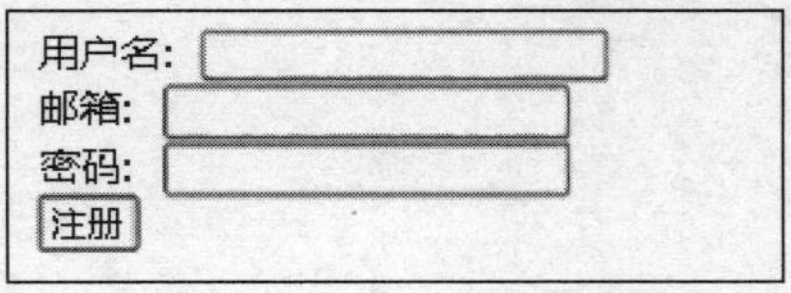

图 4.10　HTML 表单示例

在这个示例中，使用了清晰的标签和输入字段，使用户能够轻松理解并填写表单。通过使用 required 属性，确保了必填字段不会被忽略。

4.3.3　用户体验优化

用户体验（User Experience，UX）优化是界面设计的核心目标之一。良好的用户体验可以提高用户的满意度，增加用户黏性，从而促使用户更频繁地使用系统。以下是一些用户体验优化的策略：

（1）AJAX 加载：AJAX 即异步 JavaScript 和 XML 使用 AJAX 来加载数据，可减少页面刷新次数，提高用户界面的响应速度。例如，在一个社交媒体应用中，使用 AJAX 加载新的帖子或评论不需要完全刷新页面。

（2）动画效果：添加合适的动画效果可以增强用户界面的吸引力，并提供更好的用户反馈。例如，在一个移动应用中，使用平滑的过渡动画可以使用户体验得到提升。

（3）快速加载：优化页面加载速度是提高用户体验的关键。使用压缩的图像、浏览器缓存和内容分发网络（Content Delivery Network，CDN）来减少页面加载时间。

（4）交互反馈：及时地向用户提供反馈，并告知他们操作是否成功。例如，在提交表单后，显示一个成功或错误的提示信息，而不是让用户猜测结果。

4.3.4 响应式设计

响应式设计是确保用户界面在不同设备上都能正常显示和操作的关键。在今天的多设备时代，用户可能会在平板电脑、手机等多种设备上访问系统。以下是响应式设计的关键方面：

（1）媒体查询：使用 CSS 媒体查询来根据不同设备的屏幕尺寸和分辨率应用不同的样式。这样可以确保界面在不同屏幕上有良好的可读性和布局。

（2）弹性网格布局：使用弹性网格布局或 CSS 网格布局等技术，以便界面元素在不同屏幕尺寸下能够自动适应布局。

（3）移动优先：在设计过程中，优先考虑移动设备。因为移动设备的屏幕较小，所以需要确保界面在移动设备上的可用性。

下面是一个使用 CSS 媒体查询的示例，根据屏幕宽度调整界面样式。

```
@media screen and (max-width:600px) {
    /*  在小屏幕上的样式  */
    body {
        font-size:14px;
    }
}

@media screen and (min-width:601px) and (max-width:1024px) {
    /*  在中等屏幕上的样式  */
    body {
        font-size:16px;
    }
}
```

在这个示例中，可以根据屏幕宽度应用不同的字体大小。这可以确保在不同设备上都有良好的可读性。

4.4 安全性设计

系统的安全性设计是确保系统免受恶意攻击和防止数据泄露的关键因素之一。在系统设计过程中，必须充分考虑安全性需求，采取适当的措施来保护系统和用户的信息。

4.4.1 安全性需求分析

在开始系统安全性设计之前，必须首先分析和明确安全性需求。这包括以下方面：

（1）身份验证：确定哪部分的系统需要用户身份验证，并选择适当的身份验证方法，如用户名和密码、双因素认证等。

（2）授权：定义用户和角色之间的权限关系，确保用户只能访问其被授权访问的资源。

（3）数据保护：确定哪些数据需要保护，包括用户敏感信息、支付信息等。采取适当的加密和访问控制措施来保护数据。

（4）防止跨站脚本（Cross-Site Scripting, XSS）攻击：确保用户输入的数据被适当地过滤和编码，以防止恶意脚本注入和执行。

（5）防止跨站请求伪造（Cross Site Request Forgery，CSRF）攻击：使用 CSRF 令牌来防止攻击者伪造用户请求。

（6）安全的会话管理：确保用户会话的安全性，包括会话超时、会话固定攻击的防御等。

4.4.2　常见安全威胁

在进行安全性设计时，了解常见的安全威胁是非常重要的。以下是一些常见的 Web 应用程序安全威胁：

（1）SQL 注入：攻击者通过恶意注入 SQL 语句来访问、修改或删除数据库中的数据。防御措施包括使用参数化查询和对象关系映射（Object Relational Mapping，ORM）框架来防止 SQL 注入。

（2）跨站脚本：攻击者在 Web 页面中注入恶意脚本，使其在用户的浏览器中执行。防御措施包括数据过滤和编码，以及使用 HTTP 头来防止 XSS 攻击。

（3）跨站请求伪造：攻击者伪造用户的身份，以执行未经授权的操作。防御措施包括使用 CSRF 令牌验证请求的来源。

（4）身份验证绕过：攻击者试图绕过身份验证机制，以获得未经授权的访问权限。防御措施包括强化身份验证和授权检查。

（5）会话固定：攻击者试图获取用户的会话 ID，并以此访问用户账户。防御措施包括定期更改会话 ID、使用 HTTPS 等。

4.4.3　安全设计原则

在进行系统安全性设计时，应遵循一些安全设计原则，以确保系统的整体安全性。以下是一些关键的安全设计原则：

（1）最小权限原则：用户应该只能访问他们需要的资源，不应该拥有不必要的权限。这可以通过角色和权限的精确分配来实现。

（2）防御深度：不依赖于单一层次的安全控制。应该在多个层次和多个点上实施安全措施，以提高系统的安全性。

（3）安全审计和监控：定期审计和监控系统的安全性，以及时发现和应对潜在的安全威胁。

（4）持久性数据加密：对于敏感数据，包括用户密码和支付信息，应在存储和传输过程中进行加密。

（5）错误处理和异常处理：对于异常情况，不应向用户泄露敏感信息。错误消息应该尽可能地模糊，以防止信息泄露。

下面是一个简单的 Java 示例代码，演示了如何使用 Spring Security 来实现基本的身份验证和授权。

```
@Configuration
@EnableWebSecurity
public class SecurityConfig extends WebSecurityConfigurerAdapter {

    @Autowired
    public void configureGlobal(AuthenticationManagerBuilder auth) throws Exception {
```

```
auth
    .inMemoryAuthentication()
    .withUser("user")
    .password("{noop}password")        // 密码需要使用{noop}前缀来表示不进行加密
    .roles("USER");
}

@Override
protected void configure(HttpSecurity http) throws Exception {
    http
        .authorizeRequests()
            .antMatchers("/public/ ").permitAll()   // 允许公开访问的路径
            .anyRequest().authenticated()
            .and()
        .formLogin()
            .loginPage("/login")                     // 登录页面的 URL
            .permitAll()
            .and()
        .logout()
            .permitAll();
    }
}
```

在这个示例中，使用 Spring Security 配置了基本的身份验证和授权。用户 user 被授权具有 USER 角色，并且可以访问除了/public/路径之外的所有路径。登录页面的 URL 是/login，允许所有用户访问。

4.4.4　安全性测试

安全性测试是确保系统安全性的关键步骤之一。在系统设计和开发完成后，应进行安全性测试，以检测和修复潜在的安全漏洞。安全性测试包括静态分析、动态分析、渗透测试等多种方法。

（1）静态分析：通过分析源代码或二进制代码来查找潜在的安全问题，如代码注入漏洞、不安全的配置等。

（2）动态分析：在运行时测试应用程序，寻找运行时漏洞，如 XSS、CSRF 等。

（3）渗透测试：模拟恶意攻击者的行为，尝试发现系统的漏洞和弱点。

渗透测试通常涉及使用专用工具来模拟攻击。例如，使用 OWASP ZAP 或 Burp Suite 等工具来测试应用程序的安全性。示例代码如下：

```
# 使用 OWASP ZAP 进行漏洞扫描
zap-cli quick-scan -t http://example.com
# 使用 Burp Suite 进行渗透测试
burpsuite
```

这些工具可以帮助安全团队发现潜在的漏洞，并协助开发团队进行修复。

通过遵循安全性需求、认识常见的安全威胁、采用安全设计原则和进行安全性测试，可以有效地提高系统的安全性。安全性设计不仅仅是一个技术问题，也是一种重要的文化和流程。它应该在整个系统开发周期中得到持续关注和实践。

实验 4　Java Web 数据库备份与恢复

实验目标

在一个 Java Web 应用程序中，学习如何定期备份数据库，并在需要时进行恢复。

实验步骤

（1）在数据库中创建一个测试表，并插入一些示例数据。
（2）编写 Java 代码，定期执行数据库备份操作，将备份文件保存在指定的目录中。
（3）编写 Java 代码，实现从备份文件中恢复数据的功能。
（4）模拟数据库损坏或数据丢失的情况，然后使用恢复功能来恢复数据。
以下是一个简化的 Java 示例代码，演示了如何进行数据库的备份与恢复操作。

```java
// 备份数据库
public void backupDatabase(String dbName, String backupPath) {
    String command = "mysqldump -u username -p password " + dbName + " > " + backupPath;
    try {
        Process process = Runtime.getRuntime().exec(command);
        process.waitFor();
    } catch (IOException | InterruptedException e) {
        e.printStackTrace();
    }
}

// 恢复数据库
public void restoreDatabase(String dbName, String backupPath) {
    String command = "mysql -u username -p password " + dbName + " < " + backupPath;
    try {
        Process process = Runtime.getRuntime().exec(command);
        process.waitFor();
    } catch (IOException | InterruptedException e) {
        e.printStackTrace();
    }
}
```

习　题　4

一、选择题

1. 最小权限原则指的是（　　）。
   A．用户应该具有最大的权限　　　　B．用户只能访问他们需要的资源
   C．用户应该具有所有权限　　　　　　D．用户不需要权限

2. 安全审计和监控的目的是（　　　）。

    A．提供用户的敏感信息   B．检测并应对安全漏洞

    C．增加系统的复杂性   D．减少系统的性能

3. 持久性数据加密的目的是（　　　）。

    A．加速数据访问   B．提高数据可用性

    C．保护数据免受未经授权的访问   D．减少数据存储成本

4. 在安全性培训中，"社会工程学攻击"的一个示例是（　　　）。

    A．SQL 注入攻击   B．垃圾邮件攻击

    C．攻击者试图欺骗用户透露密码   D．恶意软件攻击

5. 不是防止 SQL 注入攻击的最佳实践的是（　　　）。

    A．使用参数化查询   B．使用 ORM 框架

    C．过滤用户输入   D．使用明文存储密码

二、填空题

1. 用户界面设计的一致性是指用户界面的元素和交互方式应该保持＿＿＿＿＿＿＿＿。

2. 在系统设计中，安全审计和监控的目的是检测并应对＿＿＿＿＿＿＿＿。

3. 持久性数据加密的目的是保护数据免受未经＿＿＿＿＿＿＿＿的访问。

三、简答题

1. 请说明一致性在用户界面设计中的重要性，并提供一个示例。

2. 什么是持久性数据加密？为什么对于某些类型的数据很重要？

3. 请列举至少三种常见的安全威胁，以及防御这些威胁的方法。

第 5 章 编 码 实 现

5.1 项目结构搭建

在这一节，将详细介绍如何搭建基于 Java Web 的项目结构，以及如何集成文心一言作为项目的自然语言处理组件。

5.1.1 确定项目目录结构

一个成功的 Java Web 项目需要一个清晰的目录结构，以便更好地组织代码和资源。但在本节中，将重点介绍如何为文心一言集成创建特定的目录结构。

文心一言模块目录结构示例如图 5.1 所示。

文心一言模块可能包括以下目录：

（1）src/main/java/com/myapp/nlp：用于存放文心一言相关的 Java 代码。

（2）src/main/resources/com/myapp/nlp：用于存放文心一言的配置文件。

（3）lib：用于存放文心一言相关的依赖库，例如文心一言软件开发工具包（Software Development Kit，SDK）。

文心一言的模块目录结构应该与项目的目录结构相对应，以便集成和管理。

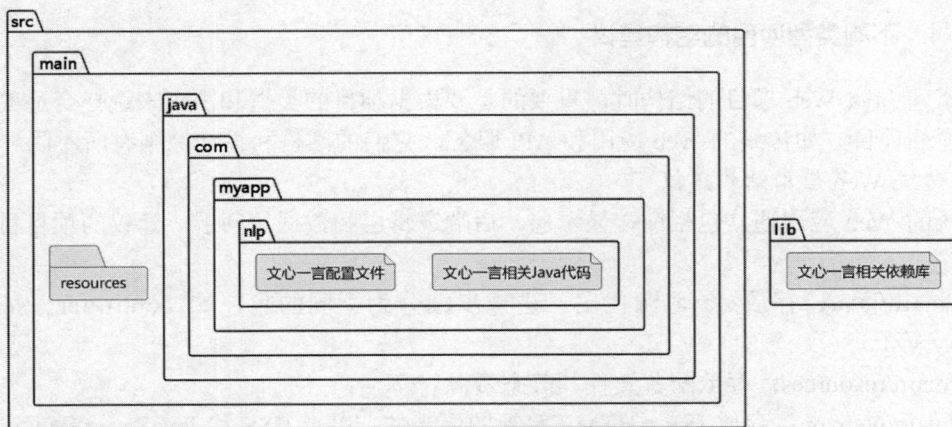

图 5.1 文心一言模块目录结构示例

Java Web 项目中文心一言集成的目录结构清晰地划分了代码、资源和库文件，此结构设计确保了项目的整洁与高效管理。

5.1.2 创建主要文件和文件夹

文心一言的集成通常需要创建以下文件和文件夹：

（1）文心一言配置文件：用于配置文心一言模块，包括 API 密钥、模型选择以及其他相关参数。以下是文心一言配置文件的示例代码：

```
{
    "api_key":"your_api_key_here",
    "model":"wenxin-latest-model",
    "temperature":0.7
}
```

（2）文心一言的依赖项：通常，开发者需要将文心一言的 SDK 或相关依赖项添加到项目中。这些依赖项可以通过构建工具（如 Maven 或 Gradle）来管理。

（3）在文心一言配置文件中，开发者需要替换 your_api_key_here 为对应的文心一言 API 密钥。可以在文心一言提供的 API 文档中找到获取 API 密钥信息的方法。

5.1.3 集成开发环境的设置

为了在 IDEA 中支持文心一言集成，需要配置 IDEA 以适应文心一言的开发需求。

IDEA 中的文心一言配置示例如下：

（1）打开 IntelliJ IDEA。

（2）选择 File→Project Structure 选项。

（3）在 Project 区域，设置项目的 SDK 和编译选项。

（4）在 Modules 区域，确保文心一言相关的目录被包含在项目中，并在 Dependencies 中添加文心一言相关的 Java 归档文件（JAR）。

这个配置将确保文心一言模块可以在 IDEA 中正常工作，以便开发者开发文心一言的自然语言处理功能。

5.1.4 不同类型项目的结构建议

在搭建 Java Web 项目的结构时，重要的是要根据项目的类型和需求来选择合适的结构。不同类型的项目，如传统的 Web 应用和 API 服务，它们的结构和设计原则有所不同。

1. 传统 Web 应用结构建议

传统的 Web 应用通常包括前端显示层、后端逻辑层和数据访问层。建议的项目目录结构如下：

src/main/java：存放 Java 源代码，进一步细分为不同的包，如 controller、service、repository 等。

src/main/resources：存放配置文件和静态资源。

src/main/webapp：存放 JSP、HTML 等视图层文件，以及 CSS 和 JavaScript 等前端资源。

src/test/java：存放测试代码。

这种结构适合页面渲染和逻辑处理密切结合的应用，比如需要频繁更新界面内容的内容管理系统。

2. API 服务结构建议

相比之下，API 服务重点在于数据的处理和交互，而不是内容的展示。因此，API 服务的项目结构可能更简洁，建议的项目目录结构如下：

src/main/java：同样存放 Java 源代码，但通常只包含 controller（也称为 resource 或 endpoint）、service 和 model（或 dto）等包。

src/main/resources：存放配置文件。

src/test/java：存放测试代码。

此结构适合 RESTful API 等后端服务，其中视图层不如数据处理那么重要。

3．结构选择建议

在选择项目结构时，应考虑以下因素：

（1）项目需求：Web 应用是否需要频繁的界面交互，API 服务是否主要用于数据交换。

（2）团队熟悉度：团队是否更熟悉某种架构的开发和维护。

（3）技术栈：是否有现有的框架或技术栈约束。

（4）可维护性和扩展性：项目是否容易维护和扩展。

总之，没有一种"一刀切"的项目结构适合所有类型的 Java Web 项目。理解不同项目类型的特点和需求，可以帮助开发者做出更合适的结构选择。

5.1.5　模块与组件的组织策略

在不同规模和类型的 Java Web 项目中，合理组织模块和组件是非常重要的。这不仅有助于增加代码的可维护性，还能提高团队的开发效率。以下是一些实践建议。

1．小型项目

将业务逻辑与界面分离，即使在较小的项目中也应保持这种分离。

可以将相关功能组织在同一个模块下，例如用户认证的 Servlet、服务和数据访问对象（Date Access Objects，DAO）可以放在同一个包内。

尽量减少模块间的依赖，简化结构。

2．中型项目

采用分层架构，明确划分表示层（Web 层）、业务层（Service 层）和数据访问层（DAO 层）。

使用 MVC 架构来进一步分离关注点。

每个模块或组件应有明确的职责，避免功能重叠。

3．大型项目

考虑微服务架构，将大型应用拆分成小的、独立的服务，每个服务实现特定的功能。

在模块内采用领域驱动设计（Domain Driven Design，DDD）原则，围绕业务域来组织代码。

使用 API 网关来管理不同服务之间的通信。

组件组织示例如下：

（1）用户模块。

com.myapp.user.controller：存放用户相关的控制器。

com.myapp.user.service：存放处理用户业务逻辑的服务。

com.myapp.user.dao：存放用户数据访问对象。

（2）订单模块。

com.myapp.order.controller：存放订单相关的控制器。

com.myapp.order.service：存放订单业务逻辑的服务。

com.myapp.order.dao：存放订单数据访问对象。

通过遵循这些策略,可以确保即使项目随时间发展而增长,代码仍然易于管理和维护。

5.2 系统功能实现与文心一言

在这一节,将探讨如何在 Java Web 项目中集成文心一言,以增强系统的自然语言处理功能。

5.2.1 用户界面设计

用户界面是 Web 应用的重要部分。通过集成文心一言,可以实现更智能和交互式的用户体验。

如图 5.2 所示,用户可以在聊天窗口输入消息并发送。消息通过聊天窗口发送到文心一言 API,并等待回复。一旦文心一言处理完成,它会将回复发送回聊天窗口,然后用户可以看到文心一言的回复。这种交互不仅使用户界面更加动态,还大大增强了 Web 应用的用户体验。

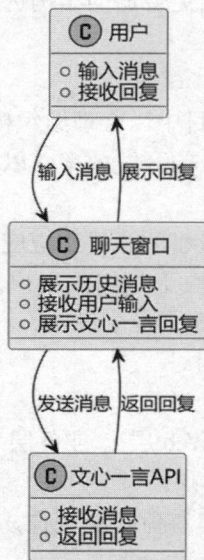

图 5.2 文心一言交互流程

文心一言与用户界面的交互示例如下。在用户登录页面中,可以添加一个文心一言聊天窗口,使用户能够与文心一言进行自然语言交互。这可以通过在页面中添加一个聊天组件并使用文心一言 API 来实现。HTML 代码如下:

```html
<div id="chat-container">
    <div id="chat-output"></div>
    <input type="text" id="user-input" placeholder="Type your message...">
    <button id="send-button">Send</button>
</div>
```

JavaScript 代码如下:

```javascript
//JavaScript 代码,使用文心一言与用户进行交互
const chatOutput = document.getElementById("chat-output");
const userInput = document.getElementById("user-input");
```

```
const sendButton = document.getElementById("send-button");

sendButton.addEventListener("click", async () => {
    const userMessage = userInput.value;
    chatOutput.innerHTML += `<p>User:${userMessage}</p>`;
    userInput.value = "";

    // 使用文心一言 API 发送用户消息
    const wenxinYiyanResponse = await sendToWenxinYiyan(userMessage);

    chatOutput.innerHTML += `<p>Wenxin Yiyan:${wenxinYiyanResponse}</p>`;
});

async function sendToWenxinYiyan(userMessage) {
    const response = await fetch("/wenxinyiyan", {
        method:"POST",
        body:JSON.stringify({ message:userMessage }),
        headers:{
            "Content-Type":"application/json",
        },
    });
    const data = await response.json();
    return data.message;
}
```

这个示例展示了如何在用户界面中与文心一言进行实时的自然语言交互。用户可以输入消息，文心一言会提供回应。这种交互可以增加 Web 应用的吸引力和实用性。

5.2.2　用户认证和登录功能

在 Java Web 项目中，用户认证和登录功能至关重要。文心一言可以用于增强这些功能，例如通过提供密码重置提示或安全问题回答。

文心一言在用户认证中的应用示例代码如下：

```
@WebServlet("/password-reset")
public class PasswordResetServlet extends HttpServlet {
    protected void doPost(HttpServletRequest request, HttpServletResponse response) throws ServletException,
IOException {
        String username = request.getParameter("username");

        // 使用文心一言生成密码重置提示问题
        String resetQuestion = generatePasswordResetQuestion(username);

        // 将问题展示给用户
        request.setAttribute("resetQuestion", resetQuestion);
        request.getRequestDispatcher("password-reset.jsp").forward(request, response);
    }
```

```java
    private String generatePasswordResetQuestion(String username) {
        // 使用文心一言生成问题
        // 示例：生成一个问题，如 "What is your favorite pet's name?"
        return WenxinYiyan.generateQuestion(username);
    }
}
```

5.2.3 主要功能模块的实现

在这一部分，将探讨如何利用文心一言增强 Java Web 项目的主要功能模块。接下来将使用文心一言来构建自然语言搜索和智能推荐系统，以提供更丰富的用户体验。

文心一言在主要功能模块中的应用示例如下。

1. 自然语言搜索

在项目中，开发者可以集成文心一言来提供自然语言搜索功能。用户可以使用自然语言查询来查找信息。代码如下：

```java
@WebServlet("/search")
public class WenxinYiyanSearchServlet extends HttpServlet {
    protected void doPost(HttpServletRequest request, HttpServletResponse response) throws
ServletException, IOException {
        String userQuery = request.getParameter("query");

        // 使用文心一言进行自然语言搜索
        String searchResults = performWenxinYiyanSearch(userQuery);

        // 返回搜索结果
        response.getWriter().write(searchResults);
    }

    private String performWenxinYiyanSearch(String userQuery) {
        // 使用文心一言 API 进行自然语言搜索
        // 示例：查询 "查找附近的餐厅"
        String wenxinYiyanResponse = WenxinYiyan.performSearch(userQuery);

        return wenxinYiyanResponse;
    }
}
```

通过使用文心一言进行自然语言搜索，用户可以更快捷地提出问题和获取相关的搜索结果。

2. 智能推荐系统

文心一言也可用于构建智能推荐系统。系统可以根据用户的历史行为和偏好，向他们推荐相关内容。代码如下：

```java
@WebServlet("/recommendations")
public class WenxinYiyanRecommendationsServlet extends HttpServlet {
    protected void doGet(HttpServletRequest request, HttpServletResponse response) throws ServletException,
IOException {
        String userId = request.getParameter("userId");
```

```
        // 使用文心一言生成个性化推荐
        List<String> recommendations = generatePersonalizedRecommendations(userId);

        // 返回推荐列表
        response.getWriter().write(recommendations.toString());
    }

    private List<String> generatePersonalizedRecommendations(String userId) {
        // 使用文心一言根据用户行为和偏好生成个性化推荐
        // 示例：生成一些电影推荐
        return WenxinYiyan.generateRecommendations(userId);
    }
}
```

文心一言可以帮助开发者构建更智能的推荐系统，提供个性化的推荐内容，提高用户满意度。

上述示例展示了如何在主要功能模块中集成文心一言以增强 Java Web 项目的自然语言处理功能。文心一言提供了强大的自然语言生成和处理能力，可以使项目变得更智能、更易用。

在下一节中，将深入研究数据库操作的实现，包括数据库设计和建模、数据表创建和字段定义，以及数据库连接和数据的增删改查操作。这将提供完整的 Java Web 应用程序开发知识，同时还包括文心一言的应用。

5.3　数据库操作实现与文心一言

在这一部分，将探讨如何使用文心一言增强 Java Web 项目的数据库操作功能。文心一言可以在数据的搜索、分析和生成方面发挥作用，从而提供更丰富的数据库操作体验。

5.3.1　数据库设计和建模

在进行数据库操作之前，首先需要进行数据库设计和建模。文心一言可用于生成数据模型和数据库表的相关文档，以帮助开发人员更好地理解数据库结构。

文心一言在数据库设计中的应用代码如下。开发者可以向文心一言提出问题，以生成数据库表的描述或结构示意图。

```
@WebServlet("/database-design")
public class DatabaseDesignServlet extends HttpServlet {
    protected void doGet(HttpServletRequest request, HttpServletResponse response) throws ServletException,
IOException {
        // 使用文心一言生成数据库表的描述
        String databaseDescription = generateDatabaseDescription();

        // 返回数据库描述
        response.getWriter().write(databaseDescription);
    }
```

```
    private String generateDatabaseDescription() {
        // 使用文心一言生成数据库表的描述
        // 示例：查询 "生成用户表的结构描述"
        return WenxinYiyan.generateDatabaseDescription("UserTable");
    }
}
```

这种方法有助于项目团队更好地理解数据库设计（特别是在大型项目中）。

5.3.2 数据表创建和字段定义

使用文心一言可以生成数据表创建脚本和字段定义，从而减少手动编写 SQL 的工作量。
文心一言在数据表创建中的应用示例代码如下：

```
@WebServlet("/create-table")
public class CreateTableServlet extends HttpServlet {
    protected void doGet(HttpServletRequest request, HttpServletResponse response) throws ServletException,
IOException {
        // 使用文心一言生成创建数据表的 SQL 脚本
        String createTableSQL = generateCreateTableSQL();

        // 返回 SQL 脚本
        response.getWriter().write(createTableSQL);
    }

    private String generateCreateTableSQL() {
        // 使用文心一言生成创建数据表的 SQL 脚本
        // 示例：生成创建用户表的 SQL 语句
        return WenxinYiyan.generateCreateTableSQL("UserTable");
    }
}
```

这种方法减少了手动编写 SQL 语句的工作，在创建大量数据表时使用这种方法可大大节省时间。

5.3.3 数据库连接和数据的增删改查操作

文心一言也可以用于生成数据库连接代码、SQL 查询语句以及数据的增删改查操作。
文心一言在数据库操作中的应用示例代码如下：

```
@WebServlet("/database-operations")
public class DatabaseOperationsServlet extends HttpServlet {
    protected void doGet(HttpServletRequest request, HttpServletResponse response) throws ServletException,
IOException {
        // 使用文心一言生成数据库连接代码
        String databaseConnectionCode = generateDatabaseConnectionCode();

        // 使用文心一言生成 SQL 查询语句
        String sqlQuery = generateSQLQuery();
```

```
        // 使用文心一言生成增删改查操作示例
        String dataOperationsExample = generateDataOperationsExample();

        // 返回生成的代码和示例
        response.getWriter().write(databaseConnectionCode + "\n" + sqlQuery + "\n" +
dataOperationsExample);
    }

    private String generateDatabaseConnectionCode() {
        // 使用文心一言生成数据库连接代码
        // 示例：生成连接到 MySQL 数据库的 Java 代码
        return WenxinYiyan.generateDatabaseConnectionCode("MySQL");
    }

    private String generateSQLQuery() {
        // 使用文心一言生成 SQL 查询语句
        // 示例：生成查询用户表的 SQL 语句
        return WenxinYiyan.generateSQLQuery("UserTable");
    }

    private String generateDataOperationsExample() {
        // 使用文心一言进行增删改查操作
        // 示例：生成插入数据的 Java 代码
        return WenxinYiyan.generateDataOperationsExample("InsertUserData");
    }
}
```

文心一言的应用使数据库操作的开发更加高效，特别是在需要频繁编写 SQL 查询语句和操作数据库的情况下。

上述示例展示了如何在数据库操作方面使用文心一言来增强 Java Web 项目功能，可见文心一言可以用于生成文档、示例代码和 SQL 查询语句，从而提高数据库操作的效率。

5.3.4　数据库性能优化

在 Java Web 项目中，特别是在集成了如文心一言这样的智能系统后，数据库性能变得尤为重要。以下是一些优化数据库性能的技巧和最佳实践。

1. 索引优化

（1）确保所有频繁查询的列都建立了索引。

（2）定期审查和优化现有索引，避免重复和无用的索引。

（3）使用复合索引对多列查询进行优化。

2. 查询优化

（1）尽量避免在查询中使用 SELECT *，只选择需要的列。

（2）使用连接（JOIN）代替子查询来提高查询效率。

（3）优化 WHERE 子句，确保使用索引列进行过滤。

接下来以一个索引优化示例为例，讲解数据库性能优化。

假设有一个用户表 Users，经常根据 lastName 和 firstName 来查询数据，但目前还没有对这些字段建立索引，那么可以使用以下 SQL 语句来创建一个复合索引：

```
CREATE INDEX idx_name ON Users(lastName, firstName);
```

优化前的查询可能会这样写：

```
SELECT * FROM Orders WHERE Date >= '2021-01-01';
```

优化后的查询只选择需要的列，并确保 Date 字段已经建立索引代码如下：

```
SELECT OrderID, CustomerID, OrderDate FROM Orders WHERE Date >= '2021-01-01';
```

3. 数据库正规化和去正规化

（1）正规化数据库设计可减少数据冗余，提高数据完整性。

（2）在需要优化读取性能的场合可考虑去正规化，但要注意维护数据一致性。

4. 批处理和事务管理

（1）使用批处理可减少网络往返次数。

（2）合理使用事务，确保操作的原子性，但要避免长时间锁定资源。

5. 缓存策略

（1）实现查询结果的缓存，减少对数据库的直接访问。

（2）使用 Redis、Memcached 等专门的缓存技术。

6. 服务器和存储优化

（1）确保数据库服务器有足够的内存和处理能力。

（2）使用固态硬盘（Solid State Disk，SSD）存储提高读写速度。

5.4　系统调试和测试与文心一言

在这一节，将讨论如何使用文心一言增强 Java Web 项目的系统调试和测试过程。文心一言可以用于生成测试用例、提供调试信息，以帮助项目团队更好地管理项目的开发和测试过程。系统调试与测试流程如图 5.3 所示。

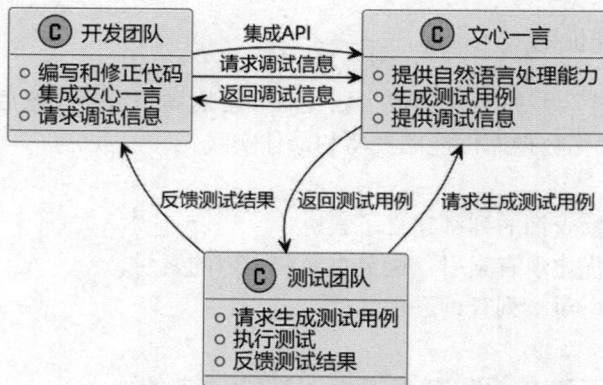

图 5.3　系统调试与测试流程

在优化后的系统调试和测试流程中，开发团队首先将文心一言集成到项目中，然后在需要时请求调试信息。测试团队与文心一言交互，以生成和获取测试用例。完成测试后，测试团队会将结果反馈给开发团队，以便于进行代码的修正和优化。通过这种方式，文心一言作为辅助工具，有效地支持了项目的调试和测试活动，提高了开发效率和项目质量。

5.4.1 生成测试用例

测试用例是确保项目正常运行的关键部分。文心一言可以帮助生成测试用例，特别是在需要大量测试数据的情况下。

文心一言生成测试用例示例代码如下：

```
@WebServlet("/generate-test-cases")
public class TestCasesGenerationServlet extends HttpServlet {
    protected void doGet(HttpServletRequest request, HttpServletResponse response) throws ServletException,
IOException {
        // 使用文心一言生成测试用例
        String testCases = generateTestCases();

        // 返回生成的测试用例
        response.getWriter().write(testCases);
    }

    private String generateTestCases() {
        // 使用文心一言生成测试用例
        // 示例：生成用户管理功能的测试用例
        return WenxinYiyan.generateTestCases("UserManagement");
    }
}
```

文心一言可以帮助开发者快速生成测试用例，覆盖项目的各个方面，以确保项目的质量和稳定性。

5.4.2 提供调试信息

调试是开发过程中不可或缺的一部分。文心一言可以用于生成调试信息、错误日志和异常处理示例，以帮助开发人员更好地解决问题。

文心一言提供调试信息示例代码如下：

```
@WebServlet("/debug-info")
public class DebugInfoServlet extends HttpServlet {
    protected void doGet(HttpServletRequest request, HttpServletResponse response) throws ServletException,
IOException {
        // 使用文心一言生成调试信息
        String debugInfo = generateDebugInfo();

        // 返回生成的调试信息
        response.getWriter().write(debugInfo);
    }

    private String generateDebugInfo() {
```

```
// 使用文心一言生成调试信息
// 示例：生成异常处理示例
return WenxinYiyan.generateDebugInfo("ExceptionHandling");
    }
}
```

文心一言的集成有助于提供清晰的调试信息，进而辅助解决问题并改进项目的质量。

上述示例展示了如何在系统调试和测试方面使用文心一言来增强 Java Web 项目功能，可见文心一言可以用于生成测试用例、提供调试信息，从而提高开发和测试的效率。

实验 5　在 Java Web 项目中集成文心一言

实验目标

通过实际操作，学习如何将文心一言集成到 Java Web 项目中，以增强自然语言处理功能。

实验步骤

（1）创建一个 Java Web 项目，可以使用 Maven 或 Gradle 进行项目初始化。

（2）集成文心一言 SDK 或 API，确保已获得文心一言 API 密钥。

（3）创建一个简单的用户界面，包括一个文本框和一个按钮，允许用户输入文本并与文心一言进行对话。

（4）编写 Servlet 来处理用户输入，将其发送给文心一言，然后将文心一言的回复显示在用户界面上。

（5）测试文心一言在 Java Web 项目中的应用，确保用户可以与文心一言进行实时的自然语言交互。

习　题　5

一、选择题

1．文心一言可用于在（　　　）方面增强 Java Web 项目。

A．用户认证　　　　　B．数据库设计　　　　C．自然语言搜索　　D．所有上述选项

2．以下在 Java Web 项目中集成文心一言的步骤正确的是（　　　）。

A．创建 Java Web 项目，然后将文心一言的 API 密钥写在项目根目录的文本文件中

B．创建 Java Web 项目，然后在项目中添加文心一言 SDK 的 JAR 文件

C．创建 Java Web 项目，然后不需要其他步骤，文心一言会自动集成

D．创建 Java Web 项目，然后在项目中添加文心一言 SDK 的源代码

3．文心一言可以用于生成（　　　）来帮助数据库设计。

A．用户界面设计　　　　　　　　　　B．数据表结构示意图

C．Java 代码　　　　　　　　　　　　D．测试用例

4．文心一言可以用于生成（　　）来帮助数据库操作的测试。
　　A．数据表创建脚本　　　　　　　　B．用户认证代码
　　C．调试信息　　　　　　　　　　　D．测试用例
5．在 Java Web 项目中使用文心一言生成测试用例，以下说法正确的是（　　）。
　　A．在 Servlet 中将用户输入发送给文心一言，然后将文心一言的回复作为测试用例
　　B．文心一言不能生成测试用例
　　C．使用文心一言 API 密钥创建测试用例
　　D．在文心一言的配置文件中定义测试用例
6．文心一言的集成有助于提供（　　），以帮助解决问题和改进项目的质量。
　　A．用户界面设计　　　　　　　　　B．用户认证
　　C．调试信息　　　　　　　　　　　D．主要功能模块
7．文心一言可以生成（　　），以帮助调试 Java Web 项目。
　　A．数据库连接代码　　　　　　　　B．用户输入验证代码
　　C．HTML 和 CSS 代码　　　　　　　D．所有上述选项
8．文心一言可以用于生成（　　），以帮助在 Java Web 项目中解决问题。
　　A．测试用例　　　　　　　　　　　B．用户数据
　　C．静态网页　　　　　　　　　　　D．所有上述选项
9．文心一言可以在 Java Web 项目中用于实现（　　）。
　　A．自然语言搜索　　　　　　　　　B．数据库备份
　　C．图像处理　　　　　　　　　　　D．文件上传
10．文心一言在 Java Web 项目中的集成可以（　　）。
　　A．增强自然语言的处理能力　　　　B．自动化项目开发
　　C．减少开发时间　　　　　　　　　D．所有上述选项

二、填空题

1．文心一言可以在 Java Web 项目中用于生成＿＿＿＿＿＿，以帮助数据库设计和理解项目结构。
2．文心一言的配置文件通常包括＿＿＿＿＿＿等关键配置，用于与文心一言 API 集成。

三、简答题

1．在 Java Web 项目中，如何实现用户与文心一言的实时自然语言交互？
2．在数据库设计中，文心一言可以用于生成什么内容以帮助项目团队更好地理解数据库结构？
3．文心一言的集成可以提供哪些好处，特别是在数据库操作方面？
4．文心一言可以用于生成什么内容，以帮助解决问题并改进 Java Web 项目的质量？
5．在 Java Web 项目中，文心一言的应用有助于提高什么方面的效率？
6．文心一言在 Java Web 项目中的应用可增强哪些功能？
7．在数据库操作中，文心一言可以用于生成什么内容以提高开发效率？
8．文心一言的应用有助于提供什么类型的信息以帮助数据库操作的测试？

第 6 章　部署与运维

6.1　环　境　配　置

本节将深入探讨如何在 Windows 操作系统上配置运行环境，包括必要的软件和服务。正确的环境配置是确保项目顺利运行的基础。

6.1.1　Windows 操作系统配置

1. 操作系统选择与版本

在项目开始之前，开发者需要明确选择的操作系统和版本。Windows Server 是企业级项目的常见选择，而 Windows 10 Pro 或 Windows 10 Enterprise 版本也可以用于小型项目。确保所选择的操作系统版本满足项目需求。

2. 系统更新和安全性

在项目开始前，务必执行操作系统的最新更新。这包括安全性补丁、操作系统更新和驱动程序更新。定期检查更新，以确保系统免受已知漏洞的影响。

3. 配置防火墙和安全性设置

配置 Windows 防火墙以控制流量和保护系统安全，确保只有必要的端口对外开放，防止未经授权的访问。使用强密码和多因素认证来保障系统的安全性。

如图 6.1 所示，环境配置的流程从选择合适的操作系统和版本开始，包括 Windows Server 和 Windows 10 Pro/Enterprise，必须执行系统更新，包括安装安全性补丁、操作系统更新和驱动程序更新，以确保系统的安全和稳定。最后，进行安全性设置，配置 Windows 防火墙并设置强密码以及多因素认证，以增强系统的防护能力。这一系列步骤为项目的顺利运行奠定了基础。

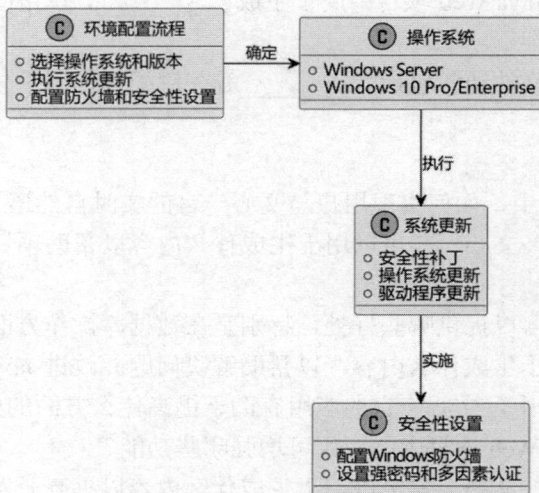

图 6.1　环境配置流程

6.1.2 数据库服务器配置

1. 数据库选择与安装

选择适合项目需求的数据库系统，如 MySQL、PostgreSQL 或 SQL Server。安装选定的数据库系统，确保遵循最佳安全性实践。

2. 数据库备份策略

制定数据库备份策略，包括完整备份、差异备份和事务日志备份。定期执行数据库备份操作，以防止数据丢失。

3. 数据库性能调优

对数据库进行性能调优以提高响应速度和吞吐量，这包括索引优化、查询优化和缓存设置。

6.1.3 Web 服务器配置

1. Web 服务器选择与安装

选择适合项目的 Web 服务器，如 Apache Tomcat、互联网信息服务（Internet Information Services，IIS）或 Nginx。安装选定的 Web 服务器，并确保配置正确。

2. 虚拟主机设置

配置虚拟主机以允许多个 Web 应用程序在同一服务器上运行，为每个应用程序分配独立的域名和目录。

3. 负载均衡设置

如果项目需要，则考虑实施负载均衡以分发流量并提高系统的可用性，使用负载均衡软件或硬件设备来实现。

如图 6.2 所示，Web 服务器的配置过程首先从选择适合项目的 Web 服务器开始，包括确定服务器类型和下载相应的安装包。安装完成后，需要对服务器进行初步的设置，然后进入虚拟主机的配置，这包括为每个 Web 应用程序创建和设置虚拟主机，以及配置相应的域名和目录。最后，为了确保服务器能够处理大量的并发请求，需要设置负载均衡，包括选择合适的负载均衡策略和配置负载均衡器。通过这一系列步骤，可以确保 Web 服务器能够高效、稳定地运行 Web 应用程序。

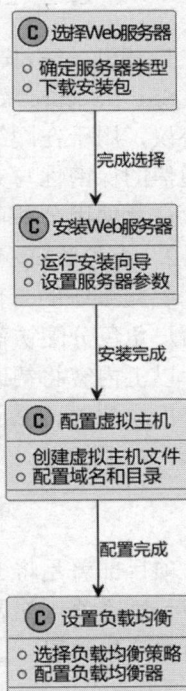

图 6.2 Web 服务器配置

6.1.4 文心一言服务配置

1. 文心一言 API 密钥管理

获取文心一言的 API 密钥，并确保安全存储和管理。遵循文心一言提供的最佳实践来保护 API 密钥。

2. 文心一言模型选择

选择适合项目需求的文心一言模型。不同模型具有不同的能力和性能，根据项目目标进行选择。

3. 性能优化

文心一言的性能可能受到 API 调用频率和响应时间的影响。根据项目需求进行性能调优，包括请求缓存和异步处理。

在部署和运维阶段，正确配置文心一言服务是实现项目自然语言处理功能的关键。首先，开发者需要从文心一言官方网站获取 API 密钥，并将其安全地添加到项目的配置文件中。接下来，根据项目需求选择合适的文心一言模型，以确保最佳的性能和效果。最后，进行必要的性能优化，以保证服务在实际运行中的高效性和稳定性。通过这些步骤，项目能够充分利用文心一言提供的自然语言处理能力，提升用户体验和服务质量，文心一言服务配置如图 6.3 所示。

6.1.5 安全性配置

1. SSL 证书安装

SSL（Secure Sockets Layer）即安全套接层协议，是一种安全协议，用于在网络中加密传输数据，确保客户端与服务器之间通信的保密性与完整性。如果项目涉及敏感数据传输，则使用安全套接层证书以加密数据传输。注意使用公共可信的 SSL 证书颁发机构颁发的证书。

2. 身份验证和访问控制

配置系统的身份验证和访问控制，以限制用户的访问权限。使用强身份验证机制，并根据用户角色分配访问权限。

以上内容将帮助读者更好地理解如何在 Windows 操作系统上进行环境配置，以支持文心一言集成的 Java Web 项目。这些步骤将确保项目的安全性、性能和可维护性。

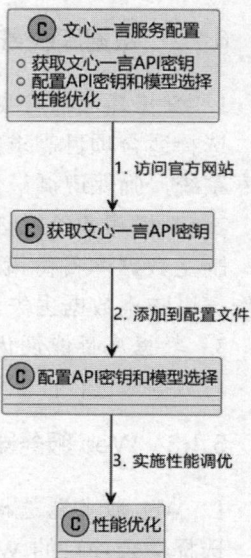

图 6.3　文心一言服务配置

6.2　项目部署

项目部署是将 Java Web 应用程序从开发环境转移到生产环境的关键步骤。在这一节中，将深入讨论项目部署的各个方面，包括代码部署、数据库部署、文心一言集成、静态资源管理以及自动化部署。这些步骤将确保 Java Web 项目在生产环境中顺利运行。

6.2.1　代码部署

代码部署是将项目的 Java Web 应用程序放置到 Web 服务器上的关键步骤。本节将详细介绍如何将项目的代码部署到 Web 服务器上，其中包括 WAR 文件的部署和相关配置。

1. 准备 WAR 文件

首先，需要准备项目的 WAR 文件。WAR 文件是 Web 应用程序的归档文件，包含了应用程序的所有代码、资源和配置。开发者可以使用构建工具如 Maven 或 Gradle 来生成 WAR 文件。

在项目根目录中执行以下命令以生成 WAR 文件：

```
mvn clean package
```

这将生成一个名为"your-project.war"的 WAR 文件。

2. 复制 WAR 文件到 Web 服务器

接下来，将生成的 WAR 文件复制到 Web 服务器的部署目录。对于 Tomcat 服务器，通常位于 Tomcat 的 webapps 目录。可以使用 Windows 资源管理器或命令行来复制文件。

使用命令行复制 WAR 文件到 Tomcat 的 webapps 目录：

```
cp your-project.war C:\Tomcat\webapps
```

3. 启动 Web 服务器

一旦 WAR 文件被复制到 Web 服务器的 webapps 目录，则可以启动 Web 服务器以部署应用程序。在 Windows 环境中，可以使用 Tomcat 作为 Web 服务器。

打开命令提示符，进入 Tomcat 的安装目录并执行以下命令以启动 Tomcat：

```
cd C:\Tomcat\bin
startup.bat
```

现在，Java Web 应用程序已经部署完毕，并可以通过浏览器访问。

6.2.2 数据库部署

数据库部署是确保项目能够正常访问数据的关键步骤。这一小节将探讨数据库部署的不同方法，包括本地数据库服务器和云数据库服务。

1. 本地数据库服务器

如果选择在本地部署数据库服务器，则需要确保数据库服务器已在 Windows 操作系统中正确安装和配置。使用数据库管理工具，如 phpMyAdmin 或 MySQL Workbench，创建数据库和相应的用户。

创建数据库和用户，示例代码如下：

```
CREATE DATABASE your_database;
CREATE USER 'your_user'@'localhost' IDENTIFIED BY 'your_password';
GRANT ALL PRIVILEGES ON your_database. TO 'your_user'@'localhost';
```

随后，更新项目中的数据库连接配置文件，填写为正确的数据库主机、用户名和密码。确保在项目中使用 JDBC 来连接数据库。

2. 云数据库服务

另一个选项是使用云数据库服务，如 Amazon RDS 或 Azure Database。这些服务提供了高可用性、自动备份功能和可扩展性。

在云数据库服务中，使用者需要创建一个数据库实例，配置连接信息并获得连接字符串。然后，更新项目中的数据库连接配置以使用云数据库服务。

6.2.3 文心一言集成

文心一言的正确配置对于项目的自然语言交互功能至关重要。这一小节将介绍如何在生产环境中正确配置文心一言服务，包括 API 密钥的管理和文心一言模型的选择。

1. 文心一言 API 密钥

首先，确保已获得文心一言 API 的访问密钥。访问文心一言的官方网站，注册并获取 API 密钥。

2. 配置文心一言服务

将 API 密钥添加到项目的配置文件中。这通常是一个 XML 或 JSON 文件，包含文心一言服务的相关配置信息，如选择文心一言模型。示例代码如下：

```
<wenxinyiyan-config>
    <api-key>YOUR_API_KEY</api-key>
    <model>指定模型名称</model>
</wenxinyiyan-config>
```

确保配置文件中的 API 密钥和模型选择是正确的。这样，应用程序就能够与文心一言进行交互。

6.2.4 静态资源管理

静态资源管理是确保 Web 应用程序能够提供图像、样式表和 JavaScript 文件的关键环节。这一小节将探讨如何有效地管理静态资源，以提供更好的用户体验。

1. 静态资源目录

首先，创建一个专门用于存放静态资源的目录。通常，这个目录称为 static 或 public，并位于项目的根目录下。示例代码如下：

```
#示例：创建静态资源目录
mkdir static
```

2. 静态资源链接

在 HTML 模板文件中，使用相对路径来引用静态资源。例如，引用 CSS 文件，示例代码如下：

```
<!-- 示例：引用静态 CSS 文件 -->
<link rel="stylesheet"

type="text/css" href="/static/css/styles.css">
```

这将确保浏览器能够正确加载静态资源，提供更好的用户体验。

6.2.5 自动化部署

自动化部署工具和技术是在不断演化的 Web 开发环境中提高效率的关键。这一小节将介绍不同于 CI/CD 管道的自动化部署技术，以替代 CI/CD 管道。

容器化部署是一种越来越流行的部署方式，它使用容器技术（如 Docker）来打包应用程序和其所有依赖项。容器可以在任何支持容器引擎的环境中运行，确保了一致性和可移植性。

首先，需要将 Java Web 应用程序容器化。创建一个 Dockerfile，定义应用程序的运行时环境和依赖项。示例代码如下：

```
#示例：Java Web 应用程序的 Dockerfile
FROM openjdk:11-jre-slim

WORKDIR /app
COPY your-project.war.

CMD ["java", "-jar", "your-project.war"]
```

随后，构建 Docker 镜像并运行容器。示例代码如下：

```
#构建 Docker 镜像
docker build -t your-app-image.
```

```
# 运行 Docker 容器
docker run -d -p 8080:8080 your-app-image
```

通过容器化部署，可以快速部署应用程序，而无须手动安装和配置服务器环境。

至此，已学习完如何在 Windows 系统上进行项目的部署。从代码部署到数据库部署，再到文心一言集成和静态资源管理，每个步骤都是确保项目在生产环境中顺利运行的关键环节。随着这些步骤的完成，Java Web 应用程序将准备好迎接用户，并提供卓越的用户体验。

当涉及系统运维时，确保项目的稳定性和性能非常重要。下一节将进一步详细探讨系统运维的各个方面，确保项目能够长期有效地运行。

6.3　系统运维

系统运维是项目后期维护和管理的关键部分。它确保了项目的持续稳定性、高性能以及能够及时修复和改进。

如图 6.4 所示，系统监控和故障排除是确保 Windows 环境下项目持续运行的关键步骤。通过实时监控关键性能指标并设置合理的警报规则，可以快速发现并响应系统性能问题和故障。一旦出现问题，可以利用事件查看器来查看系统和应用程序日志，快速定位问题源头。这一过程不仅可以帮助开发者及时发现和解决问题，而且可以通过分析日志来预防未来的故障。

6.3.1　系统监控

系统监控是确保项目持续运行的关键。它包括实时跟踪系统性能、资源使用情况和问题的监控。在 Windows 环境下，可以使用各种监控工具，如 Zabbix、Nagios 或 Windows 性能监视器来监控关键性能指标。下面是一些主要的监控项：

（1）CPU 利用率：监视处理器的使用率，确保它没有过度负荷。

（2）内存使用：检查系统内存的使用情况，以避免内存不足。

（3）磁盘空间：监控磁盘空间，确保不会用尽。

（4）网络流量：跟踪网络带宽使用情况，以确保网络性能。

（5）服务器负载：监控服务器的负载，以确保没有超过其容量。

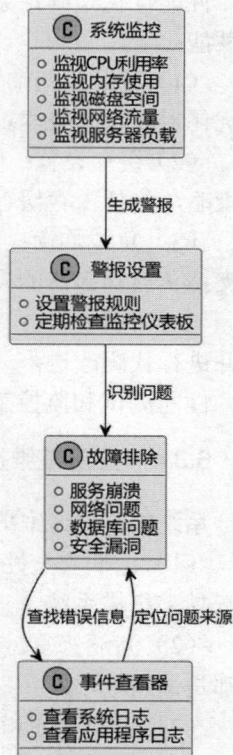

图 6.4　系统运维流程

设置警报规则以及定期检查监控仪表板对于快速识别性能问题和故障排除是至关重要的。

6.3.2　故障排除

当系统出现问题时，快速的故障排除是至关重要的。在 Windows 环境下，可以使用事件查看器来查看系统和应用程序日志，以帮助定位问题。此外，确保系统管理员具有必要的权限来访问和检查日志。

常见的故障有以下几种：

（1）服务崩溃：服务或应用程序的崩溃可能导致系统不稳定。在这种情况下，可以查看应用程序日志获取详细错误信息，以便进行故障排除。

（2）网络问题：网络问题可能导致 Web 应用程序不可用。检查网络连接、防火墙规则和路由设置，以识别和解决网络问题。

（3）数据库问题：数据库故障或性能问题可能导致数据不一致或查询延迟。使用数据库管理工具检查数据库的健康状态并执行必要的维护操作。

（4）安全漏洞：安全漏洞可能导致系统被攻击、数据泄露或权限控制失效。若系统存在此类问题，应立即进行漏洞扫描并修复相关配置或补丁。

快速而系统化的故障排除流程对于最小化系统停机时间至关重要。

6.3.3 性能优化

性能优化是确保系统响应速度和效率的关键。在 Windows 环境，可以采取以下措施来优化性能：

（1）数据库查询优化：优化 SQL 查询，确保它们高效执行。使用数据库索引、合适的查询优化器和缓存技术可提高查询性能。

（2）缓存设置：使用缓存来缓解数据库和 Web 服务器的负载。Windows 环境支持多种缓存策略，包括内存缓存、页面缓存和对象缓存。

（3）负载均衡：如果项目需要处理大量请求，可以考虑使用负载均衡技术。Windows 环境支持负载均衡器的设置，以均匀分布请求。

（4）代码优化：审查项目代码，查找潜在的性能问题。使用性能分析工具来确定性能瓶颈并进行代码改进。

性能测试和监控工具可帮助识别性能问题，并验证性能优化的效果。

6.3.4 安全性维护

系统的安全性维护至关重要。在 Windows 环境下，可以采取以下措施来确保系统的安全性：

（1）定期安全性检查：执行定期的安全性检查，以查找潜在的漏洞和问题。使用安全扫描工具来扫描系统，查找可能的漏洞。

（2）漏洞修复：及时修复已知漏洞，安装操作系统和应用程序的安全补丁，确保所有软件都是最新版本。

（3）身份验证和访问控制：设置强密码策略，限制对敏感数据和系统资源的访问，使用多因素身份验证来提高安全性。

（4）日志和审计：启用安全日志和审计功能，以便检查和分析安全事件。

确保定期审查安全策略，并及时更新以反映最新的安全威胁和最佳实践。

6.3.5 定期备份

数据备份是系统灾难恢复的关键。在 Windows 环境下，可以设置定期备份策略来确保数据的安全。备份内容可以包括数据库、应用程序文件和配置文件。确保备份的数据存储在安全的位置，并定期测试备份的可恢复性。

可以使用 Windows Server Backup 或第三方备份工具来设置备份策略。确保备份数据有完整的系统状态，以便在灾难发生的情况下可以还原整个系统。

6.3.6　系统扩展和升级

随着项目的不断增长，可能需要扩展系统以满足更多的用户和需求。在 Windows 环境下，扩展系统可以包括以下措施：

（1）硬件升级：增加服务器性能，例如增加内存、改善 CPU 和存储容量。

（2）负载均衡：将负载均衡器添加到系统中，以分发请求到多个服务器。

（3）云扩展：将系统迁移到云平台，以根据需要动态调整资源。

（4）应用程序优化：审查和优化应用程序代码，以提高性能和扩展性。

升级系统可能需要升级操作系统、数据库和应用程序版本。确保在升级之前进行充分的测试，并备份系统以防止升级期间出现问题。

系统运维是确保项目长期健康运行的不可或缺的部分。通过系统监控、故障排除、性能优化、安全性维护、定期备份以及系统扩展和升级，可以确保系统能够满足不断增长的需求，同时保持高可用性和安全性。

6.4　现代化部署技术

6.4.1　Docker 容器化

Docker 是一个开源平台，用于开发、交付和运行应用程序。通过使用 Docker，开发者可以将应用程序及其依赖项打包到一个轻量级、可移植的容器中，该容器可以在各种机器上运行，确保应用程序在各种环境中的一致性和效率。与传统的虚拟机相比，Docker 容器消耗更少的资源，启动更快，并且由于它们共享主机操作系统的核心，而不是模拟整个操作系统，可以更加轻量。

命令环境说明：本节所示的命令均默认在 Linux 或 macOS 系统的终端环境中执行。对于使用 Windows 系统的读者，建议通过 WSL（Windows Subsystem for Linux）或 Docker Desktop 提供的终端（如 PowerShell 或 CMD）执行命令。个别命令如 ifconfig，在 Windows 中可使用 ipconfig 替代。

1．Docker 基础

容器：运行的 Docker 镜像实例。

镜像：一个轻量级、可执行的独立软件包，包含运行应用所需的一切——代码、运行时环境、库、环境变量和配置文件。

仓库：存储 Docker 镜像的地方，例如 Docker Hub。

2．使用 Docker 部署第一个 Java web 应用

（1）从网易的镜像中心找一个 Tomcat 的镜像。列出本机的 Docker 镜像，如图 6.5 所示。

```
docker pull hub.c.163.com/library/tomcat:latest
```

```
[root@iZ2ze68ge5c1uwlkmnb9ixZ ~]# docker images
REPOSITORY                      TAG              IMAGE ID        CREATED         SIZE
hello-world                     latest           fce289e99eb9    4 months ago    1.84kB
hub.c.163.com/library/tomcat    latest           72d2be374029    21 months ago   292MB
hub.c.163.com/library/nginx     latest           46102226f2fd    2 years ago     109MB
```

图 6.5 Docker 镜像

（2）编写 Dockerfile。需要建立一个 Dockerfile 告诉 Docker 需要做什么（这里将 web 文件放到了同一个目录下）。

镜像是要运行在 tomcat 中的，所以在 Dockerfile 中第一行写 from tomcat，以 tomcat 为基础镜像。maintainer 是指定镜像维护者的信息（现在多用 LABEL maintainer=...代替）。因为 war 包需要被部署在 webapps 目录下，因此使用 COPY 命令将 jpress.war 文件复制到 tomcat 的 webapps 中。Dockerfile 示例内容如下：

```
from hub.c.163.com/library/tomcat
maintainer zhangsan@qq.com
COPY jpress.war /usr/local/tomcat/webapps
```

（3）构建容器。点号表示容器是根据当前目录构建的，代码如下：

```
docker build.
```

可以使用 docker images 命令查看镜像是否构建成功。如出现<none>则表明构建成功，如图 6.6 所示。

```
[root@iZ2ze68ge5c1uwlkmnb9ixZ jpress]# docker images
REPOSITORY                      TAG              IMAGE ID        CREATED         SIZE
<none>                          <none>           eed9e72fc439    31 seconds ago  385MB
hello-world                     latest           fce289e99eb9    4 months ago    1.84kB
hub.c.163.com/library/tomcat    latest           72d2be374029    21 months ago   292MB
hub.c.163.com/library/nginx     latest           46102226f2fd    2 years ago     109MB
```

图 6.6 Docker 构建

可以重新构建并给镜像起个名字，-t 是给镜像指定一个 tag，代码如下：

```
docker build -t jpress:latest.
```

运行镜像并指定端口，代码如下：

```
docker run -d -p  8080:8080 jpress
```

在镜像中心搜索并拉取 MySQL，代码如下：

```
docker pull hub.c.163.com/library/mysql:latest
```

在镜像中心查看配置，并配置用户密码，代码如下：

```
docker run -d -p 3306:3306 -e MYSQL_ROOT_PASSWORD=123456 hub.c.163.com/library/mysql
```

发现没有创建数据库，于是停止这个容器的运行，并在语句中创建 jpress 数据库，代码如下：

```
docker stop 4be94fb2df1d3a28c1
docker run -d -p 3306:3306 -e MYSQL_ROOT_PASSWORD=123456 -e MYSQL_DATABASE=jpress
hub.c.163.com/library/mysql
```

这样数据库就建立成功了。

进入网站后要输入网站信息，输入数据库地址时，注意不要输入 localhost，因为 jpress 是运行在容器内的,会访问 tomcat 容器内的 3306 端口,应该用 ifconfig 命令查询本机的 IP 地址,如图 6.7 和图 6.8 所示。

```
eth0: flags=4163<UP,BROADCAST,RUNNING,MULTICAST>  mtu 1500
        inet 172.17.10.68  netmask 255.255.240.0  broadcast 172.17.15.255
        ether 00:16:3e:2c:f4:2b  txqueuelen 1000  (Ethernet)
        RX packets 2347841  bytes 1574432174 (1.4 GiB)
        RX errors 0  dropped 0  overruns 0  frame 0
        TX packets 1605441  bytes 169119876 (161.2 MiB)
        TX errors 0  dropped 0 overruns 0  carrier 0  collisions 0
```

图 6.7　地址信息

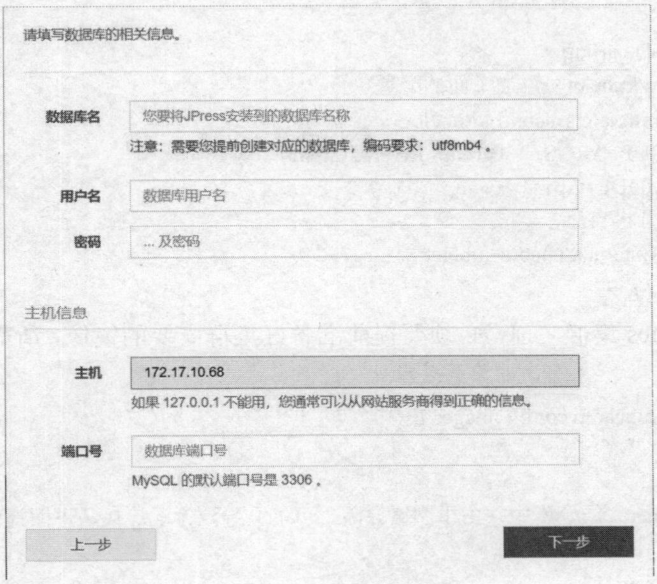

图 6.8　网站访问

6.4.2　Kubernetes 集群管理

Kubernetes 是一个用于自动部署、扩展和管理容器化应用程序的系统。它使管理容器应用更加高效和自动化,尤其是在规模较大的情况下。

1. Kubernetes 核心概念

Pod:Kubernetes 中的基本运行单元,可以包含一个或多个容器。

Deployment:确保指定数量的 Pod 副本运行在集群中。

Service:定义一种访问和暴露 Pod 的方法。

Ingress:管理外部访问服务的规则。

2. 部署应用到 Kubernetes

安装 Kubernetes 组件,代码如下:

```
# 1. 由于 kubernetes 的镜像在国外,速度比较慢,这里切换成国内的镜像源,
# 2. 编辑/etc/yum.repos.d/kubernetes.repo,添加下面的配置
[root@master ~]# vim /etc/yum.repos.d/kubernetes.repo
```

```
[kubernetes]
name=Kubernetes
baseurl=<kubernetes-mirror-placeholder>
enabled=1
gpgcheck=0
repo_gpgcheck=0
gpgkey=<gpg-key-placeholder-1>
       <gpg-key-placeholder-2>
```

```
# 3. 安装 kubeadm、kubelet 和 kubectl
[root@master ~]# yum install --setopt=obsoletes=0 kubeadm-1.17.4-0 kubelet-1.17.4-0 kubectl-1.17.4-0 -y
```

```
# 4. 配置 kubelet 的 cgroup
#编辑/etc/sysconfig/kubelet，添加下面的配置
[root@master ~]# vim /etc/sysconfig/kubelet
KUBELET_CGROUP_ARGS="--cgroup-driver=systemd"
KUBE_PROXY_MODE="ipvs"
# 5. 设置 kubelet 开机自启
[root@master ~]# systemctl enable kubelet
```

3. 准备集群镜像

在安装 kubernetes 集群之前，必须要提前准备好集群需要的镜像，所需镜像可以通过下面命令查看：

```
[root@master ~]# kubeadm config images list

# 下载镜像
# 此镜像在 kubernetes 的仓库中，由于网络原因，可能会导致无法连接，下面提供了一种替换方案
images=(
       kube-apiserver:v1.17.4
       kube-controller-manager:v1.17.4
       kube-scheduler:v1.17.4
       kube-proxy:v1.17.4
       pause:3.1
       etcd:3.4.3-0
       coredns:1.6.5
)

for imageName in ${images[@]};do
       docker pull registry.cn-hangzhou.aliyuncs.com/google_containers/$imageName
       docker tag registry.cn-hangzhou.aliyuncs.com/google_containers/$imageName k8s.gcr.io/$imageName
       docker rmi registry.cn-hangzhou.aliyuncs.com/google_containers/$imageName
done
```

4. 集群初始化

创建集群，注意将 apiserver 的 IP 地址换成自己的 master 地址，代码如下：

```
[root@master ~]# kubeadm init \
--kubernetes-version=v1.17.4 \
```

```
--pod-network-cidr=10.244.0.0/16 \
--service-cidr=10.96.0.0/12 \
--apiserver-advertise-address=192.168.199.137
```

\# 如果忘记修改 IP 地址，则可通过 kubeadm reset 修改

部署成功界面如图 6.9 所示。

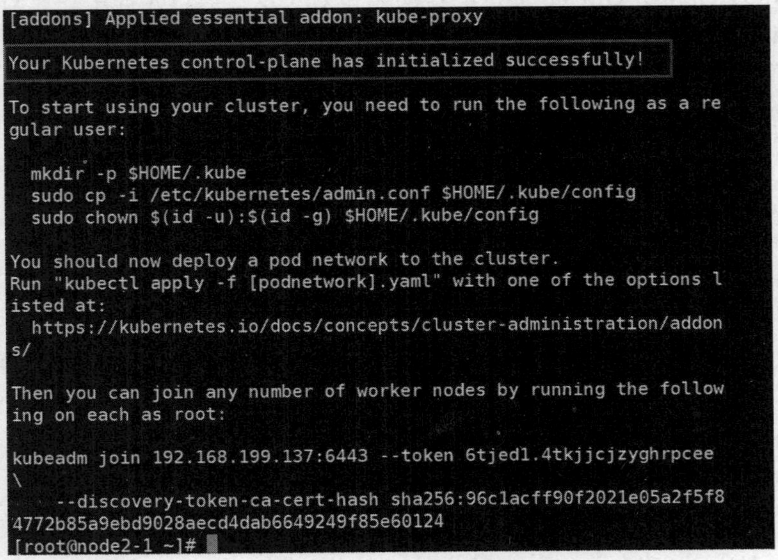

```
[addons] Applied essential addon: kube-proxy

Your Kubernetes control-plane has initialized successfully!

To start using your cluster, you need to run the following as a re
gular user:

  mkdir -p $HOME/.kube
  sudo cp -i /etc/kubernetes/admin.conf $HOME/.kube/config
  sudo chown $(id -u):$(id -g) $HOME/.kube/config

You should now deploy a pod network to the cluster.
Run "kubectl apply -f [podnetwork].yaml" with one of the options l
isted at:
  https://kubernetes.io/docs/concepts/cluster-administration/addon
s/

Then you can join any number of worker nodes by running the follow
ing on each as root:

kubeadm join 192.168.199.137:6443 --token 6tjed1.4tkjjcjzyghrpcee
\
    --discovery-token-ca-cert-hash sha256:96c1acff90f2021e05a2f5f8
4772b85a9ebd9028aecd4dab6649249f85e60124
[root@node2-1 ~]#
```

图 6.9 部署成功

6.5 持续集成和持续部署

6.5.1 CI/CD 简介

持续集成（Continuous Integration，CI）与持续部署（Continuous Deployment，CD）结合起来，形成了一套动态的系统，可以改善和加快软件开发的流程。在 CI/CD 的实践中，每当有新的代码更改提交到版本控制系统时，就会自动运行一系列步骤，包括代码合并、测试和部署，从而保证软件的质量和可靠性，同时加速软件的发布。

（1）持续集成的优点包括提高开发速度、降低错误率、提早发现问题、促进团队协作以及改善项目的可见性和反馈循环。

（2）持续部署的目标是确保软件的任何新版本，一旦通过自动化测试，就能被自动地部署到生产环境中，这样可以确保快速而安全地向用户交付最新的功能和修正。

在现代开发实践中，CI/CD 是促进敏捷开发和推广 DevOps 文化的关键因素，它支持快速迭代、创新和改进，同时降低风险和提高效率。

6.5.2 CI/CD 工具

除了 Jenkins 和 GitLab CI/CD 之外，市场上还有许多其他的 CI/CD 工具，每种工具都有其

独特之处，适用于不同的项目和团队需求。

（1）Travis CI：一款广泛使用的 CI 服务，特别适用于开源项目。它可以与 GitHub 紧密集成，提供简单易用的配置和快速的构建过程。

（2）CircleCI：一款云基础上的 CI/CD 服务，支持快速构建、测试和部署代码。CircleCI 特别强调自动化和简化工作流程，支持 Docker 和多种编程语言。

（3）GitHub Actions：GitHub 提供的自动化和 CI/CD 工具，允许用户在 GitHub 仓库中直接创建、测试和部署代码。GitHub Actions 使在软件开发过程中实现自动化变得更加容易。

选择合适的 CI/CD 工具取决于团队的具体需求、偏好、项目类型和预算。不同的工具提供了不同的功能和集成选项，因此，重要的是评估各种工具，找到最适合项目和工作流程的解决方案。

6.5.3　CI/CD 流程

1.　持续集成

开发人员将代码提交到源代码仓库（如 GitLab）。一旦源代码仓库中有代码更新，WebHook 机制将自动触发持续集成服务器（如 Jenkins）的相应功能。持续集成服务器随后会执行以下流程：

（1）代码拉取：从源代码仓库拉取最新的代码。

（2）编译：对拉取到的代码进行编译，生成可执行文件或库。

（3）单元测试：执行编译后的代码的单元测试，确保代码能够正常运行，并输出测试结果。

需要注意的是，这里的测试主要关注单元测试，它检查代码的各个小模块是否按预期工作，并不涉及功能测试或接口测试。

结果反馈：持续集成服务器将编译和单元测试的结果返回给开发人员。这些结果可能包括编译是否成功、单元测试是否通过以及详细的错误或日志信息。

整个流程是自动化的，旨在确保每次代码变更都能够被及时验证，从而尽早发现和修复潜在的问题。通过这种方式，开发人员可以更加高效地进行协作，确保软件的质量和稳定性，持续集成交互如图 6.10 所示。

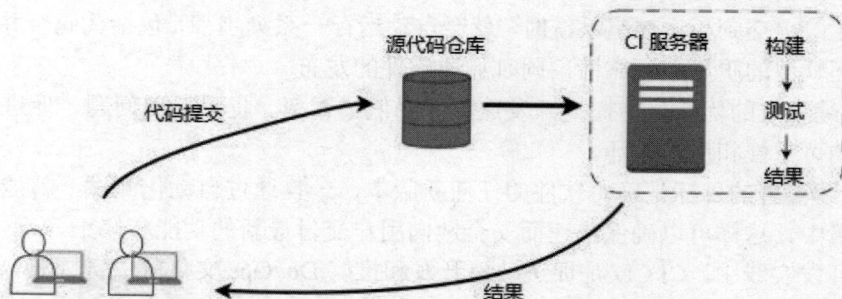

图 6.10　持续集成交互

2.　持续部署

（1）代码提交（已在 CI 中涵盖）。

（2）单元测试（已在 CI 中涵盖）。

（3）代码合并（已在 CI 中涵盖）。

（4）测试阶段：包括接口或 UI 的自动化测试、集成测试以及系统测试等多层次测试，确保软件功能完善且性能稳定。

（5）预发环境部署：在预生产环境中先行部署，由测试人员对产品的主要流程进行全面验证。只有验证通过后，才会进入下一步。

（6）生产环境手动部署：经过前面环节的严格检验后，由开发团队手动将软件部署至生产环境，确保软件能够在实际使用中稳定运行。

持续部署自动将开发人员的更改从存储库发布到生产环境，如图 6.11 所示。

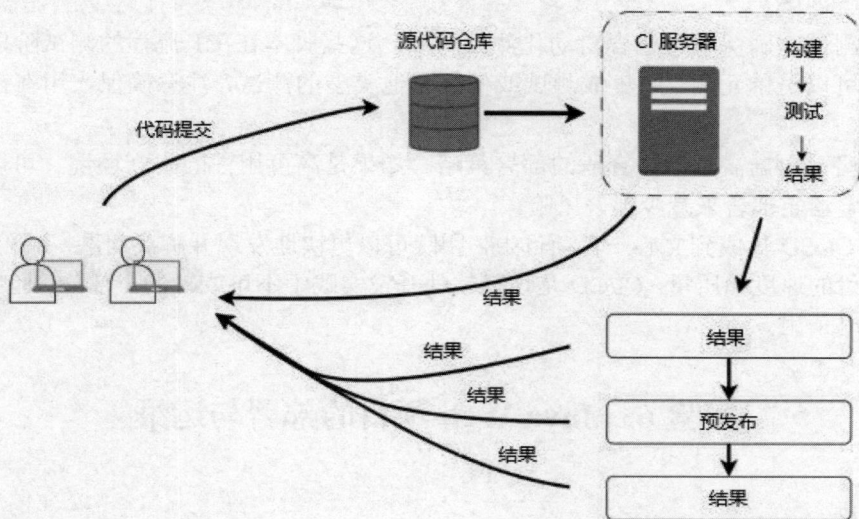

图 6.11　持续部署交互

整个 CI/CD 流程是高度自动化的，减少了人为错误，并加快交付速度。通过持续监控和改进这一流程，团队可以不断提升软件质量和开发效率。

6.5.4　将 CI/CD 集成到文心一言项目中

配置 CI/CD 管道：首先，需要在项目根目录创建一个 Jenkinsfile 或 ".gitlab-ci.yml" 文件，这个文件定义了整个 CI/CD 流程的各个阶段。".gitlab-ci.yml" 文件示例如下：

```
stages:
  - build
  - test
  - deploy

build_job:
  stage:build
  script:
    - echo "Building the project..."
    - ./build.sh
```

```
test_job:
  stage:test
  script:
    - echo "Running tests..."
    - ./test.sh

deploy_job:
  stage:deploy
  script:
    - echo "Deploying to production..."
    - ./deploy.sh
```

自动化测试：确保项目包含自动化测试脚本，这些脚本在 CI 流程的测试阶段被调用。自动化测试可以是单元测试、集成测试或任何其他类型的测试，注意确保应用在部署前表现正常。

部署策略：根据需求选择合适的部署策略。如果是高可用性的生产环境，可以考虑使用蓝绿部署或金丝雀部署来减少部署风险。

通过将 CI/CD 集成到文心一言项目中，团队可以更快地发现并解决问题，减少人工错误，提高软件交付的速度和质量。CI/CD 是现代软件开发实践中不可或缺的一部分，任何规模的团队都可以考虑采用。

实验 6　Java Web 项目的部署与运维

实验目标

通过实际操作，学习如何配置运行环境、进行项目部署和系统运维，以确保项目的稳定性和性能。

实验步骤

（1）在 Windows 操作系统中进行必要的环境配置，包括系统更新和安全设置。

（2）部署 Java Web 应用程序到 Web 服务器，包括代码部署、数据库部署和文心一言服务的配置。

（3）配置系统监控工具，以便实时跟踪性能和问题。

（4）学习故障排除技巧，以便在出现问题时能够快速解决。

（5）进行性能优化，包括数据库查询优化、缓存设置和采取负载均衡策略。

（6）定期进行系统安全性维护，检查和修复潜在的漏洞。

（7）设置数据定期备份策略，以确保数据的安全。

（8）探讨系统扩展和升级的策略，以满足不断增长的需求。

这一实验将帮助读者深入了解如何将 Java Web 项目部署到生产环境中并进行有效的系统运维，以确保项目的长期可维护性和性能。

习　题　6

一、选择题

1．在 Windows 环境中，（　　　）工具常用于监控系统性能。

　　A．Zabbix　　　　　　B．Eclipse　　　　　　C．Notepad　　　　　　D．Photoshop

2．下列对于负载均衡的说法正确的是（　　　）。

　　A．负载均衡是一种数据库查询优化技术

　　B．负载均衡是一种监控系统性能的工具

　　C．负载均衡是一种用于分发请求到多个服务器的技术

　　D．负载均衡是一种用于加密数据传输的技术

3．定期备份是系统运维中的重要步骤的原因是（　　　）。

　　A．定期备份可以提高系统性能　　　　B．定期备份可以确保系统的安全性

　　C．定期备份可以节省硬盘空间　　　　D．定期备份可以减少电费支出

4．在系统运维中，性能优化的关键部分是（　　　）。

　　A．编写尽可能多的代码　　　　　　　B．保持数据库查询未优化

　　C．配置负载均衡器　　　　　　　　　D．优化 SQL 查询和使用缓存

二、填空题

1．在 Windows 环境下，用于查看系统和应用程序日志的工具是＿＿＿＿＿＿。

2．系统监控工具可用于实时跟踪系统性能，如 CPU 利用率、内存使用等。常用的系统监控工具是＿＿＿＿＿＿。

三、简答题

1．解释为什么定期备份在系统运维中非常重要。简述备份策略和备份的类型。

2．如何确定系统中的性能问题？请提供至少两种性能优化策略。

第 7 章　前　端　项　目

7.1　响应式网站

本节将深入探讨如何创建响应式网站，以确保网站在不同屏幕尺寸和设备类型上都能提供出色的用户体验。本节将介绍响应式网页设计的基本原则、CSS 媒体查询、图像优化、响应式排版以及测试和调试工具。这些内容将帮助读者构建适应性强、性能出色的响应式网站。

图 7.1 为响应式网站设计的整体流程。从项目的启动阶段开始，首先进行需求分析，确定网站的目标用户群、核心功能以及设计要求。这一阶段是至关重要的，因为它将直接影响到后续设计和开发的方向。

接下来进入设计阶段，此时将重点关注如何实现一个灵活的网页布局，使之能在不同设备上良好地显示。利用弹性网格布局和媒体查询来构建响应式界面，确保内容在各种屏幕尺寸下都能保持良好的可读性和可访问性。

随后的编码实现阶段，需要把设计转化为实际的代码，使用 HTML、CSS 和 JavaScript 等技术来构建网站。在此过程中，持续的测试是必不可少的，需要在各种设备和分辨率下测试网站的响应性能，确保用户在任何环境下都能获得一致的体验。

最后，网站构建完成后，需要进行部署，并投入到实际使用中。然而，设计和开发仅仅是开始，一个成功的响应式网站还需要不断的维护和更新，以适应新的设备和用户需求的变化。

通过图 7.1，可以更直观地理解响应式网站设计的每一步。

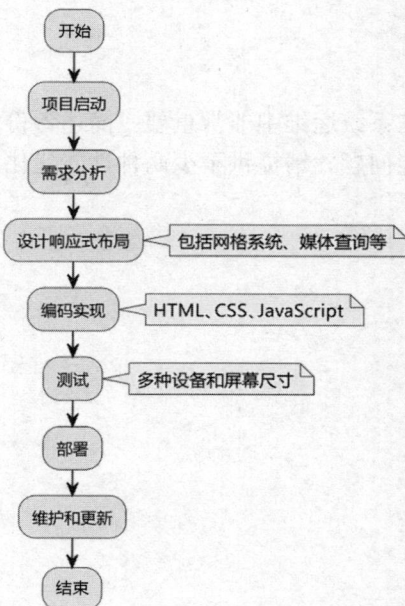

图 7.1　响应式网站设计流程

通过以上步骤,可以确保网站不仅能够适应各种尺寸的屏幕,而且还能够提供一致的用户体验,满足不同用户的需求。这是实现现代网络环境可持续发展的关键。

7.1.1　响应式网页设计原则

响应式网页设计旨在让网站内容能在各种设备上自动调整布局和外观。以下是一些重要的响应式网页设计原则:

(1)弹性网格布局:使用相对单位(如百分比)而不是固定单位(如像素)来创建布局。这使网页能够根据屏幕大小自动调整。

(2)媒体查询:使用 CSS 媒体查询,根据不同的屏幕尺寸应用不同的样式。例如,可以定义针对小屏幕的样式和大屏幕的样式。

(3)图像适应:使用响应式图像,以便图像自动调整大小和加载适当的分辨率。

(4)字体和排版:选择合适的字体和排版方案,以确保文本在各种屏幕上可读性良好。

(5)无障碍性:确保网站内容对于视力受限的用户也易于访问。使用语义 HTML 元素和合适的 alt 文本来描述图像。

(6)快速加载:优化网站以快速加载,考虑减少 HTTP 请求、压缩资源、使用 CDN 等。

下面将深入探讨这些原则,并提供示例代码以帮助读者实现响应式设计。

1. 弹性网格布局

弹性网格布局是响应式网页设计的核心。它使用相对单位,如百分比,来定义页面的布局,使页面能够适应不同尺寸的屏幕。以下是一个简单的示例,演示了如何创建一个响应式网格布局,运行结果如图 7.2 所示。

```html
<!DOCTYPE html>
<html>
<head>
    <style>
        .container {
            width:100%;
        }

        .box {
            width:25%;
            float:left;
        }

        @media (max-width:768px) {
            .box {
                width:50%;
            }
        }

        @media (max-width:480px) {
            .box {
                width:100%;
```

```
                }
            }
        </style>
</head>
<body>
    <div class="container">
        <div class="box">Box 1</div>
        <div class="box">Box 2</div>
        <div class="box">Box 3</div>
        <div class="box">Box 4</div>
    </div>
</body>
</html>
```

Box 1	Box 2	Box 3	Box 4

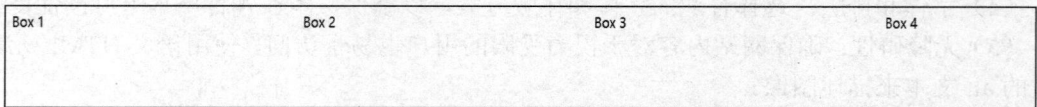

图 7.2　网格布局示例

这个示例创建了一个包含四个盒子的容器，每个盒子占据容器 25%的宽度。使用媒体查询可以定义在不同屏幕尺寸下盒子的宽度应如何调整。

2. CSS 媒体查询

CSS 媒体查询是响应式设计的关键。它允许开发者根据屏幕尺寸、设备方向和其他特征应用不同的样式。以下是一个示例，演示如何使用 CSS 媒体查询创建响应式导航菜单，效果界面如图 7.3 所示。

```
<!DOCTYPE html>
<html>
<head>
    <style>
        /* 默认样式 */
        .nav {
            display:none;
            /*display:block;*/
        }

        /* 在小屏幕上显示导航菜单 */
        @media (max-width:768px) {
            .nav {
                display:block;
            }
        }
    </style>
</head>
<body>
    <div class="nav">
```

```
        <ul>
            <li><a href="">首页</a></li>
            <li><a href="">关于我们</a></li>
            <li><a href="">服务</a></li>
            <li><a href="">联系我们</a></li>
        </ul>
    </div>
</body>
</html>
```

- 首页
- 关于我们
- 服务
- 联系我们

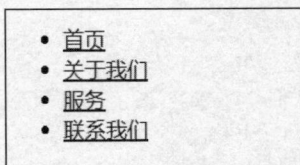

图 7.3　导航菜单示例

这个示例定义了在小屏幕上显示导航菜单的样式。在大屏幕上，导航菜单是隐藏的。

7.1.2　CSS 媒体查询

媒体查询是 CSS 的一个重要部分，允许根据不同的媒体特性应用不同的样式。它是响应式网页设计的关键。

1. 媒体查询语法

媒体查询使用@media 规则，其语法如下：

```
@media media_type and (media_feature) {
    /* 样式规则 */
}
```

（1）media_type 表示媒体类型，通常是 all、screen、print 等。

（2）media_feature 是媒体特性，如 max-width、min-width、orientation 等。

（3）样式规则是在满足媒体查询条件时应用的样式。

2. 响应式导航菜单

以下是一个示例，演示了如何使用媒体查询创建响应式导航菜单。当屏幕宽度小于 768px 时，导航菜单将显示为下拉式菜单。

```
<!DOCTYPE html>
<html>
<head>
    <style>
        /* 默认样式 */
        .nav {
            display:none;
        }

        /* 在小屏幕上显示导航菜单 */
        @media (max-width:768px)
```

```
    {
            .nav {
                display:block;
            }
        }
    </style>
</head>
<body>
    <div class="nav">
        <ul>
            <li><a href="">首页</a></li>
            <li><a href="">关于我们</a></li>
            <li><a href="">服务</a></li>
            <li><a href="">联系我们</a></li>
        </ul>
    </div>
</body>
</html>
```

在这个示例中，当屏幕宽度小于 768px 时，导航菜单的 display 属性设置为 block，从而在小屏幕上显示导航菜单。

7.1.3　图像优化和加载性能

在响应式设计中，图像的优化和加载性能至关重要。大型图像可以导致页面加载时间过长，影响用户体验。以下是一些图像优化技巧。

1. 图像格式选择

选择适当的图像格式，如 JPEG、PNG、WebP 等，以便在不同情况下提供最佳性能和质量。示例代码如下：

```
<img src="image.jpg" alt="示例图像" />

<picture>
  <source srcset="image.webp" type="image/webp">
  <img src="image.jpg" alt="示例图像">
</picture>
```

2. 图像压缩

使用图像压缩工具，如 Photoshop、TinyPNG 等，以减小图像文件的大小。

3. 响应式图像

使用 srcset 属性为不同屏幕宽度提供不同版本的图像。示例代码如下：

```
<img srcset="image-320.jpg 320w,
             image-480.jpg 480w,
             image-800.jpg 800w"
      sizes="(max-width:320px) 280px,
            (max-width:480px) 440px,
```

```
            800px"
        src="image-800.jpg" alt="示例图像">
```

srcset 属性包括了不同尺寸和分辨率的图像文件列表，每个文件后面跟着图像的宽度信息。浏览器会根据当前设备的屏幕分辨率和可用带宽来选择合适的图像。

sizes 属性定义了图像在不同屏幕尺寸下的显示宽度。这个属性告诉浏览器图像在不同视窗宽度下应该显示多大。在这个示例中，指定了图像在视窗最大宽度为 320px 时显示为 280px，最大宽度为 480px 时显示为 440px，最大宽度为 800px 时显示为 800px。

4. 图像懒加载

使用懒加载技术，只加载屏幕上可见的图像，以减少初始页面加载时间，提升网页性能。HTML 示例代码：

```html
<img src="placeholder.jpg" data-src="image.jpg" alt="示例图像" class="lazy-load" />
```

JavaScript 示例代码：

```javascript
document.addEventListener("DOMContentLoaded", function() {
    var lazyImages = document.querySelectorAll(".lazy-load");
    lazyImages.forEach(function(img) {
        img.setAttribute("src", img.getAttribute("data-src"));
    });
});
```

这些图像优化技巧可以帮助提高网页的加载性能，并确保在不同设备上提供最佳的用户体验。

7.1.4　响应式排版

字体和排版在响应式设计中也起着重要作用。在不同屏幕尺寸上，文本的可读性和布局都需要进行调整。以下是一些响应式排版的最佳实践。

1. 字体选择

选择合适的字体，确保在不同屏幕尺寸上都能清晰可读。示例代码如下：

```css
body {
    font-family:"Helvetica Neue", Arial, sans-serif;
    font-size:16px;
}
```

2. 响应式文本大小

使用媒体查询来根据屏幕宽度调整文本大小。示例代码如下：

```css
@media (max-width:768px) {
    body {
        font-size:14px;
    }
}
```

3. 行高和间距

调整行高和文本间距，以确保文本排版美观且易于阅读。示例代码如下：

```css
p {
    line-height:1.5;
```

```
    margin-bottom:20px;
}
```

4. 避免过长行

为避免在小屏幕上出现过长的文本行，需要进行断词处理。示例代码如下：

```
p {
    overflow-wrap:break-word;
    word-wrap:break-word;
}
```

7.1.5 响应式测试和调试

在响应式设计中，测试和调试是不可或缺的。以下是一些常用的测试和调试工具。

1. 开发者工具

浏览器开发者工具允许模拟不同屏幕尺寸和设备类型，以查看网页在不同情况下的外观和行为。

2. 移动设备模拟器

移动设备模拟器允许在不同移动设备上测试网站。这些模拟器模拟真实设备的屏幕大小和触摸交互。

3. 响应式测试工具

在线响应式测试工具（如 responsivedesign.is）可以帮助查看网页在不同屏幕尺寸上的显示效果。

4. 校验工具

使用 HTML 和 CSS 校验工具来确保网页符合标准和最佳实践。

响应式网站设计需要综合考虑布局、样式、图像和排版等多个方面。以上内容提供了创建响应式网站的基本原则和技巧，以及相关的示例代码。通过灵活运用这些原则，可以构建适应不同屏幕和设备的响应式网站，提供出色的用户体验。

7.2　电子商务网站

本节将深入探讨如何建立一个完整的电子商务网站，包括产品列表、购物车、订单处理和用户账户系统。这将使读者能够理解电子商务网站的前端实现。

电子商务网站的结构需要精心设计以确保用户友好和高效的购物体验。如图 7.4 所示，从网站首页开始，用户可以浏览各种产品。从首页跳转到产品列表页，用户可以查看不同类别的商品。单击某个商品后，将进入产品详情页，这里展示了商品的详细信息，用户可以选择将其添加到购物车。在购物车页面，用户可以查看选购的商品并选择"去结账"。结账流程包括填写地址、选择支付方式以及确认订单等步骤。最后，用户将被引导至订单确认页，其中包含订单详情和预计送达时间等信息。

这样的结构清晰展示了用户在电子商务网站中的典型购物路径和互动流程，有助于开发团队理解和优化用户体验。

图 7.4　购物网站流程

7.2.1　产品列表和详情

产品列表页面：展示各种商品，包括商品名称、价格和图片。产品列表页面是电子商务网站的核心页面之一，用户可以浏览不同类别的产品。以下是一个产品列表页面的 HTML 结构示例，产品列表页面如图 7.5 所示。

```html
<div class="product-list">
    <div class="product">
        <img src="product1.jpg" alt="Product 1">
        <h3>Product 1</h3>
        <p>Price:$50.00</p>
        <button>Add to Cart</button>
    </div>
    <!-- 其他产品 -->
</div>
```

图 7.5　产品列表页面示例

产品详情页面：显示有关特定商品的详细信息，包括商品描述、更多图片、规格等。产品详情页面是用户在决定购买商品之前查看的页面。以下是一个产品详情页面的 HTML 结构示例，产品详情页面如图 7.6 所示。

```html
<div class="product-details">
    <img src="product1.jpg" alt="Product 1">
    <h2>Product 1</h2>
    <p>Price:$50.00</p>
    <p>Description:This is a detailed description of the product...</p>
    <button>Add to Cart</button>
</div>
```

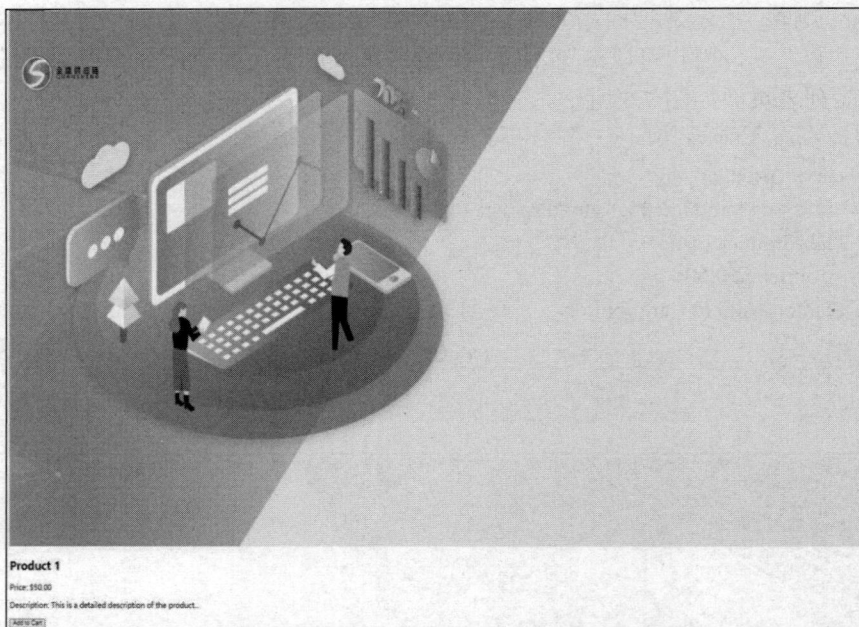

图 7.6　产品详情页面示例

7.2.2　购物车功能

购物车功能：允许用户将所选商品添加到购物车中，并在需要时查看购物车内容，是电子商务网站的重要功能。以下是购物车功能的示例代码，运行结果如图 7.7 所示。

```html
<div class="cart">
    <h2>购物车</h2>
    <ul>
        <li>
            <span>Product 1</span>
            <span>价格：¥50.00</span>
            <span>数量：2</span>
        </li>
        <!-- 其他商品 -->
```

```
    </ul>
    <p>总计：¥100.00</p>
    <button>结算</button>
</div>
```

购物车

- **Product 1 价格: ¥50.00 数量: 2**

总计: ¥100.00

结算

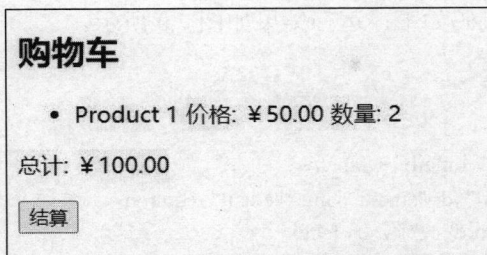

图 7.7　购物车功能示例

7.2.3　订单处理

订单处理流程：将用户购物车中的商品转化为实际订单的过程。这包括用户信息、配送方式、支付方式等。以下是订单处理的示例代码，运行结果如图 7.8 所示。

```
<div class="order">
    <h2>订单详情</h2>
    <form>
        <label for="name">姓名：</label>
        <input type="text" id="name" name="name" required>
        <label for="address">送货地址：</label>
        <textarea id="address" name="address" required></textarea>
        <label for="payment">支付方式：</label>
        <select id="payment" name="payment" required>
            <option value="credit">信用卡</option>
            <option value="paypal">PayPal</option>
        </select>
        <button>提交订单</button>
    </form>
</div>
```

订单详情

姓名:　　　　　　送货地址:　　　　　　支付方式: 信用卡 ⌄　提交订单

图 7.8　订单处理示例

订单确认页面：显示用户的订单信息，包括所购商品信息、配送地址和支付信息。用户可以在此页面最终确认订单。

7.2.4 用户账户和身份验证

用户账户系统：允许用户注册、登录和管理其购物车和订单。以下是用户账户系统的示例代码。

用户注册页面：示例代码如下，运行结果如图 7.9 所示。

```
<div class="register">
    <h2>注册</h2>
    <form>
        <label for="email">Email：</label>
        <input type="email" id="email" name="email" required>
        <label for="password">密码：</label>
        <input type="password" id="password" name="password" required>
        <button>注册</button>
    </form>
</div>
```

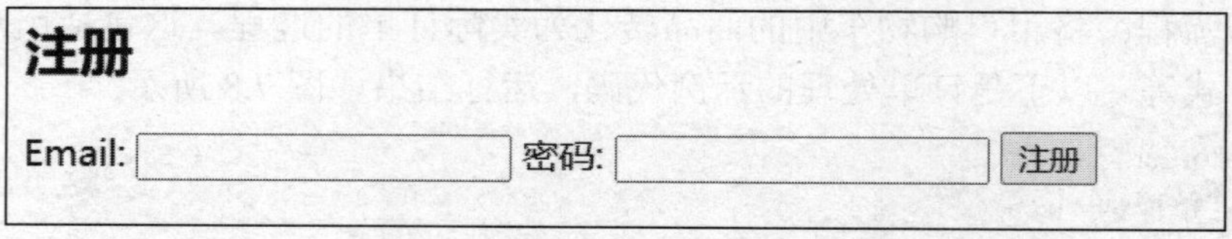

图 7.9　电商网站用户注册页面示例

用户登录页面示例代码如下，运行结果如图 7.10 所示。

```
<div class="login">
    <h2>登录</h2>
    <form>
        <label for="email">Email：</label>
        <input type="email" id="email" name="email" required>
        <label for="password">密码：</label>
        <input type="password" id="password" name="password" required>
        <button>登录</button>
    </form>
</div>
```

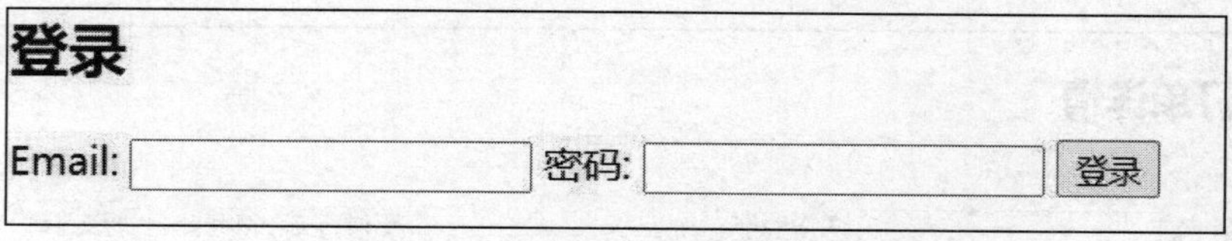

图 7.10　电商网站用户登录页面示例

用户身份验证：用户必须登录才能访问购物车和提交订单。身份验证是保护用户数据和确保购物车安全的重要措施。

通过以上内容，可以构建出一个完整的电子商务网站前端，包括产品列表、购物车、订单处理和用户账户系统。这将提供用户友好的购物体验和安全的购物过程。

7.3　社交网络应用

本节将深入探讨如何创建一个社交网络应用的前端，包括用户注册、登录、发布帖子、评论、用户个人资料和好友关系管理。这将使读者能够理解社交网络应用的前端实现。

在社交网络应用中，用户体验始于注册和登录功能，这是进入社交平台的门槛。一旦成为社交网络的一部分，用户可以进行多种活动，包括编辑个人资料、发布帖子、添加好友等。这些功能增强了用户之间的互动和联系。

用户发布的帖子是社交网络应用的核心，不仅允许其他用户查看、点赞和评论，也可以被分享至更广泛的社交圈。这些互动构成了社交网络的基础，促进了用户之间的交流和社区的形成。

图 7.11 展示了社交网络应用中用户、帖子和交互动作之间的关系和流程，帮助理解不同组件如何协同工作以提供丰富的用户体验。通过这样的结构，社交平台能够促进用户之间的沟通、分享和社交活动。

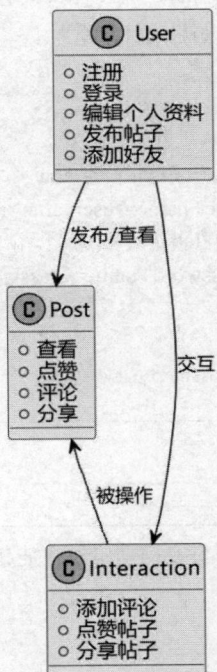

图 7.11　社交网络应用中的功能

7.3.1　用户注册和登录

用户注册页面：社交网络应用的入口之一。在用户注册页面，用户可以填写必要的信息以创建账户。以下是一个用户注册页面的 HTML 结构示例，运行结果如图 7.12 所示。

```
<div class="register">
    <h2>注册</h2>
```

```
<form>
    <label for="username">用户名: </label>
    <input type="text" id="username" name="username" required>
    <label for="email">Email: </label>
    <input type="email" id="email" name="email" required>
    <label for="password">密码: </label>
    <input type="password" id="password" name="password" required>
    <button>注册</button>
</form>
</div>
```

注册

用户名: [   ] Email: [   ] 密码: [   ] [注册]

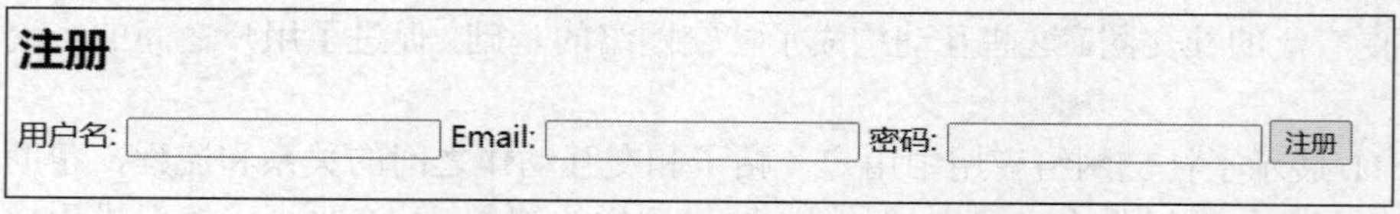

图 7.12　社交网站用户注册页面示例

用户登录页面: 用户可以使用其注册的用户名或电子邮件地址登录。以下是一个用户登录页面的 HTML 结构示例, 运行结果如图 7.13 所示。

```
<div class="login">
    <h2>登录</h2>
    <form>
        <label for="username">用户名 or Email: </label>
        <input type="text" id="username" name="username" required>
        <label for="password">密码: </label>
        <input type="password" id="password" name="password" required>
        <button>登录</button>
    </form>
</div>
```

登录

用户名 or Email: [   ] 密码: [   ] [登录]

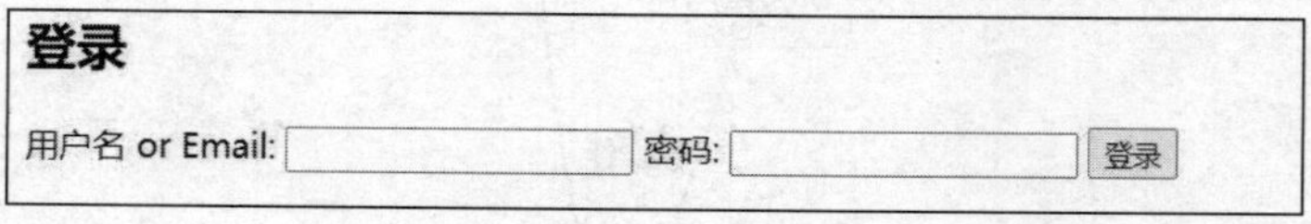

图 7.13　社交网站用户登录页面示例

7.3.2　帖子发布和评论

帖子发布: 用户可以发布帖子, 包括文字内容和图像。这些帖子将显示在其个人资料中和其他用户的时间线上。以下是一个帖子发布页面的 HTML 结构示例, 运行结果如图 7.14 所示。

```
<div class="post">
    <h3>发布帖子</h3>
    <form>
        <textarea id="post-content" name="post-content" required>
        <input type="file" id="post-image" name="post-image" accept="image/*">
```

```
            <button>发布</button>
        </form>
    </div>
```

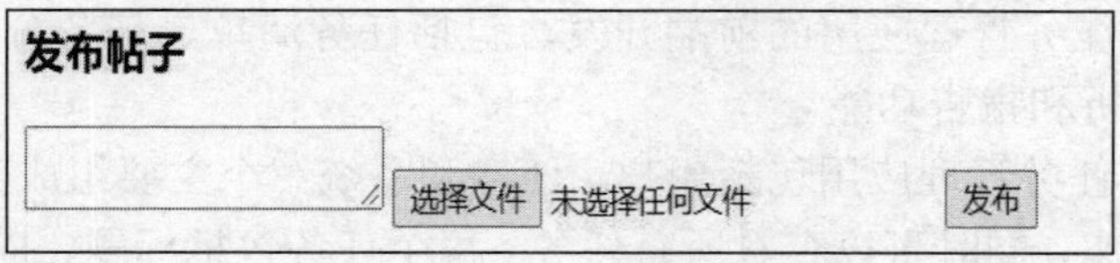

图 7.14　帖子发布页面示例

评论功能：用户可以在帖子下方发表评论，并能回复其他用户的评论。评论功能使用户能够进行互动。

7.3.3　用户个人资料和隐私设置

用户个人资料页面：用户可以编辑其个人资料，包括个人信息、头像和封面图片。以下是一个用户个人资料页面的 HTML 结构示例，运行结果如图 7.15 所示。

```
<div class="profile">
    <h2>个人资料</h2>
    <form>
        <label for="name">姓名：</label>
        <input type="text" id="name" name="name">
        <label for="avatar">头像：</label>
        <input type="file" id="avatar" name="avatar" accept="image/*">
        <label for="cover">封面照片：</label>
        <input type="file" id="cover" name="cover" accept="image/*">
        <button>保存</button>
    </form>
</div>
```

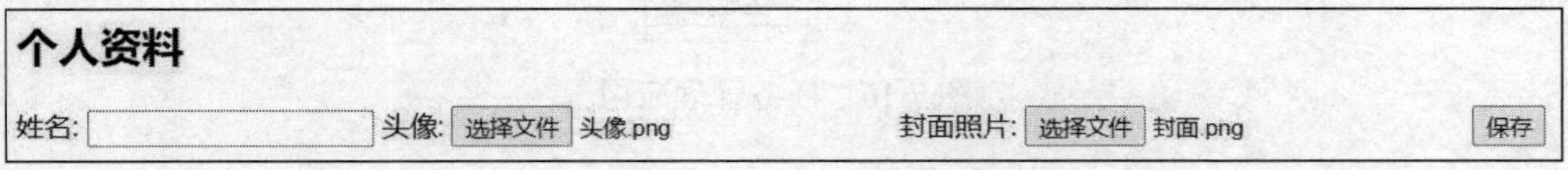

图 7.15　用户个人资料页面示例

隐私设置：隐私设置允许用户控制其帖子的可见性，并确保其账户的安全。用户可以设置帖子是公开、仅朋友可见还是私有的。

7.3.4　好友和关系管理

好友添加功能：用户可以查找其他用户并将其添加为好友。这建立了用户之间的连接。

关系管理：用户可以查看其好友列表，并且可以查看其好友的帖子。这是社交网络应用的核心功能之一。

通过以上内容，可以构建出一个完整的社交网络应用的前端，包括用户注册、登录、发布帖子、评论、用户个人资料、隐私设置、好友和关系管理。这将为用户提供友好的社交体验。

7.4 任务管理应用

本节将深入研究任务管理应用的前端开发，包括任务清单、任务分配、状态更新、通知和提醒，以及数据分析和报告功能。

如图 7.16 所示，任务管理应用包括用户、任务和系统三个主要组成部分。用户负责创建、分配和更新任务的状态，同时可以查看所有任务。每个任务包括标题、描述、状态和被分配者信息。系统则负责通知用户任务的任何更新，存储所有任务相关的数据，并根据需要生成报告。这种流程确保了任务管理的高效和透明，使所有团队成员都能及时获取最新信息，并明确自己的责任。

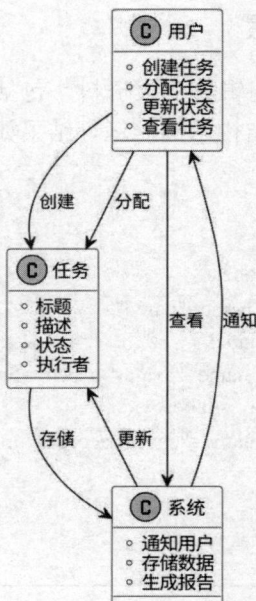

图 7.16 任务管理应用

7.4.1 任务清单

任务清单页面：任务管理应用的核心页面之一，用户可以在此页面查看任务列表。以下是一个任务清单页面的 HTML 结构示例，运行结果如图 7.17 所示。

```html
<div class="task-list">
    <h2>我的任务清单</h2>
    <ul>
        <li>
            <span>任务 1</span>
            <button>编辑</button>
            <button>删除</button>
        </li>
        <!-- 其他任务 -->
```

```
    </ul>
    <button>增加任务</button>
</div>
```

图 7.17　任务清单页面示例

任务操作：用户可以执行任务操作，包括添加、编辑和删除任务。这些操作可支持用户有效地管理其任务清单。

7.4.2　任务分配和状态更新

任务分配功能：任务管理应用通常允许用户将任务分配给其他用户。以下是一个任务分配页面的 HTML 结构示例，运行结果如图 7.18 所示。

```
<div class="task-assignment">
    <h2>Assign Task</h2>
    <form>
        <label for="task">任务 k:</label>
        <input type="text" id="task" name="task" required>
        <label for="assignee">分配至：</label>
        <input type="text" id="assignee" name="assignee" required>
        <button>确定</button>
    </form>
</div>
```

图 7.18　任务分配页面示例

任务状态更新：用户可以更新任务的状态，例如完成任务或其他状态。以下是一个任务状态更新页面的 HTML 结构示例，运行结果如图 7.19 所示。

```
<div class="task-status">
    <h2>更新任务状态</h2>
    <form>
        <label for="task">任务：</label>
        <input type="text" id="task" name="task" required>
        <label for="status">状态:</label>
        <select id="status" name="status" required>
            <option value="in-progress">进行中</option>
```

```
        <option value="completed">完成</option>
    </select>
    <button>更新</button>
</form>
</div>
```

更新任务状态

任务: [   ] 状态: [进行中 ⌄] [更新]

图 7.19　任务状态更新页面示例

7.4.3　通知和提醒

任务相关通知：任务管理应用通常提供通知和提醒功能，以便用户及时了解任务状态。这包括任务分配通知和截止日期提醒。

通知示例：以下是一个任务分配通知示例。

User A has assigned a task to you："任务 1"

提醒示例：以下是一个截止日期提醒示例。

Task "Project Deadline" is due tomorrow.

7.4.4　数据分析和报告

数据分析工具：任务管理应用可以使用前端工具和库进行数据分析，以便管理项目。这包括任务完成情况、工作量分配等数据分析。

报告和图表：创建任务报告和图表有助于项目管理和决策。以下是一个任务完成情况报告的 HTML 结构示例：

```
<div class="task-report">
    <h2>Task Completion Report</h2>
    <div class="chart">
        <!-- 报告图表 -->
    </div>
</div>
```

通过以上内容，可以构建一个完整的任务管理应用前端，包括任务清单、任务分配、状态更新、通知和提醒，以及数据分析和报告功能。这将为用户提供高效的任务管理体验和项目决策支持。

7.5　多媒体应用

本节将深入研究多媒体应用的前端开发，包括多媒体上传、查看和分享，多媒体互动，以及多媒体内容的分析和推荐。

如图 7.20 所示，多媒体应用由三大核心部分构成：用户、多媒体和系统。用户主要负责上传、查看以及与多媒体内容进行互动，例如点赞、评论或分享。多媒体部分包含了用户上传的各类文件及其相关的元数据和访问权限信息。系统则承担着存储、处理这些多媒体文件的任务，并基于用户的行为模式和偏好向他们推荐相应的内容。这种架构不仅为用户提供了一个丰富多彩的多媒体浏览和交互平台，同时也通过智能推荐增强了用户体验。

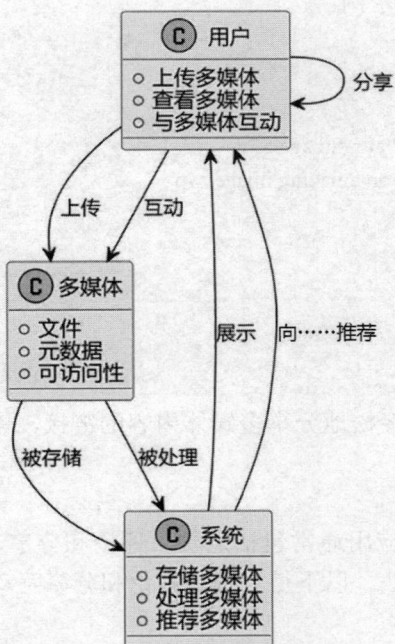

图 7.20　多媒体应用中的关系

7.5.1　多媒体上传

多媒体上传页面：多媒体应用的核心功能之一是允许用户上传图片和视频。以下是一个多媒体上传页面的 HTML 结构示例，运行结果如图 7.21 所示。

```html
<div class="media-upload">
    <h2>多媒体上传</h2>
    <form>
        <label for="media-file">选择文件：</label>
        <input type="file" id="media-file" name="media-file" accept="image/*,video/*" required>
        <button>上传</button>
    </form>
</div>
```

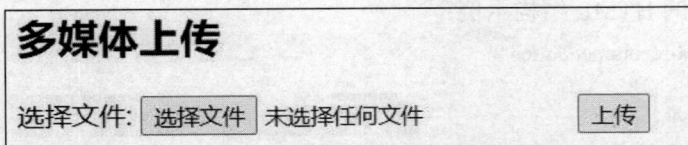

图 7.21　多媒体上传页面示例

多媒体文件存储：多媒体文件需要存储在服务器上，并且需要合理的管理和索引。

7.5.2 多媒体查看和分享

多媒体展示：用户上传的多媒体内容应该可以轻松查看，包括图片和视频。以下是一个多媒体展示页面的 HTML 结构示例：

```html
<div class="media-gallery">
    <h2>媒体库</h2>
    <div class="media-item">
        <img src="image1.jpg" alt="Image 1">
        <p>Description:This is an amazing image!</p>
        <button>赞</button>
        <button>评论</button>
        <button>分享</button>
    </div>
    <!-- 其他多媒体内容 -->
</div>
```

分享功能：用户应该能够轻松地分享多媒体内容的链接，以便其他用户访问。

7.5.3 多媒体互动

多媒体互动功能：多媒体应用通常包括点赞、评论和分享功能，用户可以与多媒体内容互动，以表达他们的喜好和看法。以下是点赞、评论和分享互动界面的 HTML 结构示例，运行结果如图 7.22 所示。

```html
<div class="media-interaction">
    <button>赞</button>
    <button>评论</button>
    <button>分享</button>
</div>
```

图 7.22　点赞、评论和分享互动界面示例

7.5.4 多媒体分析和推荐

多媒体内容分析：多媒体应用可以使用前端工具进行内容分析，以了解用户兴趣及趋势。这包括用户行为分析和内容标签化。

多媒体内容推荐：推荐系统可以向用户推荐与其兴趣相关的多媒体内容。以下是一个多媒体内容推荐页面的 HTML 结构示例：

```html
<div class="media-recommendation">
    <h2>推荐内容</h2>
    <div class="media-item">
        <img src="recommended-image.jpg" alt="推荐图片">
        <p>描述：你可能会喜欢这张图片！</p>
        <button>点赞</button>
        <button>评论</button>
```

```
    <button>分享</button>
  </div>
  <!-- 其他推荐内容 -->
</div>
```

通过以上内容，可以构建一个多媒体应用前端，包括多媒体上传、查看和分享，多媒体互动，以及多媒体内容的分析和推荐功能。这将为用户提供丰富的多媒体体验和个性化的内容推荐。

实验 7　响应式网站设计

实验目标

通过本实验，学习如何创建一个响应式网站，以适应不同屏幕尺寸和设备类型。本实验将探讨响应式网页设计原则、CSS 媒体查询和前端框架的使用。

实验步骤

（1）创建项目结构：使用适合的 IDE（如 Visual Studio Code）创建一个新的项目文件夹。在文件夹中创建一个 HTML 文件（如 index.html），一个 CSS 文件（如 styles.css）和一个 Javascript 文件（如 script.js）。

（2）编写 HTML 结构：在 index.html 文件中，创建基本的 HTML 结构，包括<html>、<head>和<body>标签。添加页面标题、导航栏、页眉和页脚。

（3）导航栏设计：在导航栏中添加一些导航链接，以便用户导航到不同的部分。

（4）CSS 样式：在 styles.css 文件中，编写 CSS 规则，为页面添加样式。包括颜色、字体、页面背景和导航栏样式。

（5）媒体查询：学习如何使用 CSS 媒体查询在不同屏幕尺寸下应用不同的样式。例如，定义手机、平板和桌面屏幕的样式。

（6）响应式布局：确保页面内容能够适应不同屏幕尺寸，如调整页面宽度和布局。使用弹性盒子和栅格系统来创建响应式布局。

（7）移动优先设计：采用移动优先设计原则，确保网页在小屏幕上也能良好展示。考虑使用媒体查询来逐渐增加样式以适应更大的屏幕。

（8）测试：在不同设备和屏幕尺寸上测试响应式网站，确保页面在各种情况下都能正常显示。

（9）调试和优化：查找并解决响应式设计中可能出现的问题，如排版不合理或图像不适应。优化网页性能，确保能够快速加载。

（10）文档和注释：添加适当的注释和说明文档，以使代码更易于理解和维护。

（11）部署网站：将响应式网站部署到一个 Web 服务器或 Web 托管平台上，以便其他人访问。

完成本实验后，可以获得有关响应式网站设计的实践经验，通过创建适应不同屏幕的网页，能够提供更好的用户体验。

习　题　7

一、选择题

1. 响应式网页设计的目的是（　　　）。
   - A. 使网站在 IE 浏览器上能够正常运行
   - B. 适应不同屏幕尺寸和设备类型
   - C. 提供更多的网页内容
   - D. 增加网站的加载速度
2. CSS 媒体查询的作用是（　　　）。
   - A. 用于创建数据库查询
   - B. 用于在 CSS 中嵌套媒体文件
   - C. 用于根据不同媒体设备的特性应用不同的 CSS 样式
   - D. 用于生成 JavaScript 代码
3. 为移动设备设计网页时，通常采用的设计原则是（　　　）。
   - A. 桌面优先设计
   - B. 移动优先设计
   - C. 平板优先设计
   - D. 手机应用程序优先设计

二、简答题

1. 如何在 CSS 中定义一个简单的媒体查询，使样式仅在屏幕宽度小于 600px 时生效？
2. 为什么在响应式网页设计中，移动设备的加载速度特别重要？
3. 什么是弹性盒子布局？它在响应式设计中的作用是什么？
4. 在响应式网页设计中，为什么需要测试和调试页面在不同设备和屏幕尺寸上的显示？
5. 什么是"像素密度"？"像素密度"在响应式设计中的作用是什么？
6. 为什么需要在响应式设计中进行移动设备优化？

第 8 章 后 端 项 目

8.1 简单的 API

本节将探讨如何创建一个简单的后端 API，演示如何处理 HTTP 请求、路由请求，以及与数据库进行交互。这是创建 Web 应用程序的关键组成部分，它为前端提供了数据和服务。

8.1.1 项目结构和工具

在开始创建 API 之前，需要建立项目的基本结构和准备必要的工具。这个章节将引导读者如何设置项目以便开始 API 的创建。

创建项目文件夹：首先，创建一个项目文件夹，以容纳 API 代码。这个文件夹应该具有清晰的结构，包括存放代码、文档和资源的目录，如图 8.1 所示。

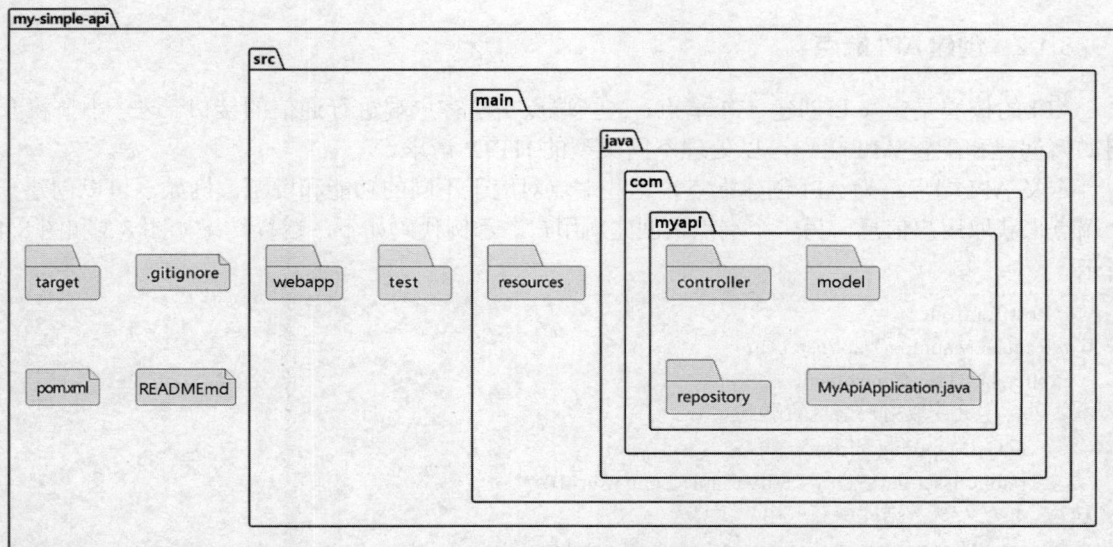

图 8.1　项目文件夹结构

设置开发工具：需要一个集成开发环境（如 Eclipse、IntelliJ IDEA 或 Visual Studio Code）来编写和管理代码。此外，确保 Java 开发工具和 Web 服务器（如 Tomcat）已经安装和配置好。

项目依赖和构建工具：使用 Maven 或 Gradle 等构建工具来管理项目依赖关系和构建过程。在 pom.xml 文件中添加项目的依赖，如 Spring Boot 和数据库驱动程序。

图 8.2 描述了简单的 API 请求处理流程。它从接收 API 请求开始，然后进行请求验证。如果请求验证通过，系统会处理请求，如果请求需要数据库交互，则会进行相应的数据库操作。处理完成后，系统返回响应。如果请求验证不通过，则直接返回错误信息。

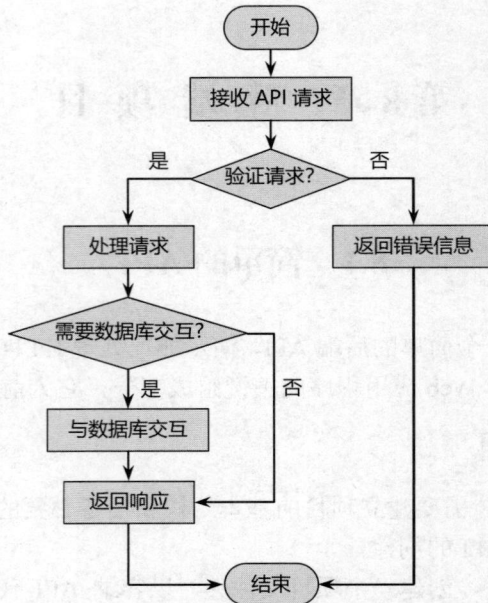

图 8.2　简单的 API 请求处理流程

8.1.2　创建 API 端点

API 的核心是定义和创建 API 端点，这些端点是与客户端进行通信的接口。这一小节将介绍如何创建和配置 API 端点，以处理不同类型的 HTTP 请求。

定义 API 端点：为 API 创建端点，这些端点对应于不同的功能和资源。例如，可以创建一个端点来获取用户信息，另一个端点来创建新用户。示例代码如下，运行结果如图 8.3 和图 8.4 所示。

```
@RestController
@RequestMapping("/api/users")
public class UserController {
    // 定义获取用户信息的端点
    @GetMapping("/{userId}")
    public User getUser(@PathVariable Long userId) {
        // 从数据库中获取用户信息
        User user = userService.getUserById(userId);
        return user;
    }

    // 定义创建新用户的端点
    @PostMapping("/")
    public User createUser(@RequestBody User user) {
        // 在数据库中创建新用户
        User newUser = userService.createUser(user);
        return newUser;
    }
}
```

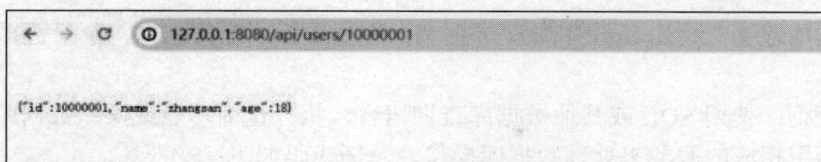

图 8.3　获取用户信息示例

id	username	password	real_name	phone	age	sex	role_id	delete_
10000000	超级管理员	0cb634b5e90a		1310000000	20	0	0	
10000001	zhangsan	1fa9fff46252d	张三	1330000000	18	0	111	
10000002	lisi	0c8f89442910	李四	1350000000	22	0	(Null)	

图 8.4　创建新用户示例

处理 HTTP 请求：使用 Spring Boot 等框架可以轻松地处理各种 HTTP 请求，包括 GET、POST、PUT 和 DELETE。这些请求可以传递参数、主体数据等。示例代码如下：

```
// 处理 GET 请求，获取用户信息
@GetMapping("/{userId}")
public User getUser(@PathVariable Long userId) {
    // 从数据库中获取用户信息
    User user = userService.getUserById(userId);
    return user;
}

// 处理 POST 请求，创建新用户
@PostMapping("/")
public User createUser(@RequestBody User user) {
    // 在数据库中创建新用户
    User newUser = userService.createUser(user);
    return newUser;
}
```

路由请求：定义 API 端点后，配置路由，以确保请求能够正确路由到相应的端点。这通常在应用程序的主类中完成。示例代码如下：

```
@SpringBootApplication
public class MyApiApplication {
    public static void main(String[] args) {
        SpringApplication.run(MyApiApplication.class, args);
    }
}
```

8.1.3　数据库连接

许多 API 需要与数据库进行交互，以存储和检索数据。这一小节将介绍如何连接数据库，执行数据库查询，以及将数据传递给 API 端点。

选择数据库：根据项目需求选择合适的数据库系统，如关系型数据库（MySQL、PostgreSQL），或非关系型数据库（MongoDB）。

配置数据库连接：使用 Spring Data 等框架，配置数据库连接信息，包括数据库 URL、用户名、密码等。

数据库查询：使用 SQL 或其他数据库查询语言，执行查询功能或操作数据库。在 API 端点中，可以调用相应的服务来处理数据库操作。示例代码如下：

```
public User getUserById(Long userId) {
    String sql = "SELECT * FROM users WHERE id = ?";
    return jdbcTemplate.queryForObject(sql, new Object[]{userId}, new UserRowMapper());
}
```

数据传递：将数据库查询结果传递给 API 端点，以便返回给客户端。通常，可以将数据封装为对象并返回。示例代码如下：

```
@GetMapping("/{userId}")
public User getUser(@PathVariable Long userId) {
    // 从数据库中获取用户信息
    User user = userService.getUserById(userId);
    return user;
}
```

8.1.4　身份验证和授权

在 API 中，身份验证和授权是非常重要的，用于确保只有授权的用户可以访问某些端点。这一小节将讨论如何实现身份验证和授权机制。

用户注册和登录：创建用户账户系统，包括用户注册和登录功能。用户需要提供凭据以登录 API。

身份验证：实现身份验证机制，验证用户提供的凭据。这可以是用户名和密码、令牌或其他验证方式。用户登录示例代码如下：

```
@PostMapping("/login")
public ResponseEntity<String> login(@RequestBody LoginRequest loginRequest) {
    // 验证用户名和密码
    if (userService.isValidUser(loginRequest.getUsername(), loginRequest.getPassword())) {
        // 生成令牌并返回
        String token = tokenService.generateToken(loginRequest.getUsername());
        return ResponseEntity.ok(token);
    } else {
        return ResponseEntity.status(HttpStatus.UNAUTHORIZED).body("Invalid credentials");
    }
}
```

授权：确保授权的用户只能访问特定端点。使用角色、权限等来控制用户的访问权限。示例代码如下：

```
// 只允许管理员访问的端点
@PreAuthorize("hasRole('ROLE_ADMIN')")
@GetMapping("/admin")
public ResponseEntity<String> adminEndpoint() {
    return ResponseEntity.ok("Admin access granted.");
}
```

8.1.5　数据验证和处理错误

在 API 开发中，数据验证可以确保传入数据的有效性。另外，需要处理错误请求，以便返回错误信息。

数据验证：编写验证逻辑，确保传入的数据符合期望的格式和规范。示例代码如下：

```
public boolean isValidUser(String username, String password) {
    // 验证用户名和密码的有效性
    ...
}
```

处理错误：当出现错误请求时，返回错误信息和 HTTP 状态码。这有助于客户端了解相关问题。示例代码如下：

```
@PostMapping("/login")
public ResponseEntity<String> login(@RequestBody LoginRequest loginRequest) {
    if (userService.isValidUser(loginRequest.getUsername(), loginRequest.getPassword())) {
        // 登录成功
        ...
    } else {
        return ResponseEntity.status(HttpStatus.UNAUTHORIZED).body("Invalid credentials");
    }
}
```

8.2　博　客　应　用

本节将搭建一个简单的博客应用，其功能包括发布博客文章、评论，用户账户和身份验证。博客应用是一个常见的 Web 应用程序类型，它允许用户分享和讨论内容。

图 8.5 展示了博客应用中的三个主要实体：用户、博客文章和评论。用户可以发布博客文章，博客文章可以包含评论，用户也可以发表评论。这显示了用户、文章和评论之间的交互关系。

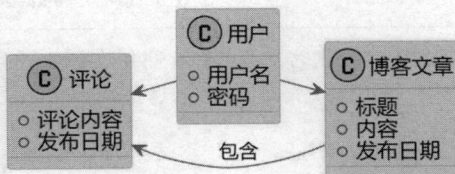

图 8.5　博客应用中的关系

8.2.1　博客文章发布

博客应用的核心是允许用户发布博客文章。这一小节将介绍如何创建博客文章发布功能。

创建博客文章页面：设计和实现博客文章发布页面，以便用户轻松地创建和发布博客文章。示例代码如下，运行结果如图 8.6 所示。

```html
<!DOCTYPE html>
<html>
<head>
    <title>发布博客文章</title>
</head>
<body>
    <h1>发布新博客文章</h1>
    <form action="/api/blog/posts" method="POST">
        <input type="text" name="title" placeholder="文章标题" required>
        <textarea name="content" placeholder="文章内容" required>
<button type="submit">发布</button>
    </form>
</body>
</html>
```

图 8.6　博客文章发布页面示例

处理博客文章发布请求：在后端，通过创建 API 端点来处理博客文章发布请求。这包括路由请求和将博客文章数据存储到数据库。示例代码如下，运行结果如图 8.7 所示。

```java
// 处理博客文章发布请求
@PostMapping("/api/blog/posts")
public ResponseEntity<String> createBlogPost(@RequestBody BlogPost post) {
    // 将博客文章数据存储到数据库
    BlogPost newPost = blogService.createBlogPost(post);
    return ResponseEntity.ok("博客文章已发布：" + newPost.getId());
}
```

id	create_by	create_by_name	create_time	title	content
1	10000001	zhangsan	2023-12-17 16:11:08	博客标题示例	博客内容示例

图 8.7　博客文章数据存储到数据库

8.2.2　评论功能

博客文章通常需要评论功能，以便读者对文章进行回应和讨论。这一小节将实现博客文章评论功能。

创建评论功能：设计和实现博客文章评论功能，允许读者对博客文章进行评论。示例代码如下，运行结果如图 8.8 所示。

```html
<!DOCTYPE html>
<html>
<head>
```

```
        <title>博客文章评论</title>
    </head>
    <body>
        <h1>发表评论</h1>
        <form action="/api/blog/posts/{postId}/comments" method="POST">
            <textarea name="comment" placeholder="你的评论" required>
        <form>
    </body>
</html>
```

图 8.8　评论页面示例

处理评论请求：在后端，通过创建 API 端点来处理评论请求。这包括路由请求、将评论数据存储到数据库，并将评论关联到相应的博客文章。示例代码如下，运行结果如图 8.9 所示。

```
// 处理评论请求
@PostMapping("/api/blog/posts/{postId}/comments")
public ResponseEntity<String> createComment(@PathVariable Long postId, @RequestBody Comment comment) {
    // 将评论数据存储到数据库，并关联到博客文章
    Comment newComment = blogService.createComment(postId, comment);
    return ResponseEntity.ok("评论已发布：" + newComment.getId());
}
```

id	create_by	create_by_name	create_time	blog_id	comments
1	10000002	lisi	2023-12-17 16:1	1	lisi评论zhangsan博客示例

图 8.9　评论数据存储到数据库

8.2.3　用户账户和身份验证

为了允许用户发布博客文章和评论，需要创建用户账户系统，并实现身份验证。这有助于确保只有授权用户可以执行这些操作。

用户账户注册：设计和实现用户账户注册功能，以便用户创建个人账户。示例代码如下，运行结果如图 8.10 所示。

```
<!DOCTYPE html>
<html>
<head>
    <title>用户注册</title>
</head>
<body>
    <h1>注册新用户</h1>
```

```html
<form action="/api/users/register" method="POST">
    <input type="text" name="username" placeholder="用户名" required>
    <input type="password" name="password" placeholder="密码" required>
    <button type="submit">注册</button>
</form>
</body>
</html>
```

注册新用户

用户名   密码   注册

图 8.10 注册页面示例

以下是一个用于处理用户注册请求的 Spring Boot 控制器方法示例代码。该方法接收来自前端的注册信息（通过 POST 请求），调用服务层将用户数据存储到数据库中，并返回注册成功的响应消息。

```java
// 用户注册请求处理
@PostMapping("/api/users/register")
public ResponseEntity<String> registerUser(@RequestBody User user) {
    // 将用户信息存储到数据库
    User newUser = userService.createUser(user);
    return ResponseEntity.ok("用户已注册: " + newUser.getUsername());
}
```

用户登录和身份验证：创建用户登录功能，允许用户登录并验证其身份。示例代码如下，运行结果如图 8.11 所示。

```html
<!DOCTYPE html>
<html>
<head>
    <title>用户登录</title>
</head>
<body>
    <h1>用户登录</h1>
    <form action="/api/users/login" method="POST">
        <input type="text" name="username" placeholder="用户名" required>
        <input type="password" name="password" placeholder="密码" required>
        <button type="submit">登录</button>
    </form>
</body>
</html>
```

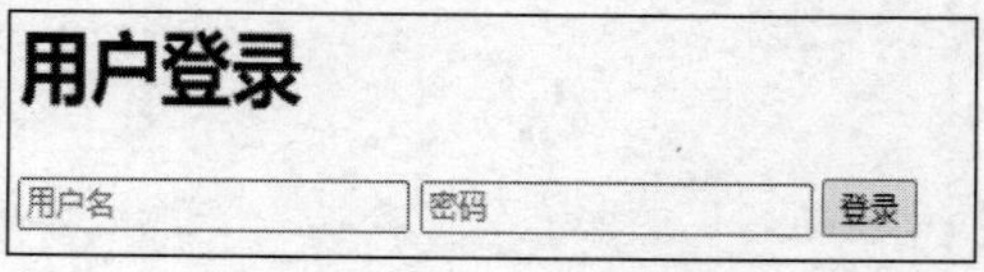

用户登录

用户名   密码   登录

图 8.11 登录页面示例

以下是一个用于处理用户登录请求的示例代码。该方法验证用户提供的用户名和密码，若验证通过则生成身份验证令牌并返回，否则返回未授权状态。

```
// 用户登录请求处理
@PostMapping("/api/users/login")
public ResponseEntity<String> loginUser(@RequestBody LoginRequest loginRequest) {
    // 验证用户名和密码
    if (userService.isValidUser(loginRequest.getUsername(), loginRequest.getPassword())) {
        // 生成身份验证令牌
        String token = tokenService.generateToken(loginRequest.getUsername());
        return ResponseEntity.ok(token);
    } else {
        return ResponseEntity.status(HttpStatus.UNAUTHORIZED).body("无效的凭据");
    }
}
```

这一小节详细讨论了如何创建一个博客应用，包括博客文章发布、评论功能以及用户账户和身份验证。这将提供一个完整的博客平台，允许用户创建和分享内容，与其他用户互动，并管理他们的账户。

8.3　论 坛 应 用

这一小节将创建一个论坛应用，允许用户创建主题、发布帖子和进行讨论。论坛应用是一个社交化的平台，用户可以在不同的主题下互相交流和分享。

图 8.12 描述了论坛应用中的用户、主题、帖子和评论之间的关系。用户可以创建主题，主题中包含多个帖子，帖子下可以有评论，用户还可以发表评论。这表明了论坛的结构和用户的参与方式。

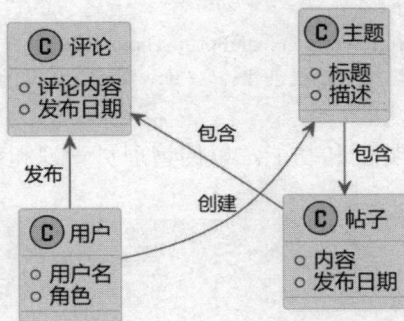

图 8.12　论坛应用中的关系

8.3.1　论坛主题

论坛应用的核心是不同的讨论主题。本节将介绍如何创建和管理论坛主题。

创建主题：设计和实现创建新主题的功能，让用户可以提出新的讨论主题。示例代码如下，运行结果如图 8.13 所示。

```
<!DOCTYPE html>
<html>
<head>
    <title>创建新主题</title>
</head>
<body>
    <h1>创建新讨论主题</h1>
    <form action="/api/forum/topics" method="POST">
        <input type="text" name="title" placeholder="主题标题" required>
        <textarea name="description" placeholder="主题描述" required>
<button type="submit">创建主题</button>
    </form>
</body>
</html>
```

图 8.13　创建主题页面示例

处理主题创建请求：在后端，通过创建 API 端点来处理主题创建请求。这包括路由请求和将主题数据存储到数据库。示例代码如下：

```
// 处理讨论主题创建请求
@PostMapping("/api/forum/topics")
public ResponseEntity<String> createForumTopic(@RequestBody ForumTopic topic) {
    // 将主题数据存储到数据库
    ForumTopic newTopic = forumService.createForumTopic(topic);
    return ResponseEntity.ok("讨论主题已创建：" + newTopic.getId());
}
```

管理讨论主题：创建对应界面和功能，以便管理员管理和编辑不同的讨论主题。示例代码如下：

```
<!DOCTYPE html>
<html>
<head>
    <title>管理讨论主题</title>
</head>
<body>
    <h1>管理讨论主题</h1>
    <!-- 列出所有主题并提供编辑和删除选项 -->
</body>
</html>
```

8.3.2　帖子发布和讨论

论坛应用中，用户可以在不同的主题下发布帖子和进行讨论。这一小节将实现帖子发布和讨论功能。

发布新帖子：设计和实现发布新帖子的功能，以便用户在不同的主题下发布自己的想法和问题。示例代码如下，运行结果如图 8.14 所示。

```html
<!DOCTYPE html>
<html>
<head>
    <title>发布新帖子</title>
</head>
<body>
    <h1>发布新帖子</h1>
    <form action="/api/forum/topics/{topicId}/posts" method="POST">
        <input type="text" name="title" placeholder="帖子标题" required>
        <textarea name="content" placeholder="帖子内容" required>
  <button type="submit">发布帖子</button>
    </form>
</body>
</html>
```

图 8.14　发布新贴子页面示例

帖子讨论：允许用户在帖子下面进行讨论和评论，这将建立活跃的社交互动。示例代码如下：

```html
<!DOCTYPE html>
<html>
<head>
    <title>帖子讨论</title>
</head>
<body>
    <h1>帖子讨论</h1>
    <!-- 显示帖子内容和评论，允许用户发表评论 -->
</body>
</html>
```

处理帖子发布和讨论请求：在后端，通过创建 API 端点来处理帖子发布和讨论请求。这包括路由请求和将帖子数据存储到数据库，以及管理评论。示例代码如下：

```
// 处理帖子发布请求
@PostMapping("/api/forum/topics/{topicId}/posts")
```

```
public ResponseEntity<String> createForumPost(@PathVariable Long topicId, @RequestBody ForumPost
post){
        // 将帖子数据存储到数据库
        ForumPost newPost = forumService.createForumPost(topicId, post);
        return ResponseEntity.ok("帖子已发布: " + newPost.getId());
    }
    // 处理帖子评论请求
    @PostMapping("/api/forum/posts/{postId}/comments")
    public ResponseEntity<String> createComment(@PathVariable Long postId, @RequestBody Comment
comment) {
        // 将评论数据存储到数据库, 并关联到帖子
        Comment newComment = forumService.createComment(postId, comment);
        return ResponseEntity.ok("评论已发布: " + newComment.getId());
    }
```

8.3.3 用户角色和权限

在论坛应用中, 用户角色和权限是重要的, 可以确保不同的用户具有不同的功能和访问权限。这一小节将实现用户角色和权限系统。

用户角色定义: 创建不同的用户角色, 如普通用户、管理员等, 以便区分用户的功能和权限。

权限控制: 使用角色和权限来控制用户的访问和操作, 确保用户只能执行其权限范围内的操作。示例代码如下:

```
@PreAuthorize("hasRole('ROLE_ADMIN') or (hasRole('ROLE_USER') and topic.author ==
authentication.principal.username)")
@PutMapping("/api/forum/topics/{topicId}")
public ResponseEntity<String> editForumTopic(@PathVariable Long topicId, @RequestBody ForumTopic
topic) {
        // 编辑讨论主题
        ...
    }
```

8.3.4 数据分析和社交功能

论坛应用可以收集大量数据, 用于分析用户互动和社交趋势。这一小节将讨论如何分析数据并添加社交功能。

数据分析: 使用前端工具和库来分析用户互动数据, 并生成报告和趋势分析。

社交功能: 增加社交功能, 如点赞、关注用户、私信等, 以提升用户互动和社交体验。

示例代码如下:

```
<!DOCTYPE html>
<html>
<head>
    <title>点赞和分享</title>
</head>
```

```html
<body>
    <h1>点赞和分享</h1>

    <!-- 帖子内容 -->
    <div class="post">
        <p>这是一条论坛帖子内容。</p>
        <button onclick="likePost()">点赞</button>
        <button onclick="sharePost()">分享</button>
        <button onclick="followUser()">关注作者</button>
        <button onclick="sendMessage()">私信</button>
    </div>

    <!-- 数据分析简化表示 -->
    <div class="analytics">
        <h2>互动分析</h2>
        <p>点赞数：<span id="likeCount">123</span></p>
        <p>评论数：45</p>
        <p>分享数：12</p>
    </div>

    <script>
        function likePost() {
            alert("你点赞了该帖子！");
            // 模拟点赞数更新
            let count = document.getElementById("likeCount");
            count.innerText = parseInt(count.innerText) + 1;
        }
        function sharePost() {
            alert("分享功能待实现");
        }
        function followUser() {
            alert("已关注该用户");
        }
        function sendMessage() {
            alert("进入私信窗口");
        }
    </script>
</body>
</html>
```

在这一小节中，已经详细讨论了如何创建一个论坛应用，包括主题创建、帖子发布、讨论、用户角色和权限控制、数据分析以及社交功能。这将为用户提供一个全功能的论坛平台，用户可以在不同的主题下进行讨论、发布帖子，并与其他用户互动。在接下来的章节中，将继续扩展和完善论坛应用，以创建功能更加丰富的 Web 应用程序。

8.4　电子邮件应用

本节将创建一个电子邮件应用，包括电子邮件发送、接收、组织和管理功能。电子邮件应用是现代商务通信中不可或缺的一部分，它将帮助构建一个高效的邮件通信系统。

图 8.15 描述了电子邮件的发送和接收流程。流程开始于发送邮件，经过邮件服务器处理，判断邮件是否发送成功。如果成功，则存储到发件箱；如果失败，则返回错误信息。此外，电子邮件应用还包括接收邮件及其分类和管理的过程。

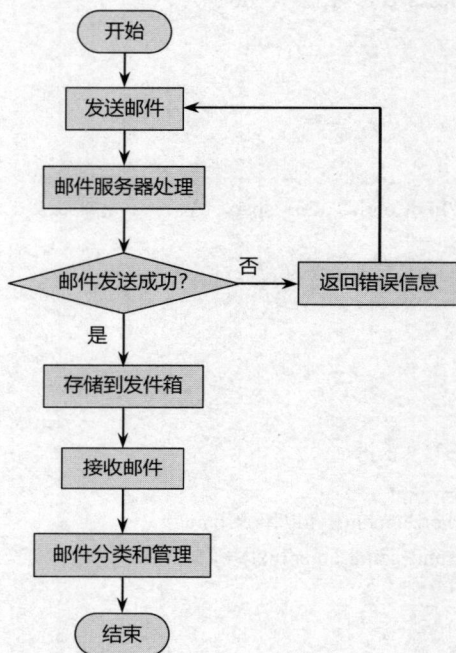

图 8.15　电子邮件的发送和接收流程

8.4.1　电子邮件发送

功能需求如下：

（1）用户能够登录到电子邮件应用程序。

（2）用户可以编写并发送电子邮件，包括收件人、主题和正文。

（3）用户可以添加附件，如文件和图像。

（4）发送电子邮件后，用户能够在"已发送"文件夹中查看已发送的邮件。

示例代码如下：

```
// Java Web Controller
@RequestMapping("/sendEmail")
public String sendEmail(@RequestParam String recipient, @RequestParam String subject, @RequestParam
String body, @RequestParam MultipartFile[] attachments) {
    // 处理发送电子邮件的逻辑
```

```
    // 将电子邮件信息存储在数据库
    // 附件处理
    return "emailSentConfirmation";
}
```

8.4.2 电子邮件接收

功能需求如下：

（1）电子邮件应用程序必须能够连接到邮件服务器以接收电子邮件。

（2）用户可以查看收件箱中的电子邮件，并从中选择邮件进行查看。

（3）电子邮件应用程序能够解析和呈现电子邮件内容。

（4）用户能够在邮件应用程序中查看附件。

示例代码如下：

```
// Java Web Controller
@RequestMapping("/inbox")
public String inbox(Model model) {
    // 连接到邮件服务器
    // 下载和解析电子邮件
    // 将电子邮件呈现在用户的收件箱中
    return "inbox";
}
```

8.4.3 电子邮件组织和管理

功能需求如下：

（1）用户能够创建文件夹来组织电子邮件，如收件箱、已发送邮件、草稿等。

（2）用户能够使用搜索和过滤功能来查找特定的电子邮件。

（3）用户可以将电子邮件标记为已读或未读，并将其移到不同的文件夹中。

（4）用户可以永久删除或将邮件移到垃圾邮件文件夹中。

示例代码如下：

```
// Java Web Controller
@RequestMapping("/organizeEmails")
public String organizeEmails(@RequestParam String folder, @RequestParam String action) {
    // 根据用户选择的操作，移动、删除或标记邮件
    // 更新邮件文件夹
    return "emailFolder";
}
```

8.4.4 电子邮件安全和身份验证

功能需求如下：

（1）用户必须登录以访问电子邮件应用程序。

（2）电子邮件应用程序必须实现用户身份验证和授权，以确保只有授权用户能够发送和接收邮件。

（3）电子邮件内容和连接必须加密以确保数据的隐私安全。

示例代码如下：

```java
// Java Web Security Configuration
@Configuration
public class EmailSecurityConfig extends WebSecurityConfigurerAdapter {
    @Override
    protected void configure(HttpSecurity http) throws Exception {
        http
            .authorizeRequests()
                .antMatchers("/inbox", "/sendEmail").authenticated()
            .and()
            .formLogin()
                .loginPage("/login")
                .permitAll()
            .and()
            .logout()
                .permitAll();
    }
}
```

8.4.5 电子邮件存储和备份

功能需求如下：

（1）电子邮件应用程序必须能够存储用户的电子邮件。

（2）用户可以访问存储的电子邮件，包括已发送的邮件、已删除的邮件和草稿。

（3）设置电子邮件备份策略，防止数据丢失。

示例代码如下：

```java
// Java Web Controller
@RequestMapping("/emailStorage")
public String emailStorage(@RequestParam String folder) {
    // 加载和呈现邮件存储内容
    return "emailStorage";
}
```

通过以上详细的功能需求分析和示例代码，能够构建一个全功能的电子邮件应用，满足用户的发送、接收、组织、管理电子邮件，确保电子邮件安全和存储等需求。

8.5 人事管理系统

本节将创建一个全功能的人事管理系统，用于有效地管理员工信息、薪酬、请假申请、招聘和绩效评估。人事管理系统对于企业和组织来说至关重要，有助于提高员工绩效和促进其职业发展。

图 8.16 展示了人事管理系统中员工与各个管理模块之间的关系。员工与薪酬、福利、请假、招聘和绩效模块相关联。

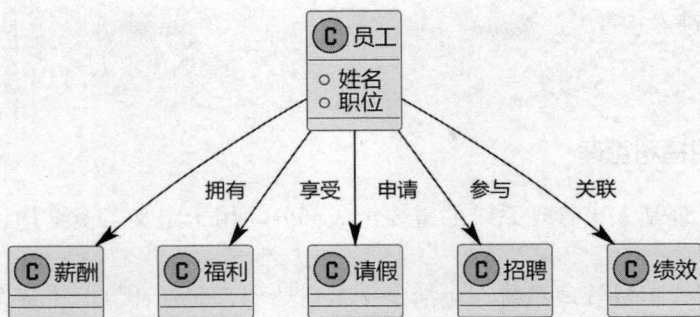

图 8.16　员工与各个管理模块之间的关系

8.5.1　员工信息管理

员工信息管理是人事管理系统的核心部分，用于记录和管理员工的个人信息、雇佣历史和联系信息。

员工档案：创建员工档案，包括姓名、出生日期、性别、国籍、联系信息等。示例代码如下：

```java
public class EmployeeProfile {
    private Long id;
    private String firstName;
    private String lastName;
    private Date dateOfBirth;
    private String gender;
    private String nationality;
    private ContactInfo contactInfo;
    ...

    public void updateContactInfo(ContactInfo newContactInfo) {
        this.contactInfo = newContactInfo;
        // 更新联系信息
    }
}
```

雇佣历史：跟踪员工的雇佣历史，包括入职时间、所处部门、职位变更和离职信息。示例代码如下：

```java
public class EmploymentHistory {
    private Long id;
    private Date hireDate;
    private Department department;
    private Position position;
    private Date terminationDate;
    ...

    public void updatePosition(Position newPosition) {
        this.position = newPosition;
```

```
        // 更新职位信息
    }
}
```

8.5.2   薪酬和福利管理

薪酬和福利管理是人事管理系统的重要组成部分，用于定义工资结构、薪资计算和管理员工福利。

工资管理：创建工资管理系统，包括定义工资结构、薪资计算、工资发放和统计税务信息。示例代码如下：

```java
public class Compensation {
    private Long id;
    private BigDecimal baseSalary;
    private BigDecimal bonuses;
    private BigDecimal deductions;
    private BigDecimal totalSalary;
    private TaxInfo taxInfo;
    ...

    public BigDecimal calculateTotalSalary() {
        // 计算总工资
    }
}
```

福利计划：管理员工福利，如医疗保险、退休计划、带薪假期等。示例代码如下：

```java
public class Benefits {
    private Long id;
    private InsurancePlan medicalInsurance;
    private RetirementPlan retirementPlan;
    private PaidTimeOff vacationDays;
    ...

    public void updateMedicalInsurance(InsurancePlan newPlan) {
        this.medicalInsurance = newPlan;
        // 更新医疗保险信息
    }
}
```

8.5.3   请假和考勤管理

请假和考勤管理是人事管理系统的关键功能，用于记录员工的出勤情况和处理请假请求。

考勤记录：记录员工的出勤和工作时间，以便计算工资、记录加班情况和考勤时间。示例代码如下：

```java
public class AttendanceRecord {
    private Long id;
    private Employee employee;
```

```
        private Date checkInTime;
        private Date checkOutTime;
        private AttendanceStatus status;
        ...

        public void updateAttendanceStatus(AttendanceStatus newStatus) {
            this.status = newStatus;
            // 更新考勤状态
        }
}
```

请假申请：允许员工提交请假申请，并能够审批和记录请假情况。示例代码如下：

```
public class LeaveRequest {
        private Long id;
        private Employee employee;
        private Date startDate;
        private Date endDate;
        private LeaveType leaveType;
        private LeaveStatus status;
        ...

        public void approveLeaveRequest() {
            this.status = LeaveStatus.APPROVED;
            // 批准请假申请
        }
}
```

8.5.4　招聘和人才管理

招聘和人才管理是人事管理系统的关键功能，用于发布职位、吸引候选人并管理招聘流程。

职位发布：发布职位招聘信息，包括职位描述、要求和薪资待遇。示例代码如下：

```
public class JobPosting {
        private Long id;
        private String title;
        private String description;
        private BigDecimal salaryRange;
        private JobRequirements requirements;
        ...

        public void updateJobDescription(String newDescription) {
            this.description = newDescription;
            // 更新职位描述
        }
}
```

候选人管理：管理候选人信息，包括简历、面试记录和聘用状态。示例代码如下：

```
public class Candidate {
        private Long id;
```

```java
    private String firstName;
    private String lastName;
    private ContactInfo contactInfo;
    private Resume resume;
    private InterviewRecord interviewRecord;
    private EmploymentStatus employmentStatus;
    ...

    public void updateEmploymentStatus(EmploymentStatus newStatus) {
        this.employmentStatus = newStatus;
        // 更新聘用状态
    }
}
```

8.5.5 绩效评估和发展

绩效评估和发展是人事管理系统的核心，用于评估员工绩效、设定目标和推动员工个人职业发展。

绩效评估：进行员工绩效评估，包括目标设定、自评和上级评价。示例代码如下：

```java
public class PerformanceReview {
    private Long id;
    private Employee employee;
    private Date reviewDate;
    private PerformanceGoals goals;
    private PerformanceFeedback feedback;
    ...

    public void provideFeedback(PerformanceFeedback newFeedback) {
        this.feedback = newFeedback;
        // 提供绩效反馈
    }
}
```

职业发展计划：帮助员工制订职业发展计划和培训计划，以推动其职业发展。示例代码如下：

```java
public class CareerDevelopmentPlan {
    private Long id;
    private Employee employee;
    private List<CareerGoal> goals;
    private TrainingPlan trainingPlan;
    ...

    public void updateTrainingPlan(Training

Plan newPlan) {
```

```
            this.trainingPlan = newPlan;
            // 更新培训计划
    }
}
```

这一小节已经详细讨论了如何创建一个全功能的人事管理系统，包括员工信息管理、薪酬和福利管理、请假和考勤管理、招聘和人才管理，以及绩效评估和发展。这将帮助企业更好地管理人力资源，提高员工绩效，以及满足法律和监管要求。

实验 8 创建简单的 API

实验目标

创建一个简单的后端 API，用于处理 GET 和 POST 请求，以演示数据的交互。

实验步骤

（1）创建项目：使用合适的 Java Web 框架（如 Spring Boot、JavaEE 等）创建一个新的 Java Web 项目。

（2）创建 API 端点：创建一个 API 端点，允许通过 GET 请求来获取数据，通过 POST 请求来创建新的数据。例如，可以创建一个端点/api/users，用于处理用户数据。

（3）编写 GET 方法：实现 GET 方法，以从数据库或内存中检索用户数据，并返回 JSON 格式的响应。示例代码如下：

```
@GetMapping("/api/users")
public ResponseEntity<List<User>> getUsers() {
    List<User> users = userService.getAllUsers();
    return ResponseEntity.ok(users);
}
```

（4）编写 POST 方法：实现 POST 方法，以接受新的用户数据，并将其添加到数据库或内存中。示例代码如下：

```
@PostMapping("/api/users")
public ResponseEntity<User> createUser(@RequestBody User user) {
    User newUser = userService.createUser(user);
    return ResponseEntity.created(URI.create("/api/users/" + newUser.getId())).body(newUser);
}
```

（5）测试 API：使用 API 测试工具（如 Postman）测试 API 端点，确保能够成功获取和创建用户数据。

实验问题

1. 在创建 API 时遇到了哪些挑战？如何解决它们？
2. 你认为 API 的安全性和性能有哪些重要考虑因素？

习　题　8

1. 解释 API 的概念，并举例说明 API 在后端项目中的作用。

2. 在后端项目中，什么是数据库集成？为什么数据库集成对于数据存储和检索非常重要？

3. 什么是用户身份验证？为什么在后端项目中用户身份验证很重要？列举一些常见的用户身份验证方法。

4. 为什么 API 文档在后端项目中至关重要？你会选择使用哪些工具来创建和维护 API 文档？

5. 单元测试和集成测试是什么？为什么在后端项目中编写测试是一个好的实践？

6. 后端项目是否需要处理用户密码的安全性？如果是，如何确保用户密码的安全存储和传输？

7. 解释 HTTP 请求方法（GET、POST、PUT、DELETE）的作用和用途。在后端项目中，如何选择这些请求方法？

8. 什么是跨域资源共享（Cross-Origin Resource Sharing，CORS）？为什么后端项目中需要考虑 CORS？

9. 后端项目是否需要使用缓存？如果是，如何实现缓存以提高性能？

10. 后端项目是否需要实现文件上传和下载功能？如果是，如何处理文件的存储和传输？

第 9 章　全栈项目目录

9.1　ToDo 应用

9.1.1　项目介绍

本项目是一个基于文心一言的 ToDo 应用，旨在提供一个简洁而高效的任务管理平台。该应用结合了文心一言的强大功能，使用户能够通过自然语言处理来管理任务，同时能为用户提供个性化的智能建议。

该应用适合所有希望通过技术手段提升个人或团队工作效率的用户，包括学生和项目团队。

1. 特点

（1）智能任务管理：结合文心一言进行自然语言处理，支持通过文本或语音输入任务。

（2）定制化建议：根据用户历史行为和偏好，文心一言提供个性化建议。

（3）跨平台使用：具有 Web 和移动端的兼容性，覆盖广泛用户群体。

（4）用户界面简洁：专注于核心功能，采用易于使用的界面设计。

2. 技术栈

（1）前端：使用 React 构建动态用户界面。

（2）后端：使用 Node.js 和 Express.js 提供应用后端服务。

（3）数据库：使用 MySQL 存储用户和任务数据。

（4）AI 集成：利用文心一言进行智能建议和自然语言处理。

（5）部署：使用 Docker 容器化，确保应用可在多种环境下快速部署。

3. 功能概览

（1）创建、编辑、删除任务。

（2）任务分类、优先级设置。

（3）智能提醒和通知。

（4）支持语音输入和自然语言处理。

（5）用户账户管理和数据同步。

9.1.2　技术栈选择

在本项目中，精心挑选了一系列的技术栈，以确保应用的性能、可靠性和可扩展性。下面是各个技术的选择及其理由。

1. 前端技术：React

（1）组件化架构：React 的组件化架构支持高效的前端开发，使 UI 可重用并易于维护。

（2）声明式编程：简化代码并提高其可读性和可维护性。

（3）虚拟 DOM：提高应用性能，尤其是在动态内容更新方面。

（4）广泛的生态系统：丰富的库和工具，如 Redux 进行状态管理，React Router 进行页面路由处理。

2．后端技术：Node.js 和 Express.js

（1）单一语言：JavaScript 在前后端的统一使用减少了上下文切换，便于团队协作。

（2）异步非阻塞 IO：Node.js 的这一特性适合处理大量并发请求，提高后端性能。

（3）Express.js：轻量级且灵活的 Web 应用框架，简化了路由和中间件的使用。

（4）强大的社区支持：丰富的开源库和工具，易于集成和扩展。

3．数据库技术：MySQL

（1）稳定性和成熟度：MySQL 是广泛使用的关系型数据库，经过了长时间的测试和优化。

（2）高性能：优秀的查询优化器和高速缓存系统，保证了快速的数据处理能力。

（3）灵活的事务处理：支持 ACID 事务，确保数据的一致性和可靠性。

（4）广泛的应用场景：适合各种大小和类型的应用，从小型网站到大型企业级应用都适用。

4．AI 集成：文心一言

（1）优秀的自然语言处理能力：文心一言提供的智能分析和处理能力，使任务输入、建议和自动化更加智能。

（2）易于集成：通过 API 接口，文心一言能够方便地集成到现有的 Web 应用。

（3）持续的迭代和改进：文心一言不断更新其模型，确保应用在智能处理方面保持先进水平。

5．部署技术：Docker

（1）一致性环境：Docker 容器提供了一致的运行环境，减少了跨环境运行时会产生的问题。

（2）便于扩展和维护：容器化使应用易于扩展到多服务器或云环境。

（3）快速部署：通过使用 Docker 容器，部署过程变得快速且可靠。

9.1.3 数据库设计与集成

在本项目中，数据库的设计至关重要，因为它直接影响到数据的存储、检索和整体应用性能。以下是对 MySQL 数据库的设计与集成策略的详细描述。

1．数据库设计

（1）用户表（User）。表 9-1 展示了数据库中用户表的结构设计，其中包括用户的基本信息，如用户 ID、用户名、密码散列值、电子邮箱以及账户的创建日期。UserID 作为主键并且自增，保证了每个用户的唯一标识。同时，用户名和电子邮箱字段被设置为唯一，以防止重复注册。

表 9-1　用户表（User）

字段名	数据类型	描述	约束
UserID	整型	用户 ID	主键，自增
Username	字符串	用户名	唯一
PasswordHash	字符串	密码散列值	—
Email	字符串	电子邮箱	唯一
CreationDate	日期时间	创建日期	—

描述：用户表存储用户的基本信息，包括用户名、密码（加密存储）和电子邮箱等。

（2）任务表（Task）。表 9-2 展示了数据库中任务表的结构设计，包括任务的基本信息，如任务 ID、关联的用户 ID、标题、描述、优先级、截止日期和状态。TaskID 作为主键并且自增，保证了每个任务的唯一标识。UserID 作为外键，用于将任务与创建它的用户关联起来。

表 9-2　任务表（Task）

字段名	数据类型	描述	约束
TaskID	整型	任务 ID	主键，自增
UserID	整型	用户 ID	外键，关联用户表
Title	字符串	标题	—
Description	文本	描述	—
Priority	整数	优先级	—
DueDate	日期时间	截止日期	—
Status	字符串	状态	—

描述：任务表存储用户的待办任务，包括标题、描述、优先级、截止日期和状态等。

（3）设置表（Setting）。表 9-3 展示了数据库中设置表的结构设计，包括设置 ID、关联的用户 ID、设置名称和设置值。SettingID 作为主键并且自增，确保了每个设置项的唯一标识。UserID 作为外键，可以与特定用户关联起来，这允许存储和检索用户的个性化设置信息。

表 9-3　设置表（Setting）

字段名	数据类型	描述	约束
SettingID	整型	设置 ID	主键，自增
UserID	整型	用户 ID	外键，关联用户表
SettingName	字符串	设置名称	—
SettingValue	文本	设置值	—

描述：设置表存储用户的个性化设置，如通知偏好等。

图 9.1 展示了用户表、任务表和设置表之间的关系，其中用户 ID 在用户表中作为主键，同时在任务表和设置表中作为外键。

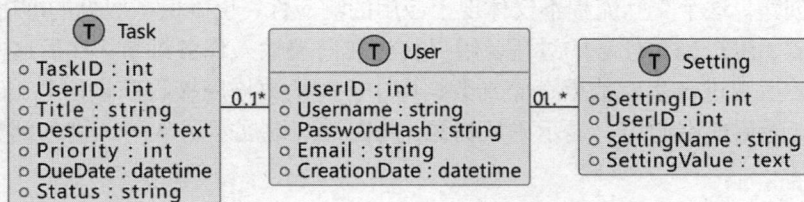

图 9.1　实体关系图

在 ToDo 应用中，用户与系统的交互主要通过 Web 界面进行。当用户访问应用时，他们可以通过这个界面输入各种数据，例如创建新任务或更新现有任务。用户输入的数据首先被前端界面捕获，然后通过后端服务传递到数据库进行存储和处理。一旦数据被数据库处理，相应的结果或反馈就会通过同样的路径返回给用户。这个过程不仅确保了数据的有效传输，也提高了用户体验，使他们可以实时看到操作结果。

数据流图如图 9.2 所示，展示了用户、Web 界面和数据库之间的数据流动过程。用户通过 Web 界面输入数据，该界面再将数据存储或检索到数据库中。数据库处理后，结果再通过 Web 界面反馈给用户。此图重点展示了数据在系统中的流动路径和处理过程。

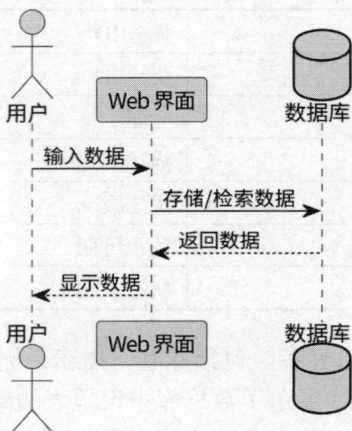

图 9.2　数据流图

2. 数据库集成

（1）ORM 框架：使用 Sequelize 或其他 ORM 框架实现数据库模型的定义和操作。ORM 框架可以简化数据库操作，同时提供数据库独立性。

（2）数据库连接：在 Node.js 应用中通过配置文件管理数据库连接信息，使用连接池技术优化性能。

（3）数据迁移和版本控制：采用数据迁移工具（如 Liquibase 或 Flyway）进行数据库的版本控制，确保数据库结构的一致性和可追踪性。

在用户创建任务的过程中，一系列的交互操作在前端、后端和数据库之间发生。首先，用户在前端界面上填写任务细节，如任务标题和截止日期。这些数据随后被前端发送到后端服务。后端服务处理这些数据，并将它们传递到数据库进行存储。一旦任务被成功保存，数据库向后端发送一个确认信息。后端进一步将这个确认信息传递给前端，最后前端展示给用户，通知他们任务已成功创建。这个交互流程不仅体现了应用的响应性，也确保了数据的准确性和完整性。

图 9.3 展示了用户创建任务的过程。用户首先在前端输入任务细节，然后这些数据通过前端发送到后端。后端进一步将数据存储到数据库中，并从数据库接收确认信息。确认信息通过后端返回前端，最后前端向用户显示确认信息。此图详细地展示了从用户输入到数据存储的整个交互过程。

3. 安全性考虑

（1）数据加密：敏感数据（如密码）在存储前应进行加密处理。

（2）SQL 注入防护：使用 ORM 框架或参数化查询避免 SQL 注入攻击。

（3）访问控制：确保只有授权的用户可以访问或者修改他们自己的数据。

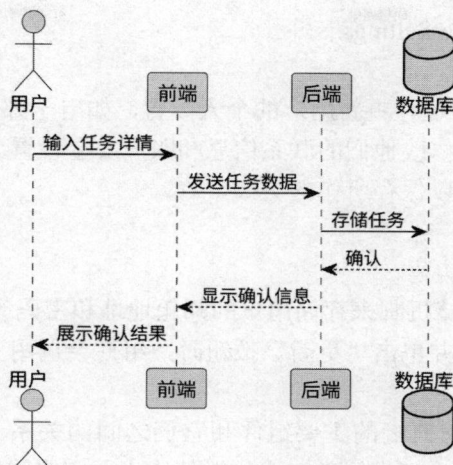

图 9.3　用户创建任务的过程

通过这些设计和集成策略，确保了数据库的高效运行和数据的安全性。接下来将进一步探讨前端和后端开发的具体细节，包括与数据库交互的接口和功能的实现。

9.1.4　前端开发

本小节将详细介绍 ToDo 应用的前端开发，通过完整的示例代码来阐述界面设计、功能实现以及与后端的交互。

1. 主要前端组件

（1）任务列表组件（TaskList.js）。

功能如下：

1）TaskList.js 是应用的主界面，负责显示用户的所有待办任务。

2）展示每个任务的标题、截止日期和优先级。

3）提供添加新任务、编辑现有任务和删除任务的功能。

结构如下：

1）使用 React 框架构建。

2）通过映射 tasks 数组来动态渲染每个任务项。

3）每个任务项都有与之关联的"编辑"和"删除"按钮，允许用户进行相应的操作。

（2）任务详情组件（TaskDetail.js）。

功能如下：

1）TaskDetail.js 允许用户查看和编辑单个任务的详细信息。

2）用户可以在这里修改任务的标题、描述和截止日期。

3）提供了一个"保存"按钮，用于保存对任务所作的更改。

结构如下：

1）同样使用 React 框架。

2）利用 React 的状态存储机制来存储和管理任务的标题、描述和截止日期。

3）当用户更改这些信息并单击"保存"时，更新会反映在应用的状态中，并可能发送到后端服务器以持久化更改。

（3）用户设置组件（UserSettings.js）。

功能如下：

1）UserSettings.js 用于管理和更新用户的个人设置，如电子邮件地址和密码。

2）用户可以在这个页面修改他们的联系信息和账户安全设置。

3）提供了"更新"按钮以保存所作的更改。

结构如下：

1）同样基于 React 框架构建。

2）使用 React 的状态存储机制来存储用户的邮箱地址和密码等信息。

3）当用户修改这些信息并单击"更新"按钮时，组件会调用更新函数，可能会与后端交互以保存更改。

图 9.4 展示了 ToDo 应用前端的主要组件和它们之间的关系。图中包括了 TaskList.js、TaskDetail.js、和 UserSettings.js 三个组件。这些组件构成了应用的核心部分，展示了用户如何通过这些界面与应用进行互动。此图有助于理解各组件的功能和它们在整个前端应用中各自所处的位置。

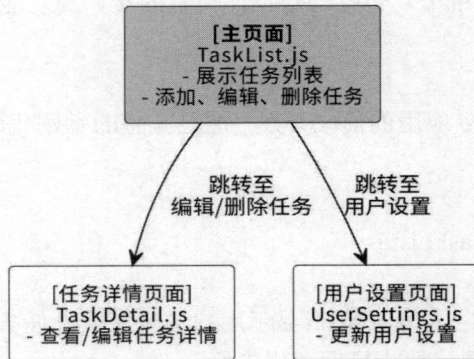

图 9.4　组件结构

2. 界面设计与代码实现

（1）主界面（TaskList.js）。

1）显示任务列表，包括标题、截止日期和优先级标记。

2）提供添加、编辑、删除任务的功能。

3）用户可以在这里更新任务信息并保存更改。

用户交互流程：

1）访问任务详情：用户可以通过单击任务列表中的任务项来访问该任务的详细页面。

2）编辑任务：在任务详情页面，用户可以编辑任务的标题、描述和截止日期。

3）保存更改：编辑完成后，用户可以单击"保存"按钮来更新任务信息。

主界面示例代码如下：

```
import React from 'react';

function TaskList({ tasks, onDelete, onEdit }) {
  return (
```

```
    <div className="task-list">
      {tasks.map(task => (
        <div className="task-item" key={task.id}>
          <h3>{task.title}</h3>
          <p>Due：{task.dueDate.toLocaleDateString()}</p>
          <button onClick={() => onEdit(task)}>Edit</button>
          <button onClick={() => onDelete(task.id)}>Delete</button>
        </div>
      ))}
    </div>
  );
}


export default TaskList;
```

（2）任务详情页面（TaskDetail.js）。

1）显示和编辑任务的详细信息，如标题、描述、截止日期。

2）用户可以在这里更新任务信息并保存更改。

用户交互流程：

1）访问任务详情：用户可以通过单击任务列表中的任务项来访问该任务的详细页面。

2）编辑任务：在任务详情页面，用户可以编辑任务的标题、描述和截止日期。

3）保存更改：编辑完成后，用户可以单击"保存"按钮来更新任务信息。

任务详情页面示例代码如下：

```
import React, { useState } from 'react';

function TaskDetail({ task, onSave }) {
  const [title, setTitle] = useState(task.title);
  const [description, setDescription] = useState(task.description);
  const [dueDate, setDueDate] = useState(task.dueDate);

  const handleSave = () => {
    onSave({ ...task, title, description, dueDate });
  };

  return (
    <div className="task-detail">
      <input type="text" value={title} onChange={e => setTitle(e.target.value)} />
      <textarea value={description} onChange={e => setDescription(e.target.value)}></textarea>
      <input type="date" value={dueDate} onChange={e => setDueDate(e.target.value)} />
      <button onClick={handleSave}>Save</button>
    </div>
  );
}


export default TaskDetail;
```

（3）用户设置界面（UserSettings.js）。

1）用户可以更改个人信息、密码和通知设置。

2）用户还可以在此页面调整通知设置。

用户交互流程：

1）进入设置页面：用户可以从应用的主菜单或导航栏访问设置页面。

2）修改设置：在设置页面，用户可以更改邮箱地址、密码和其他个人偏好设置。

3）更新设置：更改完成后，用户可以单击"更新"按钮来保存新的设置。

用户调置界面示例代码如下：

```
import React, { useState } from 'react';

function UserSettings({ user, onUpdate }) {
  const [email, setEmail] = useState(user.email);
  const [password, setPassword] = useState('');

  const handleUpdate = () => {
    onUpdate({ ...user, email, password });
  };

  return (
    <div className="user-settings">
      <input type="email" value={email} onChange={e => setEmail(e.target.value)} />
      <input type="password" value={password} onChange={e => setPassword(e.target.value)} />
      <button onClick={handleUpdate}>Update</button>
    </div>
  );
}

export default UserSettings;
```

图 9.5 描述了用户如何在应用的不同页面之间导航。在主界面（由 TaskList.js 表示），用户可以执行编辑或删除任务的操作，或者跳转到用户设置界面（由 UserSettings.js 表示）。此图清晰地展示了应用中的导航路径和页面之间的关联。

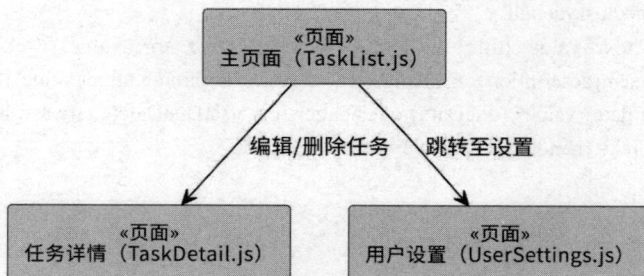

图 9.5 用户界面导航

3．功能实现与示例代码

（1）React 组件：构建可复用的 UI 组件。

（2）状态管理：使用 Redux 或 Context API。

示例代码如下：

```
import React, { useReducer } from 'react';
import TaskList from './TaskList';
import TaskDetail from './TaskDetail';

const initialState = { tasks：[] };

function reducer(state, action) {
  switch (action.type) {
    case 'ADD_TASK':
      return { ...state, tasks:[...state.tasks, action.payload] };
    // 其他 action 处理
    default:
      return state;
  }
}

function App() {
  const [state, dispatch] = useReducer(reducer, initialState);

  const addTask = task => {
    dispatch({ type:'ADD_TASK', payload：task });
  };

  // 更多函数和组件逻辑

  return (
    <div>
      <TaskList tasks={state.tasks} onAdd={addTask} />
      {/* 其他组件 */}
    </div>
  );
}

export default App;
```

通过这些示例代码，能够构建一个功能丰富、用户友好的前端界面。下一节将讨论后端开发的详细内容，包括如何处理前端发来的请求和如何进行数据交互。

9.1.5　ToDo 应用后端开发

本小节将讨论如何开发 ToDo 应用的后端部分。后端是负责处理数据存储、认证、授权和提供 API 的核心部分。将使用 Node.js 和 Express.js 来构建后端服务器，并与数据库集成以存储和检索任务数据。

1. API 请求流程

（1）用户动作触发：用户在前端界面上执行操作，如添加、编辑或删除任务。

（2）发送请求：根据用户的操作，前端组件构建并发送相应的 API 请求到后端。这些请求可能包括任务的信息（如标题、描述、截止日期）。

（3）请求处理：后端接收到请求后，根据请求类型（如 GET、POST、PUT、DELETE）执行相应的逻辑。

2. 后端响应流程

（1）处理数据：后端处理来自前端的请求，执行数据库操作，如添加新任务、更新任务详情或删除任务。

（2）生成响应：一旦后端完成数据处理，会生成一个响应，包含请求的结果，如操作成功后的确认或更新后的任务信息。

（3）回传响应：后端将这个响应发送给前端。

3. 前端响应处理

（1）接收响应：前端接收来自后端的响应，并根据响应内容更新界面。例如，如果是新任务的添加请求，则前端可能会在任务列表中显示新添加的任务。

（2）用户界面更新：前端根据后端的响应更新用户界面，以反映最新的数据状态，如显示新任务或更新的任务详情。

图 9.6 说明了用户如何与前端界面互动（添加、编辑、删除任务等），以及前端如何向后端发送 API 请求，并接收响应。此图展示了数据从用户动作到前端处理，再到后端处理，以及最后回传给用户界面的完整流程，有助于理解前端和后端之间的数据交互和通信机制。

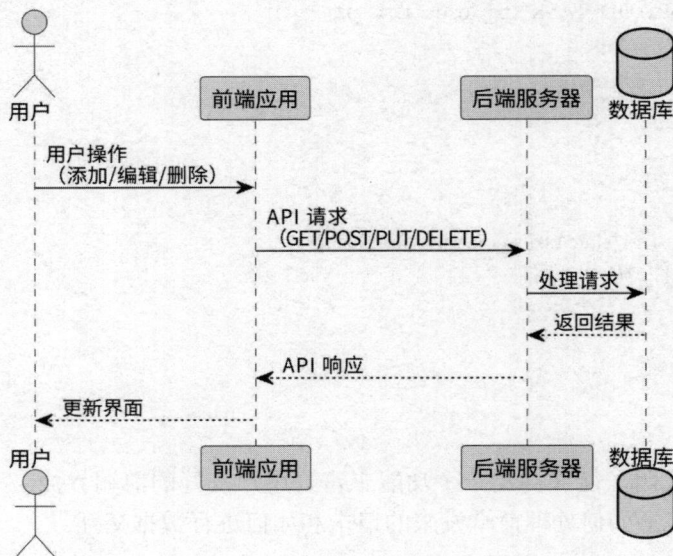

图 9.6　前后端界面交互流程

以下是开发 ToDo 应用后端的关键步骤以及基本的示例代码。

（1）创建后端项目结构。创建一个后端项目的基本结构，包括目录结构和文件。项目结构示例如图 9.7 所示。

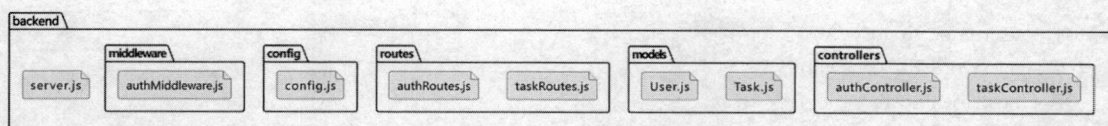

图 9.7 项目结构

图 9.8 通过直观的方式展示了 ToDo 应用后端部分的组织结构和组件间的交互关系。在这个架构中，server.js 作为应用的入口点，起着初始化控制器和路由的关键作用。控制器与模型之间的交互展示了后端如何处理业务逻辑，同时与数据库模型相互作用。路由组件负责处理不同的 API 请求，并且应用了中间件进行额外的处理，如认证和安全性控制。配置文件则在整个应用中发挥着配置控制器和中间件行为的作用。此图为读者提供了一个清晰的视图，展示了后端的不同组件是如何一起工作的，从而使整个后端系统的运作方式更易于理解。

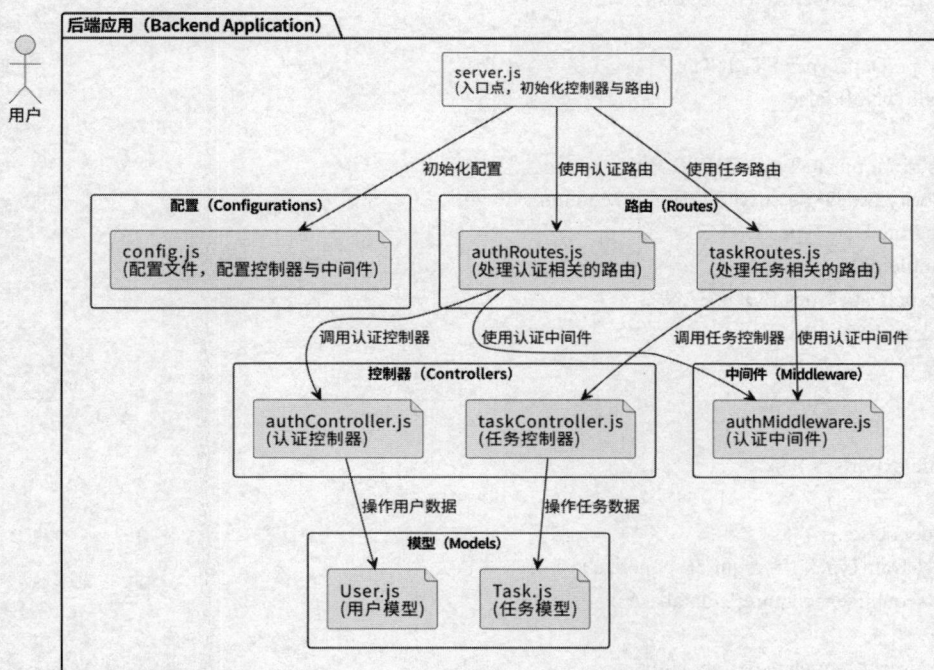

图 9.8 后端架构

（2）安装依赖项。在后端项目目录中，使用 npm 或 yarn 安装必要的依赖项，包括 Express.js、Sequelize、Passport.js（用于认证）、jsonwebtoken（用于生成和验证 JWT，JWT 是一种开放标准）等。安装命令如下：

```
npm install express sequelize mysql2 passport passport-jwt jsonwebtoken
```

（3）创建数据库连接。在 config/config.js 文件中配置数据库连接信息，包括数据库名称、用户名、密码等。示例代码如下：

```
// config/config.js
module.exports = {
  development:{
    database:'todo_db',
```

```
    username:'db_user',
    password:'db_password',
    host:'localhost',
    dialect:'mysql',
  },
  // 其他环境配置
};
```

（4）创建数据库模型。示例代码如下：

```
// models/Task.js
const { DataTypes } = require('sequelize');
const sequelize = require('../database');

const Task = sequelize.define('Task', {
  title:{
    type:DataTypes.STRING,
    allowNull:false,
  },
  description:DataTypes.TEXT,
  priority:DataTypes.ENUM('High', 'Medium', 'Low'),
  deadline:DataTypes.DATE,
  completed:{
    type:DataTypes.BOOLEAN,
    defaultValue:false,
  },
});

module.exports = Task;

// models/User.js
const { DataTypes } = require('sequelize');
const sequelize = require('../database');

const User = sequelize.define('User', {
  username:{
    type:DataTypes.STRING,
    unique:true,
    allowNull:false,
  },
  password:{
    type:DataTypes.STRING,
    allowNull:false,
  },
});

module.exports = User;
```

使用 Sequelize 创建数据库模型，分别用于创建任务和用户数据。定义模型的字段和关联关系，然后执行数据库迁移以创建表格。

（5）创建路由。在 routes/taskRoutes.js 和 routes/authRoutes.js 中创建路由，用于处理任务和用户认证相关的请求，定义路由和控制器之间的映射。示例代码如下：

```
// routes/taskRoutes.js
const express = require('express');
const router = express.Router();
const taskController = require('../controllers/taskController');
const authMiddleware = require('../middleware/authMiddleware');

// 定义任务路由
```

图 9.9 提供了一个视觉化的表示，展示了后端应用中的控制器和模型之间的交互关系。它特别强调了控制器（如 taskController.js 和 authController.js）如何使用对应的模型（Task.js 和 User.js），以及这些模型如何与数据库进行交互。通过这个图表，可以清晰地看到后端逻辑是如何管理和操作数据库数据的，以及数据模型在这个过程中扮演的关键角色。这种表示方式有助于理解后端应用的数据处理流程，特别是在处理复杂的数据操作和数据库交互时。

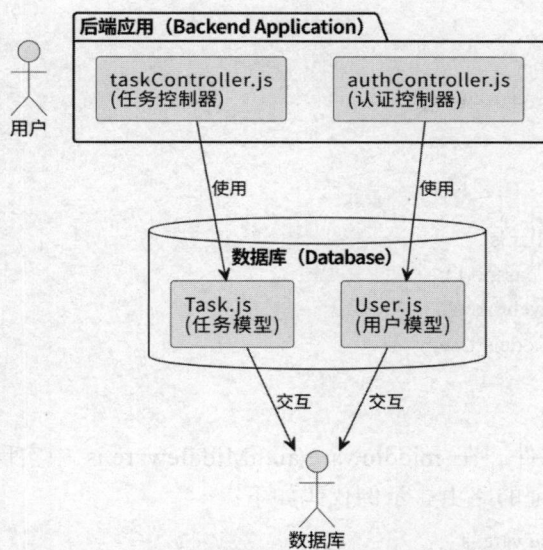

图 9.9　控制器与模型之间的交互关系

示例代码如下：

```
// routes/authRoutes.js
const express = require('express');
const router = express.Router();
const authController = require('../controllers/authController');
const passport = require('passport');

// 定义认证路由
```

图 9.10 提供了一个清晰的视觉表示，展示了 ToDo 应用后端中不同 API 路由的处理流程。它区分了两个主要的路由类别：任务路由和认证路由。对于任务路由，图中描述了用户可以执

行的操作序列，如添加任务、编辑任务、删除任务，最后查看任务。对于认证路由，图中展示了用户注册、登录，以及随后的认证过程。这种视觉化的布局有助于快速理解后端 API 的功能划分和用户请求的处理流程。通过此图，读者能够更好地理解和规划后端的 API 结构，以及每个路由的职责。

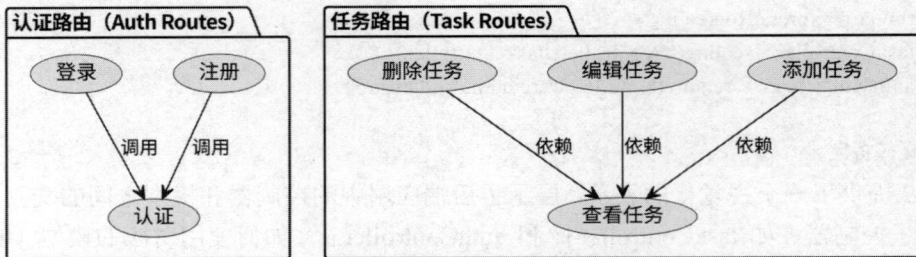

图 9.10　API 路由的处理流程

（6）创建控制器。在 controllers/taskController.js 和 controllers/authController.js 中创建控制器，用于处理任务和用户认证相关的逻辑。在控制器中编写路由处理函数，处理来自路由的请求。示例代码如下：

```
// controllers/taskController.js
const Task = require('../models/Task');

// 定义任务控制器函数

// controllers/authController.js
const passport = require('passport');
const jwt = require('jsonwebtoken');
const User = require('../models/User');

// 定义认证控制器函数
```

（7）实现认证中间件。在 middleware/authMiddleware.js 中实现认证中间件，用于验证 JWT 令牌并保护需要认证的路由。示例代码如下：

```
// middleware/authMiddleware.js
const passport = require('passport');
const { Strategy, ExtractJwt } = require('passport-jwt');
const { secret } = require('../config/config');

passport.use(new Strategy({
  jwtFromRequest:ExtractJwt.fromAuthHeaderAsBearerToken(),
  secretOrKey:secret,
}, (payload, done) => {
  // 验证用户并调用 done 回调
}));

module.exports = passport.authenticate('jwt', { session:false });
```

（8）创建 Express 应用。在 server.js 文件中创建 Express 应用，配置中间件、路由和错误处理程序。示例代码如下：

```
// server.js
const express = require('express');
const bodyParser = require('body-parser');
const passport = require('passport');
const taskRoutes = require('./routes/taskRoutes');
const authRoutes = require('./routes/authRoutes');

const app = express();

// 配置中间件
app.use(bodyParser.json());
app.use(passport.initialize());

// 配置路由
app.use('/api/tasks', taskRoutes);
app.use('/api/auth', authRoutes);

// 配置错误处理程序

const port = process.env.PORT || 3000;
app.listen(port, () => {
    console.log(`Server is running on port ${port}`);
});
```

9.1.6　ToDo 应用用户认证与授权

在 ToDo 应用中，用户认证和授权是非常重要的部分，它们用于验证用户身份并限制用户对资源的访问。本小节将重点讨论如何实现用户认证和授权。

用户认证（Authentication）是验证用户身份的过程，确保用户是其声称的用户。常见的用户认证方法包括用户名和密码认证、社交登录（例如，使用 Google 或 Facebook 账号登录）、单点登录（SSO）等。在 ToDo 应用中，将使用用户名和密码认证作为示例。

图 9.11 提供了一个清晰的视觉框架，展示了在 ToDo 应用中用户认证的整个流程。图中从用户在前端应用输入凭据（用户名和密码）开始，一直到后端服务器对这些凭据的验证和响应。在验证过程中，后端与数据库进行交互，以确认用户凭据的有效性。认证成功时，后端会生成并返回一个 JWT 给前端，而认证失败则返回错误消息。此图有效地描述了认证的每个关键步骤，使用户登录和身份验证的流程更加直观和易懂。

用户授权（Authorization）是确定用户是否有权限执行特定操作的过程。用户在成功认证后，需要根据角色和权限来控制其对任务的访问权限。例如，某些用户可能只能查看任务，而其他用户可能具有创建、编辑和删除任务的权限。

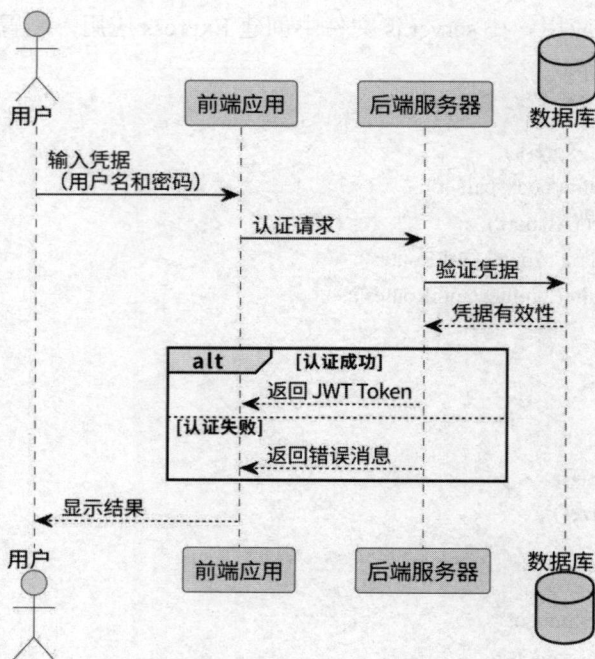

图 9.11　用户认证时序

图 9.12 提供了一个清晰的视觉化说明，展示了在 ToDo 应用中用户请求受保护资源的完整过程。图中详细描述了从用户发起请求开始，经过前端应用提交带有 JWT 的请求，到后端服务器进行 JWT 验证的过程。在 JWT 有效的情况下，后端进一步检查用户的角色和权限，决定是否授予对资源的访问权限。如果用户拥有相应权限，则后端将授权访问，前端随后向用户显示资源；如果用户没有足够权限，则将显示访问拒绝的信息。此外，如果 JWT 无效，则后端会返回认证错误，前端可能将用户重定向到登录页面。此图有助于理解应用中的权限控制机制，尤其是处理不同权限用户的访问请求。

以下是实现用户认证和授权的关键步骤。

用户注册和登录：

（1）创建注册页面和登录页面，收集用户的用户名和密码。

（2）在后端实现注册和登录路由，并验证用户提供的凭据。

（3）使用加密算法（如 Bcrypt）对用户密码进行加密存储，注要不要明文存储密码。

生成和验证 JWT 令牌：

（1）在用户登录成功后，服务器生成一个 JWT 并将其发送回客户端。

（2）JWT 包含用户的身份信息和有效期限。用户在之后的请求中将其包含在请求头中。

（3）后端验证请求中的 JWT 令牌，确保它是有效的，并解码其中的信息以确定用户身份。

路由保护和权限控制：

（1）在需要保护的路由上使用认证中间件，以确保只有认证的用户才可以访问。

（2）实现角色和权限系统，根据用户的角色来控制其对资源的访问权限。

（3）在路由处理函数中检查用户的角色和权限，并决定是否允许执行特定的操作。

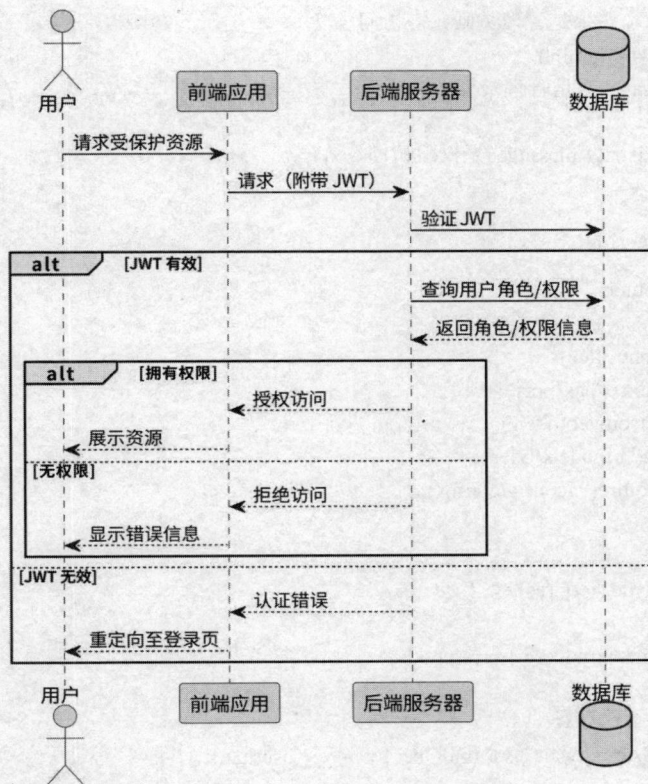

图 9.12　用户授权时序

以下示例代码展示了如何在 Express.js 中实现用户认证和授权的部分功能。

```javascript
// routes/authRoutes.js
const express = require('express');
const router = express.Router();
const authController = require('../controllers/authController');
const passport = require('passport');

// 用户注册
router.post('/register', authController.register);

// 用户登录
router.post('/login', authController.login);

// 保护的路由，需要用户认证
router.get('/protected', passport.authenticate('jwt', { session： false }), (req, res) => {
  // 这里可以执行需要认证的操作
  res.json({ message:'这是一个受保护的资源。' });
});

// 仅允许管理员访问的路由
router.get('/admin', passport.authenticate('jwt', { session： false }), (req, res) => {
```

```javascript
    // 检查用户角色，如果是管理员则允许访问
    if (req.user.role === 'admin') {
      res.json({ message:'这是管理员资源。' });
    } else {
      res.status(403).json({ message:'无权限访问。' });
    }
});

module.exports = router;

// controllers/authController.js
const passport = require('passport');
const jwt = require('jsonwebtoken');
const User = require('../models/User');
const { secret } = require('../config/config');

// 用户注册
exports.register = async (req, res) => {
  try {
    const { username, password } = req.body;

    // 检查用户是否已存在
    const existingUser = await User.findOne({ where:{ username } });
    if (existingUser) {
      return res.status(400).json({ message:'用户名已存在。' });
    }

    // 创建新用户
    const newUser = await User.create({ username, password });

    // 生成 JWT 令牌
    const token = jwt.sign({ id:newUser.id, username: newUser.username }, secret);

    res.json({ token });
  } catch (error) {
    console.error(error);
    res.status(500).json({ message:'注册失败。' });
  }
};

// 用户登录
exports.login = (req, res, next) => {
  passport.authenticate('local', { session:false }, (err, user) => {
    if (err || !user) {
      return res.status(401).json({ message: '认证失败。' });
    }
```

```
    req.login(user, { session:false }, (err) => {
      if (err) {
        res.status(500).json({ message:'登录失败。' });
      }

      // 生成 JWT 令牌
      const token = jwt.sign({ id:user.id, username:user.username }, secret);
      return res.json({ token });
    });
  })(req, res, next);
};
```

上述示例代码包括用户注册、用户登录以及保护路由功能的实现。可以根据具体的需求和业务逻辑来进一步完善和扩展用户认证和授权功能。同时，确保在实际应用中遵循最佳实践和安全性原则，保护用户数据和应用程序。

9.1.7　ToDo 应用测试与部署

在完成 ToDo 应用的开发后，接下来的步骤是进行测试和部署，以确保应用程序的稳定性和可用性。本小节将介绍测试和部署 ToDo 应用的关键步骤。

（1）测试：是确保应用程序按预期运行的关键。测试可以分为单元测试、集成测试和端到端测试等不同的层次。单元测试用于测试应用程序的各个组件，集成测试用于测试组件之间的交互，端到端测试则模拟用户的实际操作。图 9.13 展示了 ToDo 应用的完整测试流程。以下是进行测试的关键步骤：

1）编写测试用例：根据应用程序的功能编写测试用例，覆盖各种情况和边界条件。使用测试框架（如 Jest、Mocha、Chai 等）来编写和运行测试用例。

2）执行单元测试：对单个组件或函数进行单元测试，确保其功能正常。使用模拟数据或桩（stubs）来隔离依赖项，确保测试的独立性。

3）执行集成测试：测试组件之间的集成，确保它们协同工作。测试用户界面和后端之间的集成。

4）执行端到端测试：使用自动化测试工具（如 Selenium、Cypress 等）模拟用户操作，测试整个应用程序的工作流程。测试用户界面和用户体验。

5）进行性能测试：测试应用程序的性能，包括响应时间、负载测试等。优化性能可提高应用程序的效率。

6）修复问题和回归测试：如果发现问题，及时修复并重新进行测试。确保修复问题后不会引入新的问题，进行回归测试。

（2）部署：是将应用程序发布到生产环境的过程。部署包括将应用程序的代码、配置和资源上传到生产服务器，然后确保应用程序在生产环境中运行稳定。图 9.14 展示了 ToDo 应用的部署流程。以下是进行部署的关键步骤：

1）准备生产环境：配置生产服务器，包括操作系统、数据库、Web 服务器等。设置环境变量，存储敏感信息（如数据库密码）。

2）打包应用程序：将应用程序的代码和依赖项打包成可部署的版本。使用工具（如 Webpack、Parcel 等）进行打包。

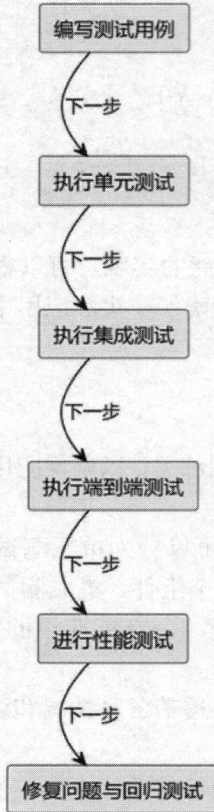

图 9.13　测试流程

图 9.14　部署流程

3）配置数据库和存储：配置生产数据库，并导入开发环境中的数据。设置静态资源存储（如图片、文件等）。

4）配置 Web 服务器：配置 Web 服务器（如 Nginx、Apache 等），设置反向代理、SSL 证书等。配置路由规则，将请求转发到应用程序。

5）部署应用程序：将打包后的应用程序上传到生产服务器。安装依赖项，并执行数据库迁移和种子数据导入。

6）部署应用程序、启动和监控：启动应用程序并监视日志，确保没有错误。设置应用程序自动重启策略。

7）维护和更新：持续使用监测工具（如 New Relic、Sentry）跟踪应用性能并及时处理错误。定期备份数据库与资源，并根据需要执行滚动更新以确保服务不中断。同时，结合负载均衡与自动扩展机制，提升系统弹性与扩展能力。

以上是进行测试和部署的关键步骤。在实际项目中，要遵循最佳实践和安全性原则，以确保应用程序在生产环境中能够稳定运行。同时，监测应用程序的性能和异常，及时采取措施来解决问题。

9.2　聊　天　应　用

本节将介绍一个基于实时通信的聊天应用项目的概述。该聊天应用旨在使用现代 Web 技术构建一个能够支持实时聊天的应用程序。

9.2.1　项目概述

随着互联网的普及，聊天应用已成为人们日常生活中不可或缺的一部分。人们使用聊天应用来进行即时通信，发送消息、图片和文件。在工作场景中，聊天应用也被广泛用于团队协作和沟通。

1. 项目目标

本聊天应用项目的主要目标如下：

（1）实时通信：提供实时聊天功能，允许用户之间进行即时消息传递。

（2）多用户支持：支持多个用户注册和登录，以便他们加入聊天。

（3）消息存储：存储用户的聊天消息，以便用户查看历史消息。

（4）用户身份验证：实施用户身份验证机制，确保只有授权用户可以使用聊天功能。

（5）界面友好：提供直观的用户界面，以便用户轻松使用聊天功能。

（6）部署和性能：部署应用程序到生产环境，并进行性能优化，以确保应用程序的高可用性，并能进行快速响应。

2. 技术栈

在实现这个项目时，将使用以下关键技术：

（1）前端开发：使用 HTML、CSS 和 JavaScript 构建用户界面，使用 WebSocket 或其他实时通信技术来实现实时聊天。

（2）后端开发：使用 Node.js、Express.js 或其他后端框架构建服务器，处理用户身份验证、聊天消息存储和实时通信。

（3）实时通信技术：使用 WebSocket、Socket.IO 或其他实时通信库来实现实时聊天功能。

（4）数据库：使用数据库（如 MongoDB、MySQL、PostgreSQL 等）来存储用户数据和聊天消息。

（5）用户身份验证：使用 JWT 或其他身份验证机制来确保用户安全登录。

（6）部署：部署应用程序到云主机、容器（如 Docker）或服务器，使用 Nginx 或其他 Web 服务器进行反向代理。

通过以上技术栈的使用，将构建出一个功能全面的聊天应用，满足用户的实时通信需求。

接下来将深入讨论各方面细节，包括实时通信技术、消息存储、前端 UI 开发、后端实现、用户身份验证、部署与性能优化。每个小节将提供详细的信息和示例代码，以帮助读者理解如何构建聊天应用。

9.2.2　聊天应用实时通信技术选型

在构建聊天应用时，选择适当的实时通信技术至关重要。实时通信技术使用户能够即时发送和接收消息，为聊天应用提供核心功能。以下是一些常见的实时通信技术选项。

1. WebSocket

WebSocket 是一种在单个 TCP 连接上进行全双工通信的协议,它允许客户端和服务器之间建立持久性的连接,并在连接上双向发送数据。WebSocket 非常适合实时通信应用,因为它允许服务器主动向客户端推送消息,而不需要客户端不断地发起轮询请求。对于构建聊天应用来说,WebSocket 通常是一个不错的选择。

2. Socket.IO

Socket.IO 是一个基于 WebSocket 的库,它提供了跨浏览器的实时双向通信。Socket.IO 具有良好的兼容性,并且可以处理各种传输协议,包括 WebSocket、XHR 长轮询、JSONP 等。Socket.IO 是构建实时聊天应用的流行选择,因为它简化了实时通信的复杂性。

3. Web Real-Time Communication(WebRTC)

WebRTC 是一种开放的项目,旨在使浏览器之间实现点对点的实时通信,包括音频流、视频流和其他数据的传输。虽然 WebRTC 通常用于音视频通话应用,但也可以用于实时文本聊天。

4. Server-Sent Events(SSE)

SSE 是一种单向通信协议,允许服务器向客户端推送事件和数据。虽然它不像 WebSocket 是全双工通信,但对于一些简单的实时通知和更新来说是一个更适合的轻量级的选择。

图 9.15 展示了不同实时通信技术的对比。WebSocket 部分强调了全双工通信和持久连接,适用于聊天应用。Socket.IO 部分则显示了支持跨浏览器和处理多种协议的能力,指出了它简化实时通信的特点。WebRTC 部分着重于点对点通信和支持多媒体内容,适用于超出文本聊天的应用场景。最后,SSE 部分展示了单向通信的特性,强调其轻量级和适用于通知的特点。

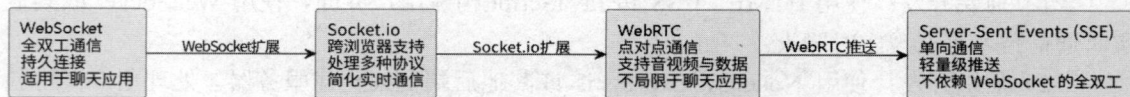

图 9.15 实时通信技术对比

图 9.16 展示了在一个聊天应用中,客户端和服务器之间实时通信的标准过程。实时通信工作开始于客户端向服务器发起建立连接的请求。一旦连接被服务器确认,客户端便可以发送数据。服务器接收并处理这些数据后,向客户端发送响应。这个响应可能包含确认信息、请求的结果或其他必要的数据。最后,当通信结束时,客户端会发起关闭连接的请求,服务器随后关闭这个连接。此图展示了实时通信的全过程,包括连接的建立、数据的交换和连接的关闭。

5. 其他通信库和框架

除了上述技术,还有许多其他通信库和框架可供选择,具体选择取决于项目需求和所用技术栈。一些流行的选择包括 Pusher、Firebase Realtime Database 等。

在选择实时通信技术时,需要考虑以下因素:

(1)项目需求:考虑应用的功能需求,包括消息传递、实时通信、多用户支持等。

(2)技术栈:确保所选技术与前端和后端技术栈兼容。

(3)性能和可伸缩性:考虑通信技术的性能和可伸缩性,以满足预估的用户量。

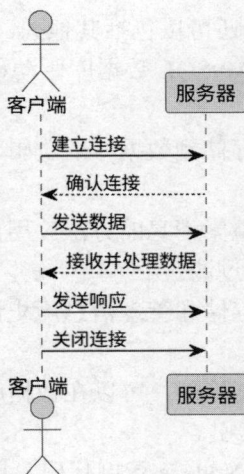

图 9.16　实时通信工作时序

（4）安全性：确保通信是安全的，可以使用加密算法来保护数据传输。

（5）兼容性：考虑不同浏览器和设备的兼容性，确保通信技术能够广泛支持。

根据项目需求和技术栈的选择，决定使用哪种实时通信技术。在后续的开发中，将使用所选的技术来实现聊天应用的实时通信功能。

当使用 MySQL 作为聊天应用的数据库时，消息存储将涉及应用与 MySQL 数据库的集成以及适当的数据模型设计。

9.2.3　聊天应用消息存储

在构建聊天应用时，消息存储是关键组成部分，它负责保存和检索用户之间的聊天消息。当使用 MySQL 数据库时，需要考虑以下方面。

（1）消息数据表设计：消息数据表如表 9-4 所示，定义了用于存储聊天消息的数据库表结构。

表 9-4　消息数据表

列名	数据类型	描述
id	INT 或 UUID	消息的唯一标识符，通常为自增或通用唯一识别码（Universally Unique Identifier，UUID）
sender_id	INT 或 UUID	发送消息的用户 ID
receiver_id	INT 或 UUID	接收消息的用户 ID
content	TEXT 或 VARCHAR	消息内容
timestamp	DATETIME 或 TIMESTAMP	消息的时间戳

这个表结构提供了存储聊天消息所需的基本字段。在实际项目中，需要根据具体需求调整数据类型和字段。例如，如果系统中用户 ID 是 UUID 类型的，那么 sender_id 和 receiver_id 应该是 UUID 类型。同样，消息内容 content 的长度可能会根据实际需求调整为 TEXT 或者 VARCHAR 类型。

根据应用程序需求，消息数据表还可以包括其他列，如会话 ID 或消息状态。

（2）数据库连接：使用适当的 MySQL 数据库驱动程序（如 mysql2）在应用程序中建立与数据库的连接。

（3）消息存储：实现将新消息存储到数据库的逻辑。当用户发送新消息时，将消息插入到消息数据表中。

（4）消息检索：实现从数据库检索消息的方法。用户能够检索与特定会话相关的消息，以及按时间范围、发送者等条件进行过滤。

（5）消息历史记录：考虑如何存储和管理消息历史记录。通常可以按照会话将消息分组存储，以便轻松检索特定会话的消息。

（6）消息索引：为提高消息检索性能，可以在数据库中创建适当的索引。通常会创建用户 ID、时间戳等常用的查询字段的索引。

以下是 MySQL 数据库表设计和 Node.js 示例代码，用于消息存储。

```
// 创建信息表
CREATE TABLE messages (
  id INT AUTO_INCREMENT PRIMARY KEY,
  sender_id INT NOT NULL,
  receiver_id INT NOT NULL,
  content TEXT NOT NULL,
  timestamp TIMESTAMP DEFAULT CURRENT_TIMESTAMP
);

// Node.js 示例代码，存储新消息
const mysql = require('mysql2/promise');

// 创建与 MySQL 数据库的连接池
const pool = mysql.createPool({
  host:'localhost',
  user:'db_user',
  password:'db_password',
  database:'chat_app_db',
});

// 存储新消息
async function storeMessage(senderId, receiverId, content) {
  const connection = await pool.getConnection();
  try {
    // 执行插入消息的 SQL 语句
    const [rows] = await connection.execute(
      'INSERT INTO messages (sender_id, receiver_id, content) VALUES (?, ?, ?)',
      [senderId, receiverId, content]
    );
    return rows.insertId;    // 返回插入的消息 ID
  } finally {
    connection.release();    // 释放数据库连接
  }
}
```

在示例中，首先创建了一个名为 messages 的 MySQL 数据表，用于存储聊天消息。然后，使用 Node.js 和 mysql2 库建立了与 MySQL 数据库的连接池，并实现了存储新消息的函数。

请注意，实际的消息存储和检索可能会根据应用程序的需求和复杂性而有所不同。确保根据具体项目的要求进行合理的数据模型设计和实现，以支持聊天应用的核心功能。消息存储应能够满足用户发送和接收消息、检索消息历史记录等需求。

9.2.4　聊天应用前端 UI 开发

在构建聊天应用时，前端 UI 的开发至关重要，因为它是用户与应用程序交互的主要界面。以下是聊天应用前端 UI 开发的关键内容，并提供了简单的示例代码。

1.　技术栈选择

前端开发需要选择适当的技术栈来构建用户界面。以下是一些常用的前端技术和框架，可以根据熟悉程度和项目需求进行选择。

（1）HTML/CSS：用于构建应用的基本结构和样式。

（2）JavaScript：用于实现应用的交互功能。

（3）前端框架：例如 React、Angular、Vue.js 等，用于构建可组件化的用户界面。

（4）CSS 框架：例如 Bootstrap、Material-UI 等，用于快速设计和美化界面。

2.　前端 UI 示例代码

图 9.17 展示了聊天应用的基本界面布局。布局包括用户登录/注册界面、联系人列表和聊天窗口。用户登录或注册后，将看到联系人列表；选择联系人后，将进入聊天窗口，该窗口包括一个消息输入区，用于发送新消息。

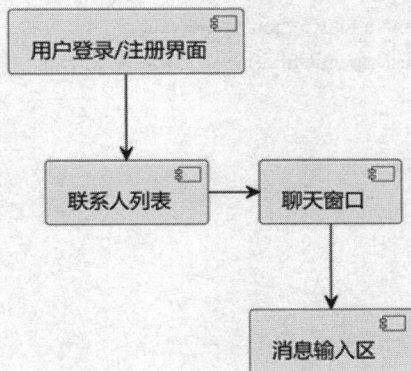

图 9.17　界面布局

以下是聊天应用前端 UI 的示例代码，使用 HTML、CSS 和 JavaScript 实现。请注意，这只是一个基本示例，实际项目可能需要更复杂的界面和功能。

```
<!DOCTYPE html>
<html lang="en">
<head>
    <meta charset="UTF-8">
    <meta name="viewport" content="width=device-width, initial-scale=1.0">
    <title>聊天应用</title>
```

```
            <link rel="stylesheet" href="styles.css">
    </head>
    <body>
        <div class="chat-container">
            <div class="chat-messages" id="chat-messages">
                <!-- 聊天消息将显示在这里 -->
            </div>
            <div class="chat-input">
                <input type="text" id="message-input" placeholder="输入消息">
                <button id="send-button">发送</button>
            </div>
        </div>
        <script>
            const chatMessages = document.getElementById('chat-messages');
            const messageInput = document.getElementById('message-input');
            const sendButton = document.getElementById('send-button');

            // 监听发送按钮点击事件
            sendButton.addEventListener('click', () => {
                const message = messageInput.value;
                if (message.trim() !== '') {
                    // 创建新的消息元素并添加到聊天界面
                    const messageElement = document.createElement('div');
                    messageElement.classList.add('message');
                    messageElement.textContent = message;
                    chatMessages.appendChild(messageElement);

                    // 清空输入框
                    messageInput.value = '';
                }
            });
        </script>
    </body>
</html>
```

示例创建了一个简单的 HTML 结构，包括一个聊天消息容器、消息输入框和发送按钮。通过 JavaScript 事件监听，当用户点击发送按钮时，将创建一个新的消息元素并将其添加到聊天界面中。

实际的聊天应用前端界面可能需要更多的功能和样式。可以使用前端框架和 CSS 框架来构建更复杂和美观的用户界面，并与后端实时通信技术集成，以实现实时消息交流。

9.2.5 聊天应用后端实现

在构建聊天应用时，后端的实现非常关键，它负责处理用户认证、消息传递、存储和实时通信。以下是聊天应用后端实现的关键内容，并提供了简单的示例代码。

1. 技术栈选择

图 9.18 说明了构建聊天应用后端所用的技术和框架，包括 Node.js、Express.js、WebSocket 库和数据库系统。Node.js 作为后端开发环境，Express.js 用作 Web 应用框架，WebSocket 库实现实时通信，而数据库系统负责数据存储。

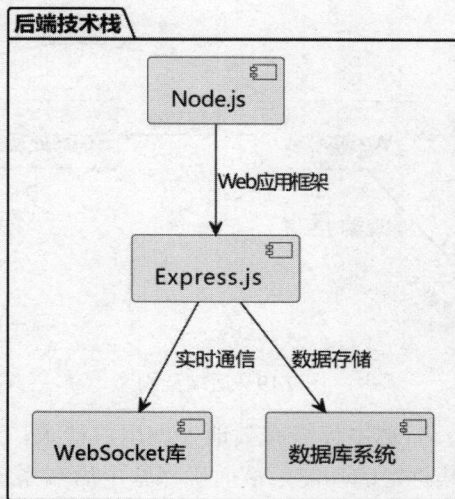

图 9.18　所用技术栈

后端实现需要选择适当的技术栈来处理用户认证、消息存储和实时通信。可以根据熟悉程度和项目需求进行选择。

（1）Node.js：一种流行的后端开发环境，具有良好的性能和可伸缩性。

（2）Express.js：基于 Node.js 的 Web 应用框架，用于构建 RESTful API。

（3）WebSocket：例如 ws 或 Socket.IO，用于实现实时通信。

（4）数据库：选择适当的数据库，如 MySQL、PostgreSQL、MongoDB 等，用于存储用户数据和聊天消息。

2. 后端示例

在聊天应用的后端实现中，采用一个多层次的架构模型，以确保应用的高效性能和可靠性。核心的后端架构由以下几个主要组件组成：

（1）Web 服务器：作为用户请求的首要接收点，Web 服务器承担着处理入站请求的责任。它是用户端与后端服务之间的桥梁，确保数据的顺畅传递。

（2）认证服务：用户的安全性和身份验证是通过认证服务来管理的。该服务负责验证用户凭证，并为通过认证的用户提供访问权限。

（3）消息处理器：聊天应用的核心，负责处理、存储和转发用户之间发送的消息。它确保了消息的及时传递和存储历史记录的准确性。

（4）数据库：用于存储和管理用户数据和聊天记录。它是后端架构的重要组成部分，保证了数据的持久化和一致性。

（5）实时通信服务：为了提供即时的聊天体验，可使用实时通信服务，如 WebSocket。这允许服务器与用户端应用之间进行快速、双向的通信。

图 9.19 展示了聊天应用后端的整体结构。图中包括用户端应用、Web 服务器、消息处理器、认证服务、实时通信服务和数据库。用户端应用向 Web 服务器发送请求，Web 服务器负责用户认证（通过认证服务）、消息处理（通过消息处理器）和实现实时通信。数据库用于存储和检索用户信息以及消息内容。

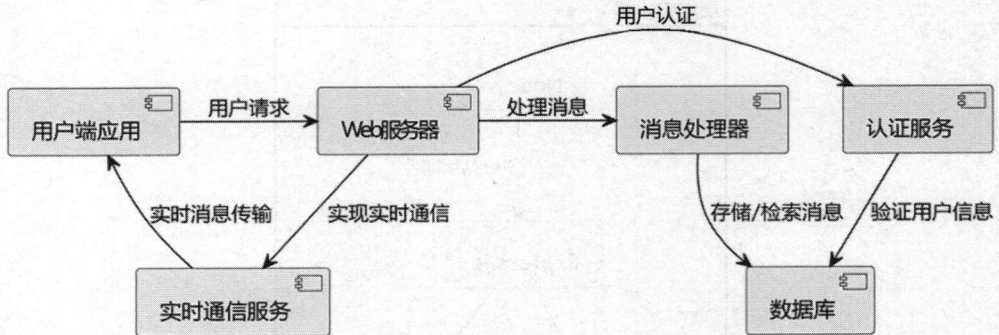

图 9.19　后端架构

通过这种多组件的架构，后端不仅能有效地处理用户请求，还能保障应用的稳定性和可扩展性。每个组件都专注于其特定的功能，从而确保整个后端系统的高效运行。

以下是聊天应用的后端示例代码，使用 Node.js 和 Express.js 作为后端框架，同时使用 WebSocket（使用 ws 库）实现实时通信。请注意，这只是一个基本示例，实际项目可能需要更多的功能和更好的安全性。

```javascript
const express = require('express');
const http = require('http');
const WebSocket = require('ws');
const bodyParser = require('body-parser');

const app = express();
const server = http.createServer(app);
const wss = new WebSocket.Server({ server });

// 存储在线用户
const onlineUsers = new Set();

// 存储聊天消息
const chatMessages = [];

app.use(bodyParser.json());

// 路由：用户登录
app.post('/login', (req, res) => {
    const { username } = req.body;

    if (!username) {
```

```
            return res.status(400).json({ error:'用户名不能为空' });
        }

        // 假设这里进行用户认证，验证用户名是否有效

        onlineUsers.add(username);

        return res.json({ success:true });
});

// WebSocket 连接处理
wss.on('connection', (ws) => {
    console.log('新连接建立');

    ws.on('message', (message) => {
        // 在这里可以处理接收到的消息
        // 这个示例中只是简单地将消息广播给所有在线用户
        wss.clients.forEach((client) => {
            if (client.readyState === WebSocket.OPEN) {
                client.send(message);
            }
        });

        // 存储聊天消息
        chatMessages.push(message);
    });

    ws.on('close', () => {
        console.log('连接关闭');

        // 用户断开连接时的处理
    });
});

// 获取聊天消息历史记录
app.get('/messages', (req, res) => {
    res.json(chatMessages);
});

// 启动 HTTP 服务器
const PORT = process.env.PORT || 3000;
server.listen(PORT, () => {
    console.log(`服务器运行在端口 ${PORT}`);
});
```

示例使用 Express.js 创建了一个基本的 HTTP 服务器，支持用户登录（在示例中没有实际认证，仅验证用户名是否为空）、WebSocket 通信和获取聊天消息历史记录的功能。

实际的聊天应用需要更多的功能和安全性措施，包括用户身份验证、数据库集成、消息存储优化等。根据项目需求，可以选择合适的数据库来存储消息和用户数据，并实施更复杂的认证和授权机制。

9.2.6 用户身份验证

在构建聊天应用时，确保用户的身份得到验证和授权是非常重要的。这有助于保护用户的隐私和应用的安全性。以下是一些关于用户身份验证的关键内容。

1. 用户认证方法

（1）用户名和密码认证：用户提供用户名和密码进行认证。服务器验证用户名和密码的有效性，并为用户颁发访问令牌（例如 JWT）来标识已认证用户。

（2）社交媒体账号登录：允许用户使用他们的社交媒体账号（如 Google、Facebook、GitHub 等）进行登录。这通常需要使用 OAuth 或 OpenID Connect 等协议来实现。

（3）单点登录：对于企业级应用程序，可以实现单点登录，允许用户一次登录即可访问多个相关的应用程序。

图 9.20 展示了聊天应用中不同的用户身份验证方法。包括传统的用户名和密码验证、社交媒体账号登录以及企业级的单点登录。每种方法都会在用户成功验证身份后颁发 JWT 令牌，用于后续的用户身份和权限管理。

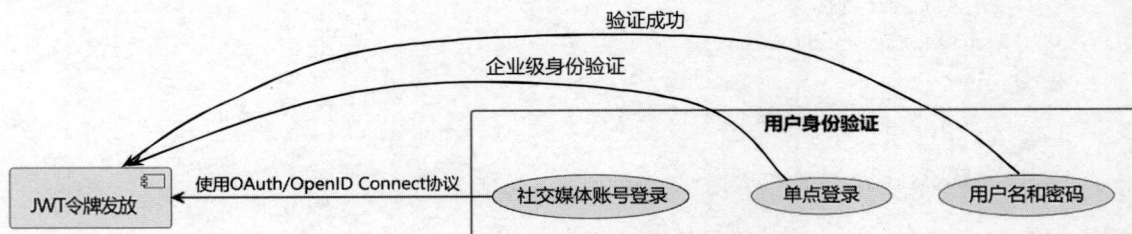

图 9.20　用户身份验证方法

2. JWT

JWT 是一种常用的认证令牌，可以用于验证用户身份。JWT 具有以下特点：

（1）可以包含用户的身份信息和其他声明。

（2）由服务器签发，用于验证用户的身份。

（3）客户端通常将 JWT 存储在 Cookie 或 LocalStorage 中，以便在后续请求中发送给服务器。

（4）JWT 包括过期时间，以确保令牌在一定时间后失效，提高安全性。

图 9.21 详细描述了 JWT 的生成和使用流程。当用户通过认证后，系统将生成 JWT 令牌并颁发给用户。这个令牌在后续的通信中用于验证用户的身份。如果用户未能通过认证，则会被拒绝访问。

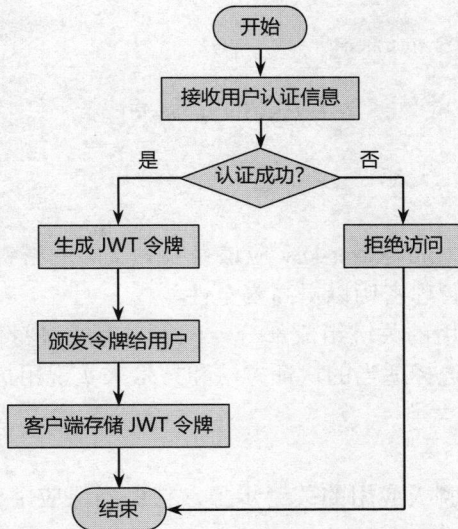

图 9.21　JWT 生成和使用流程

以下是使用 JWT 进行用户认证的 Node.js 示例代码：

```javascript
const jwt = require('jsonwebtoken');

// 生成 JWT 令牌
function generateToken(user) {
    const payload = {
        userId:user.id,
        username:user.username,
    };

    const token = jwt.sign(payload, 'your-secret-key', { expiresIn:'1h' });
    return token;
}

// 验证 JWT 令牌
function verifyToken(token) {
    try {
        const decoded = jwt.verify(token, 'your-secret-key');
        return decoded;
    } catch (error) {
        return null;
    }
}

// 示例用法
const user = { id:1, username:'exampleuser' };
const token = generateToken(user);
```

```
// 在请求中验证令牌
const decodedToken = verifyToken(token);
if (decodedToken) {
    console.log('令牌有效，用户 ID：', decodedToken.userId);
} else {
    console.log('令牌无效或已过期');
}
```

请注意，上述示例中的 your-secret-key 应该替换为实际的密钥，用于签发和验证 JWT 令牌。确保在生产环境中妥善管理密钥以提高安全性。

用户身份验证是聊天应用的关键组成部分，确保只有经过身份验证的用户才能访问聊天功能。根据项目需求，可以选择适当的认证方法和技术来实现用户身份验证。

9.2.7 部署与性能优化

部署和性能优化是构建聊天应用的关键步骤，它们确保应用程序在生产环境中稳定运行并使性能提升。

1. 部署聊天应用

（1）选择合适的托管服务：选择一个可靠的托管服务提供商，例如 Amazon Web Service（AWS）、Azure、Google Cloud Platform（GCP）等，或使用平台即服务（Platform as a Service，PaaS）提供商，如 Heroku、Netlify 等。这些服务可以简化部署过程。

（2）配置服务器：部署应用程序到云服务器或虚拟专用服务器（Virtual Private Server，VPS）。确保服务器的操作系统和依赖项与应用程序要求匹配。

（3）使用反向代理：使用反向代理（如 Nginx 或 Apache）来管理请求和采取负载均衡策略，以提高应用程序的性能和安全性。

（4）自动化部署：使用自动化工具（如 Docker、Jenkins、Travis CI 等）来自动化构建和部署流程，以降低部署的复杂性。

2. 性能优化

（1）缓存：使用缓存来加速常用数据的访问，减轻数据库和服务器的负载。

（2）压缩和合并：压缩和合并 CSS 和 JavaScript 文件，减少页面加载时间。

（3）图像优化：优化图像以减小文件大小，提高页面加载速度。

（4）CDN：使用 CDN 来分发静态资源，提高访问速度。

（5）数据库索引：确保数据库表中的常用查询字段具有合适的索引，以提高数据库查询性能。

（6）横向扩展：如果需要，考虑使用负载均衡和横向扩展策略来处理更多用户请求。

（7）监控和日志：使用监控工具和日志记录来监视应用程序的性能，并快速识别和解决问题。

（8）安全性：确保应用程序具有完善的安全性措施，防止潜在的安全漏洞。

（9）定期优化：定期进行性能测试和优化，以确保应用程序在不断变化的条件下保持高性能。

3. 备份和容灾

（1）数据备份：定期备份应用程序的数据，以防止数据丢失或损坏。使用自动化工具来管理备份过程。

（2）容灾计划：制订容灾计划，以应对服务器故障或其他灾难性事件。使用多个地理位置的服务器来提高可用性。

（3）紧急恢复：测试紧急恢复功能，确保在发生故障时可以快速恢复应用程序。

（4）监控报警：设置监控报警以及故障时的通知，以便及时采取措施。

部署和性能优化是聊天应用的关键部分，它们有助于确保应用程序能够在生产环境中提供可靠的服务，并为用户提供快速响应的体验。根据应用程序的规模和需求，可以选择合适的部署策略和性能优化措施。

9.3 电子商务平台

9.3.1 项目背景

电子商务平台是一种在线销售和购买商品或服务的平台，它提供了一个便捷的方式让商家展示其产品，顾客浏览和购买商品。该项目的目标是构建一个功能强大的电子商务平台，为商家提供一个在线销售渠道，同时为顾客提供轻松购物的体验。

1. 项目目标

（1）商家可以注册并登录到平台，创建和管理自己的在线商店。

（2）商家可以添加、编辑和删除商品，设置商品属性和价格。

（3）顾客可以注册并登录到平台，浏览商店和商品，将商品添加到购物车。

（4）顾客可以查看购物车，管理购物车中的商品，进行下单操作并完成购买。

（5）平台需要支持订单处理，包括订单确认、支付和查看订单历史记录。

（6）集成支付系统，以支持在线支付。

（7）实现用户管理，包括用户注册、登录和个人信息管理。

（8）考虑平台的安全性，防止潜在的安全漏洞和攻击。

（9）部署平台并考虑将其扩展以应对不断增长的用户和交易量。

2. 技术栈选择

在构建电子商务平台时，需要选择合适的技术栈来实现不同的功能。以下是可能的技术栈选择：

（1）前端：使用 React、Angular、Vue.js 等现代前端框架来构建用户界面。

（2）后端：使用 Node.js、Python、Ruby 等后端语言，结合 Express.js、Django、Ruby on Rails 等框架来构建服务器端应用。

（3）数据库：选择关系型数据库（如 MySQL、PostgreSQL）或非关系型数据库（如 MongoDB）来存储商品信息、用户数据和订单记录。

（4）购物车功能：使用数据库或内存缓存来管理购物车状态。

（5）订单处理：设计订单数据模型，并实现订单处理逻辑。

（6）支付集成：使用支付处理服务（如 Stripe、PayPal）来实现在线支付。

（7）用户管理：实现用户认证、授权和个人信息管理功能。

（8）安全性：考虑应用程序的安全性，包括身份验证、数据加密、SQL 注入防护等。

（9）部署与扩展：选择云托管服务（如 AWS、Azure、GCP）来部署应用程序，并使用负载均衡策略来扩展应用以处理高负载。

本项目将深入研究上述各个方面，提供详细的示例代码和实现方法，以构建一个功能完备的电子商务平台。

9.3.2 商品管理与展示

在电子商务平台中，商品管理与展示是一个核心功能，它允许商家添加、编辑和删除商品，并为顾客提供浏览商品的界面。以下是关于商品管理与展示的详细内容和完整示例代码。

1. 商品数据模型设计

首先需要设计商品的数据模型，以便存储商品的信息。图 9.22 清晰展示了电子商务平台中商品数据模型的结构，详细地展示了商品、分类和品牌三个主要实体之间的关系。每个实体的属性（如商品 ID、名称、描述等）也在图中给出。这有助于理解商品信息是如何在数据库中组织和关联的。

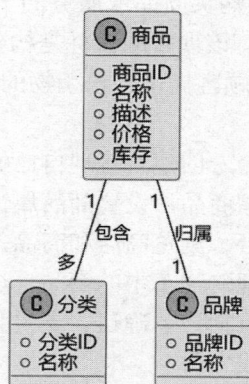

图 9.22　商品数据模型结构

此示例使用 Node.js 和 MySQL 数据库来实现商品数据模型。

数据表设计：Products 表是电子商务平台的核心组成部分，它存储了平台上所有可购买商品的关键信息，如表 9-5 所示。这张表不仅是产品展示的基础，还是订单处理和库存管理的关键数据源。每一个商品都包含了产品的 ID、名称、描述、价格以及产品图片的 URL。这些信息对于客户在浏览和选择产品时至关重要。通过 id 字段的唯一性，无论是在购物车中、订单处理过程中，还是在库存管理和营销分析中，系统都能够准确地识别和引用每个产品。

表 9-5　Products 表

字段名	数据类型	描述	约束
id	整型	产品 ID	主键，自增
name	字符串	产品名称	不为空
description	文本	产品描述	不为空
price	十进制	产品价格	不为空
imageUrl	字符串	图片 URL	不为空

2．示例代码

首先，需要创建一个商品表来存储商品的信息。在 MySQL 中，可以使用以下 SQL 语句创建用户表。

```
CREATE TABLE Products (
    id INT AUTO_INCREMENT PRIMARY KEY,
    name VARCHAR(255) NOT NULL,
    description TEXT NOT NULL,
    price DECIMAL(10, 2) NOT NULL,
    imageUrl VARCHAR(255) NOT NULL
);
```

接着，使用 Sequelize ORM 来创建一个包含产品名称、描述、价格和图片 URL 的数据模型，并确保这些模型通过数据库中对应的表格被正确创建和同步。示例代码如下：

```
const { Sequelize, Model, DataTypes } = require('sequelize');
const sequelize = new Sequelize('mysql://user:password@localhost:3306/database');

class Product extends Model {}

Product.init({
    // 定义模型属性
    name:{
        type:DataTypes.STRING,
        allowNull:false
    },
    description:{
        type:DataTypes.STRING,
        allowNull:false
    },
    price:{
        type:DataTypes.FLOAT,
        allowNull:false
    },
    imageUrl:{
        type:DataTypes.STRING,
        allowNull:false
    }
}, {
    // 其他模型参数
    sequelize,              // 需要传递连接实例
    modelName:'Product'     // 需要选择模型名称
});

// 同步数据库，确保表的创建
sequelize.sync();

module.exports = Product;
```

3. 商品路由和控制器

接下来，使用 Express.js 来创建商品的路由和控制器，以便实现商品的添加、编辑、删除和展示功能。示例代码如下：

```javascript
// routes/products.js

const express = require('express');
const router = express.Router();
const Product = require('../models/Product');

// 获取所有商品
router.get('/', async (req, res) => {
  try {
    const products = await Product.find();
    res.json(products);
  } catch (err) {
    res.status(500).json({ error:err.message });
  }
});

// 添加新商品
router.post('/', async (req, res) => {
  const { name, description, price, imageUrl } = req.body;

  try {
    const newProduct = new Product({
      name,
      description,
      price,
      imageUrl,
    });

    const savedProduct = await newProduct.save();
    res.status(201).json(savedProduct);
  } catch (err) {
    res.status(400).json({ error:err.message });
  }
});

// 编辑商品
router.put('/:id', async (req, res) => {
  const { name, description, price, imageUrl } = req.body;
  const productId = req.params.id;

  try {
```

```
      const updatedProduct = await Product.findByIdAndUpdate(
        productId,
        {
          name,
          description,
          price,
          imageUrl,
        },
        { new:true }
      );

      if (!updatedProduct) {
        return res.status(404).json({ error:'商品未找到' });
      }

      res.json(updatedProduct);
    } catch (err) {
      res.status(400).json({ error:err.message });
    }
});

// 删除商品
router.delete('/:id', async (req, res) => {
  const productId = req.params.id;

  try {
    const deletedProduct = await Product.findByIdAndRemove(productId);

    if (!deletedProduct) {
      return res.status(404).json({ error:'商品未找到' });
    }

    res.json(deletedProduct);
  } catch (err) {
    res.status(400).json({ error:err.message });
  }
});

module.exports = router;
```

4. 商品展示界面

最后创建一个简单的商品展示界面，使用 React 作为前端框架。示例代码如下：

```
// components/ProductList.js

import React, { useEffect, useState } from 'react';
```

```
function ProductList() {
  const [products, setProducts] = useState([]);

  useEffect(() => {
    // 获取所有商品数据
    fetch('/api/products')
      .then((response) => response.json())
      .then((data) => setProducts(data))
      .catch((error) => console.error('获取商品列表失败：', error));
  }, []);

  return (
    <div>
      <h2>商品列表</h2>
      <ul>
        {products.map((product) => (
          <li key={product._id}>
            <h3>{product.name}</h3>
            <p>{product.description}</p>
            <p>价格：${product.price}</p>
            <img src={product.imageUrl} alt={product.name} />
          </li>
        ))}
      </ul>
    </div>
  );
}

export default ProductList;
```

示例创建了一个 ProductList 组件，它可以从后端 API 获取商品列表，并将其呈现在界面上。

以上是商品管理与展示的基本示例，实际项目中可能需要更多功能，如分页、搜索、商品分类等。这个示例提供了一个良好的起点，可以根据项目需求进行扩展和优化。

9.3.3 购物车功能

购物车功能是电子商务平台的核心之一，它允许顾客将商品添加到购物车、管理购物车中的商品数量，并进行下单。以下是有关购物车功能的详细内容和完整示例代码。

1. 购物车数据模型设计

首先，需要设计购物车的数据模型，以便存储顾客的购物车信息。图 9.23 展示了购物车数据模型的结构，包括购物车、商品项和用户之间的关系。购物车包含多个商品项，每个商品项包含商品 ID 和数量。同时，每个购物车都与一个用户关联。

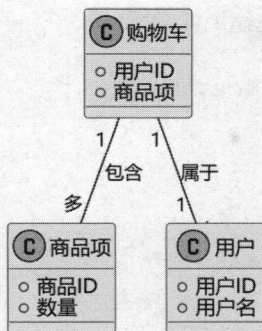

图 9.23 购物车数据模型结构

这个示例使用 Node.js 和 MySQL 数据库来实现购物车数据模型。

数据表设计：Carts 表在电子商务平台中扮演着提升用户购物体验的关键角色，表 9-6 记录了每个用户的购物车状态，包括哪些用户当前有活动的购物车。购物车是在线购物的一个重要部分，允许用户在最终决定购买之前保存和修改他们感兴趣的商品。该表通过 userId 字段与用户表建立联系，确保每个购物车都能被正确地关联到其拥有者。这种设计使平台能够支持复杂的购物和结算流程，例如购物车保存、多次会话中购物车的持续性，以及购物车转化为订单的过程。

表 9-6 Carts 表

字段名	数据类型	描述	约束
id	整型	购物车 ID	主键，自增
userId	整型	用户 ID	外键，引用 Users 表

CartItems 表是连接购物车和产品的桥梁。如表 9-7 所示，此表具体记录了用户购物车中的每一个商品项，包括选择的产品及其数量。每个高品项都与特定的购物车和特定的产品相关联，从而使平台能够跟踪每个购物车中有哪些商品以及它们的数量。这对于处理购物车中的商品添加、删除和数量更改等操作至关重要。通过这张表，平台能够为用户提供动态更新的购物车视图，计算购物车中商品的总价，并在用户准备结账时简化购买流程。

表 9-7 CartItems 表

字段名	数据类型	描述	约束
id	整型	购物车项 ID	主键，自增
cartId	整型	购物车 ID	外键，引用 Carts 表
productId	整型	产品 ID	外键，引用 Products 表
quantity	整型	产品数量	不为空

2. 示例代码

创建数据表的示例代码如下：

```
#创建 Carts 数据表
CREATE TABLE Carts (
```

```
    id INT AUTO_INCREMENT PRIMARY KEY,
    userId INT NOT NULL,
    FOREIGN KEY (userId) REFERENCES Users(id)
);

#创建 CartItems 数据表
CREATE TABLE CartItems (
    id INT AUTO_INCREMENT PRIMARY KEY,
    cartId INT NOT NULL,
    productId INT NOT NULL,
    quantity INT NOT NULL DEFAULT 1,
    FOREIGN KEY (cartId) REFERENCES Carts(id),
    FOREIGN KEY (productId) REFERENCES Products(id)
);
```

定义两个 Sequelize ORM 数据模型 Cart 和 CartItem，用于在 MySQL 数据库中管理电子商务平台的购物车功能。Cart 模型表示用户的购物车，CartItem 模型用于存储购物车中的各个商品项，包括商品 ID 和数量，两者通过外键关联，实现购物车中商品项的管理和跟踪。示例代码如下：

```javascript
const {Sequelize, Model, DataTypes} = require('sequelize');
const sequelize = new Sequelize('mysql://user:password@localhost:3306/database');

class Cart extends Model {}
class CartItem extends Model {}

Cart.init({
    // 定义模型属性
    userId:{
        type:DataTypes.INTEGER,    // 假设用户 ID 是整数类型
        allowNull:false
    }
}, {
    sequelize,                     // 连接实例
    modelName:'Cart'               // 模型名称
});

CartItem.init({
    // 定义购物车项的属性
    cartId:{
        type:DataTypes.INTEGER,
        references:{
            model:Cart,            // 引用购物车
            key:'id',
        },
        allowNull:false
    },
    productId:{
```

```
      type:DataTypes.INTEGER,          // 假设产品 ID 是整数类型
      allowNull:false
    },
    quantity:{
      type:DataTypes.INTEGER,
      allowNull:false,
      defaultValue:1
    }
}, {
    sequelize,
    modelName:'CartItem'
});

// 定义模型间关系
Cart.hasMany(CartItem, { foreignKey:'cartId' });
CartItem.belongsTo(Cart, { foreignKey:'cartId' });

sequelize.sync();

module.exports = { Cart, CartItem };
```

3.　购物车路由和控制器

接下来，使用 Express.js 来创建购物车的路由和控制器，以实现购物车的添加、编辑、删除和展示功能。示例代码如下：

```
// routes/cart.js

const express = require('express');
const router = express.Router();
const Cart = require('../models/Cart');
const authMiddleware = require('../middlewares/auth');

// 获取用户购物车
router.get('/', authMiddleware, async (req, res) => {
    const userId = req.user._id;

    try {
        const cart = await Cart.findOne({ userId }).populate('items.productId');
        res.json(cart);
    } catch (err) {
        res.status(500).json({ error:err.message });
    }
});

// 添加商品到购物车
router.post('/add', authMiddleware, async (req, res) => {
    const userId = req.user._id;
    const { productId, quantity } = req.body;
```

```
try {
  let cart = await Cart.findOne({ userId });

  if (!cart) {
    cart = new Cart({
      userId,
      items:[{ productId, quantity }],
    });
  } else {
    const existingItem = cart.items.find(
      (item) => item.productId.toString() === productId
    );

    if (existingItem) {
      existingItem.quantity += quantity;
    } else {
      cart.items.push({ productId, quantity });
    }
  }

  await cart.save();
  res.json(cart);
} catch (err) {
  res.status(400).json({ error:err.message });
}
});

// 从购物车中删除商品
router.delete('/remove/:productId', authMiddleware, async (req, res) => {
  const userId = req.user._id;
  const productId = req.params.productId;

  try {
    const cart = await Cart.findOne({ userId });

    if (!cart) {
      return res.status(404).json({ error:'购物车未找到' });
    }

    cart.items = cart.items.filter(
      (item) => item.productId.toString() !== productId
    );

    await cart.save();
    res.json(cart);
  } catch (err) {
```

```
        res.status(400).json({ error:err.message });
    }
});

module.exports = router;
```

4. 购物车展示

最后创建一个简单的购物车展示界面，使用 React 作为前端框架。示例代码如下：

```
// components/Cart.js

import React, { useEffect, useState } from 'react';

function Cart() {
  const [cart, setCart] = useState(null);

  useEffect(() => {
    // 获取用户购物车数据
    fetch('/api/cart', {
      method:'GET',
      headers:{
        'Authorization':`Bearer ${localStorage.getItem('token')}`,
      },
    })
      .then((response) => response.json())
      .then((data) => setCart(data))
      .catch((error) => console.error('获取购物车失败：', error));
  }, []);

  return (
    <div>
      <h2>购物车</h2>
      {cart ? (
        <ul>
          {cart.items.map((item) => (
            <li key={item.productId._id}>
              <h3>{item.productId.name}</h3>
              <p>数量：{item.quantity}</p>
              {/* 添加购物车商品删除按钮 */}
              <button onClick={() => removeFromCart(item.productId._id)}>
              // 从购物车中删除
              </button>
            </li>
          ))}
        </ul>
      ) :(
        <p>购物车为空</p>
      )}
```

```
        </div>
    );
}

export default Cart;
```

这个示例创建了一个 Cart 组件，它从后端 API 获取购物车数据，并将购物车中的商品呈现在界面上。用户可以查看购物车中的商品，并删除其中的商品。

以上是购物车功能的基本示例，实际项目中可能需要更多功能，如购物车中商品总价计算、结算流程、优惠券等。这个示例提供了一个良好的起点，可以根据项目需求进行扩展和优化。

9.3.4 订单处理

订单处理是电子商务平台的重要功能，它允许顾客创建订单、确认订单、进行支付，并提供订单历史记录。图 9.24 展示了电子商务平台上的订单处理流程，图中用户先选择商品，再将商品添加到购物车；接下来，用户进行订单的创建，这可能包括选择送货地址、支付方式等步骤；订单确认后，用户选择合适的支付方式进行支付；整个流程以显示支付确认结束，这可能是一个支付成功的提示或发送确认邮件给用户。

以下是有关订单处理的详细内容和完整示例代码。

1. 订单数据模型设计

首先，需要设计订单的数据模型，以便存储订单的信息。图 9.25 清晰展示了订单数据模型的结构。订单作为中心实体，包含关键信息如订单 ID、用户 ID（指明了哪个用户创建了订单）、订单总额、订单状态（如待支付、已支付、已发货等）、支付信息（可能包括支付方式、支付时间等）。此外，每个订单还与多个商品相关联，展示了订单中包含哪些商品以及它们的数量和价格。

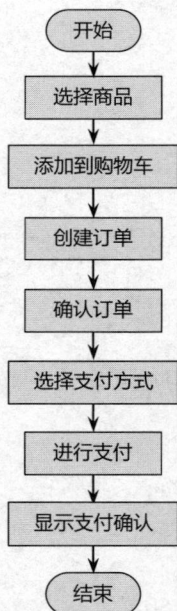

图 9.24 订单处理流程

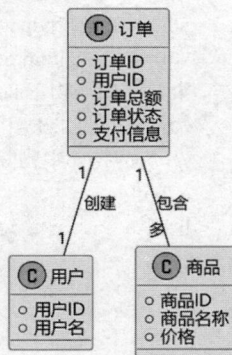

图 9.25 订单数据模型结构

此示例使用 Node.js 和 MySQL 数据库实现订单数据模型。

数据表设计：Orders 表是电子商务平台中处理和记录用户购买行为的核心，如表 9-8 所示。它存储了用户完成的每笔交易的详细信息，包括购买的商品、总金额和订单的创建时间。这张表通过 userId 字段将每个订单链接到特定的用户，提供了用户购买历史的完整视图。Orders 表是客户服务、订单处理、财务记账和业务分析的关键数据源。它支持各种操作，如订单跟踪、收入计算、销售趋势分析以及订单处理流程。

表 9-8　Orders 表

字段名	数据类型	描述	约束
id	整型	订单 ID	主键，自增
userId	整型	用户 ID	外键，引用 Users 表
totalAmount	十进制	总金额	不为空
createdAt	日期时间	创建日期	默认为当前时间

OrderItems 表详细记录了订单中的每个商品项，为订单管理系统提供了细粒度的数据，如表 9-9 所示。这张表存储了订单中每个商品的数量和关联的产品信息，使每笔订单可以被细化到具体的商品。这对于处理订单发货、库存管理和销售报告至关重要。每个商品项通过 orderId 字段与特定的订单关联，确保了订单的每个方面都被准确记录和追踪。此外，这种详细的记录使在客户服务中处理特定订单项的问题（如退货和换货）成为可能，同时也为市场分析和消费者行为研究提供了丰富的数据。通过记录订单中每个商品的详细信息，OrderItems 表在整个订单处理流程中起到了至关重要的作用，从订单创建、库存扣减到最终的发货和后期服务，确保了整个购买过程的透明度和高效性。

表 9-9　OrderItems 表

字段名	数据类型	描述	约束
id	整型	订单项 ID	主键，自增
orderId	整型	订单 ID	外键，引用 Orders 表
productId	整型	产品 ID	外键，引用 Products 表
quantity	整型	产品数量	不为空

2. 示例代码

创建数据表的示例代码如下：

```
#创建 Orders 表
CREATE TABLE Orders (
    id INT AUTO_INCREMENT PRIMARY KEY,
    userId INT NOT NULL,
    totalAmount DECIMAL(10, 2) NOT NULL,
    createdAt DATETIME DEFAULT CURRENT_TIMESTAMP,
    FOREIGN KEY (userId) REFERENCES Users(id)
);
```

```
#创建 OrderItems 表
CREATE TABLE OrderItems (
  id INT AUTO_INCREMENT PRIMARY KEY,
  orderId INT NOT NULL,
  productId INT NOT NULL,
  quantity INT NOT NULL,
  FOREIGN KEY (orderId) REFERENCES Orders(id),
  FOREIGN KEY (productId) REFERENCES Products(id)
);
```

定义两个数据模型 Order 和 OrderItem，用于在 MySQL 数据库中处理和管理电子商务平台上的订单。示例代码如下：

```
const { Sequelize, Model, DataTypes } = require('sequelize');
const sequelize = new Sequelize('mysql://user:password@localhost:3306/database');

class Order extends Model {}
class OrderItem extends Model {}

Order.init({
  // 定义模型属性
  userId:{
    type:DataTypes.INTEGER,          // 假设用户 ID 是整数类型
    allowNull:false
  },
  totalAmount:{
    type:DataTypes.FLOAT,
    allowNull:false
  },
  createdAt:{
    type:DataTypes.DATE,
    defaultValue:Sequelize.NOW
  }
}, {
  sequelize,                // 连接实例
  modelName:'Order'         // 模型名称
});

OrderItem.init({
  // 定义订单项的属性
  orderId:{
    type:DataTypes.INTEGER,
    references:{
      model:Order,          // 引用订单
      key:'id',
    },
    allowNull:false
  },
```

```
    productId:{
      type:DataTypes.INTEGER,          // 假设产品 ID 是整数类型
      allowNull:false
    },
    quantity:{
      type:DataTypes.INTEGER,
      allowNull:false
    }
}, {
    sequelize,
    modelName:'OrderItem'
});

// 定义模型间关系
Order.hasMany(OrderItem, { foreignKey:'orderId' });
OrderItem.belongsTo(Order, { foreignKey:'orderId' });

sequelize.sync();

module.exports = { Order, OrderItem };
```

3. 订单路由和控制器

接下来，使用 Express.js 来创建订单的路由和控制器，以实现订单的创建、确认、支付和查看订单历史记录功能。示例代码如下：

```
// routes/orders.js

const express = require('express');
const router = express.Router();
const Order = require('../models/Order');
const authMiddleware = require('../middlewares/auth');

// 创建订单
router.post('/', authMiddleware, async (req, res) => {
  const userId = req.user._id;
  const { items, totalAmount } = req.body;

  try {
    const newOrder = new Order({
      userId,
      items,
      totalAmount,
    });

    const savedOrder = await newOrder.save();
    res.status(201).json(savedOrder);
  } catch (err) {
```

```
      res.status(400).json({ error:err.message });
   }
});


// 获取用户订单历史记录
router.get('/history', authMiddleware, async (req, res) => {
  const userId = req.user._id;

  try {
    const orders = await Order.find({ userId }).populate('items.productId');
    res.json(orders);
  } catch (err) {
    res.status(500).json({ error:err.message });
  }
});


module.exports = router;
```

4. 订单展示

最后，创建一个简单的订单展示界面，使用 React 作为前端框架。示例代码如下：

```
// components/OrderHistory.js

import React, { useEffect, useState } from 'react';

function OrderHistory() {
  const [orders, setOrders] = useState([]);

  useEffect(() => {
    // 获取用户订单历史记录
    fetch('/api/orders/history', {
      method:'GET',
      headers:{
        'Authorization':`Bearer ${localStorage.getItem('token')}`,
      },
    })
      .then((response) => response.json())
      .then((data) => setOrders(data))
      .catch((error) => console.error('获取订单历史记录失败：', error));
  }, []);

  return (
    <div>
      <h2>订单历史记录</h2>
      {orders.length == 0 ? (
        <p>暂无订单历史记录</p>
```

```
    ) :(
      <ul>
        {orders.map((order) => (
          <li key={order._id}>
            <h3>订单号：{order._id}</h3>
            <p>下单时间：{new Date(order.createdAt).toLocaleString()}</p>
            <ul>
              {order.items.map((item) => (
                <li key={item.productId._id}>
                  {item.productId.name} - 数量：{item.quantity}
                </li>
              ))}
            </ul>
            <p>总金额：${order.totalAmount}</p>
          </li>
        ))}
      </ul>
    )}
  </div>
 );
}

export default OrderHistory;
```

这个示例创建了一个 OrderHistory 组件，它从后端 API 获取用户的订单历史记录，并将其呈现在界面上。

以上是订单处理的基本示例，实际项目中可能需要更多功能，如支付集成、订单状态跟踪、订单详情等。这个示例提供了一个良好的起点，可以根据项目需求进行扩展和优化。

9.3.5　支付集成

支付集成是电子商务平台的重要功能，它允许顾客通过不同的支付方式来完成订单支付。图 9.26 详细地展示了用户在电子商务平台上完成支付的步骤。首先，用户选择所需购买的商品，随后确认他们的订单，包括订单总额、送货地址等信息；接下来，用户选择他们偏好的支付方式（例如信用卡、PayPal 或 Apple Pay），并输入必要的支付详情（如信用卡号或支付账户的信息）；完成这些步骤后，用户完成支付并接收支付确认，这可能是一个确认页面或一封电子邮件。

以下是有关支付集成的详细内容和完整示例代码。

1. 集成支付服务

首先，需要选择并集成一个可信赖的支付服务提供商，例如 Stripe、PayPal、Apple Pay 等。图 9.27 展示了电子商务平台如何与不同的支付服务（如 Stripe、PayPal、Apple Pay）集成。图中展示了订单系统发起支付请求到支付接口，以及支付接口如何与各种支付服务集成的过程。这有助于理解电子商务平台背后的支付处理机制，包括如何处理支付请求、同步数据和处理支付结果。此示例将使用 Stripe 作为支付服务提供商。

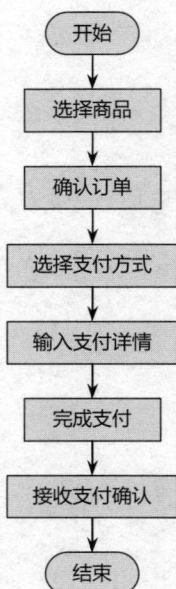

图 9.26 支付流程

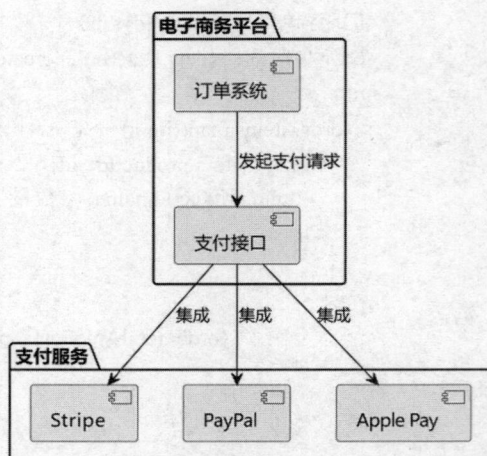

图 9.27 支付系统集成结构

（1）安装 Stripe Node.js 库。在 Node.js 应用程序中集成 Stripe，需要安装 Stripe 的 Node.js 库。可以使用以下命令安装：

```
npm install stripe
```

（2）设置 Stripe API 密钥。在 Stripe 官网上注册并获取 API 密钥，然后将其设置为环境变量或在配置文件中进行设置，以便在应用程序中使用。

配置文件 config.js 用于集中管理项目中的配置信息。在下面的示例代码中，文件从环境变量中读取 Stripe 支付接口的 API 密钥，并通过 module.exports 导出供其他模块使用。通过这种方式，可以将敏感信息（如密钥）与业务逻辑解耦，增强系统的安全性和可维护性。这种做法在 Node.js 项目中十分常见，尤其适用于需要加载第三方服务配置的场景。

```
// config.js

module.exports = {
  stripeApiKey: process.env.STRIPE_API_KEY,
};
```

2. 创建支付路由和控制器

接下来，使用 Express.js 来创建支付的路由和控制器，以实现订单支付功能。示例代码如下：

```
// routes/payment.js

const express = require('express');
const router = express.Router();
const stripe = require('stripe')(require('../config').stripeApiKey);
const Order = require('../models/Order');
const authMiddleware = require('../middlewares/auth');
```

```
// 发起支付
router.post('/pay', authMiddleware, async (req, res) => {
  const userId = req.user._id;
  const { orderId, token } = req.body;

  try {
    const order = await Order.findById(orderId);

    if (!order) {
      return res.status(404).json({ error:'订单未找到' });
    }

    const charge = await stripe.charges.create({
      amount:order.totalAmount * 100,      // 转换为分
      currency:'usd',                       // 货币类型
      source:token,                         // 支付令牌
    });

    // 更新订单状态为已支付
    order.status = '已支付';
    await order.save();

    res.json({ message:'支付成功' });
  } catch (err) {
    res.status(500).json({ error:err.message });
  }
});

module.exports = router;
```

3. 客户端支付

最后，创建一个简单的客户端支付界面，使用 React 作为前端框架。示例代码如下：

```
// components/Payment.js

import React, { useState } from 'react';

function Payment({ orderId, onPaymentSuccess }) {
  const [loading, setLoading] = useState(false);

  const handlePayment = async () => {
    setLoading(true);

    try {
      const token = 'YOUR_STRIPE_TOKEN';          // 从 Stripe 获取的令牌
      const response = await fetch('/api/payment/pay', {
        method:'POST',
```

```
      headers：{
        'Content-Type':'application/json',
        'Authorization':`Bearer ${localStorage.getItem('token')}`,
      },
      body:JSON.stringify({ orderId, token }),
    });

    if (response.status === 200) {
      onPaymentSuccess();
    } else {
      // 处理支付失败
      console.error('支付失败');
    }
  } catch (error) {
    console.error('支付请求失败：', error);
  } finally {
    setLoading(false);
  }
};

return (
  <div>
    <h2>订单支付</h2>
    <button onClick={handlePayment} disabled={loading}>
      {loading?'正在支付……':'支付订单'}
    </button>
  </div>
);
}

export default Payment;
```

这个示例创建了一个 Payment 组件，它允许用户发起支付请求。当支付成功后，会调用 onPaymentSuccess 回调函数。

以上是支付集成的基本示例，实际项目中可能需要更多功能，如支付结果通知、订单状态更新、支付历史记录等。这个示例提供了一个良好的起点，可以根据项目需求进行扩展和优化。请注意，实际项目中，需要更安全的方式来从 Stripe 获取令牌，此示例简化了流程。

9.3.6 用户管理

用户管理是电子商务平台的重要功能，它允许用户注册、登录、管理个人信息等。这个示例将使用 MySQL 数据库来实现用户管理功能。以下是有关用户管理的详细内容和完整示例代码。

1. 创建用户表

users 表是为了在电子商务平台上管理用户信息而设计的，如表 9-10 所示。它的主要作用是存储和维护用户账户的基本信息，包括用户的标识、用户名、电子邮件地址和密码。这个表格是用户认证和个人信息管理的关键组成部分，支持用户登录、注册、密码重置和个人资料更新等功能。通过为每个用户提供一个唯一的标识符，并确保用户名和电子邮件地址的唯一性，这个表格保障了用户账户的安全性和数据的完整性。在整个电子商务系统中，它为用户管理提供了一个可靠和高效的数据基础。

表 9-10　users 表

字段名	数据类型	描述	约束
id	INT	用户唯一标识符	主键，自增
username	VARCHAR(255)	用户名	非空，唯一
email	VARCHAR(255)	用户电子邮件地址	非空，唯一
password	VARCHAR(255)	用户密码	非空

　　首先，需要创建一个用户表来存储用户的信息。在 MySQL 中，可以使用以下 SQL 语句创建用户表。

```sql
CREATE TABLE users (
    id INT AUTO_INCREMENT PRIMARY KEY,
    username VARCHAR(255) NOT NULL UNIQUE,
    email VARCHAR(255) NOT NULL UNIQUE,
    password VARCHAR(255) NOT NULL
);
```

　　2. 用户注册和登录路由和控制器

　　接下来，使用 Express.js 和 Sequelize 来创建用户注册和登录的路由和控制器，以实现用户注册和登录功能。示例代码如下：

```javascript
// routes/auth.js

const express = require('express');
const router = express.Router();
const bcrypt = require('bcrypt');
const jwt = require('jsonwebtoken');
const { User } = require('../models');
const { secretKey } = require('../config');

// 用户注册
router.post('/register', async (req, res) => {
    const { username, email, password } = req.body;

    try {
        // 检查用户名和邮箱是否已经被注册
        const existingUser = await User.findOne({
            where:{
                [Op.or]:[{ username }, { email }],
            },
        });
```

```javascript
        if (existingUser) {
            return res.status(400).json({ error:'用户名或邮箱已被注册' });
        }

        // 创建新用户
        const hashedPassword = await bcrypt.hash(password, 10);
        const newUser = await User.create({
            username,
            email,
            password:hashedPassword,
        });

        res.status(201).json(newUser);
    } catch (err) {
        res.status(500).json({ error:err.message });
    }
});

// 用户登录
router.post('/login', async (req, res) => {
    const { username, password } = req.body;

    try {
        // 查找用户
        const user = await User.findOne({ where:{ username } });

        if (!user) {
            return res.status(401).json({ error:'用户名或密码不正确' });
        }

        // 验证密码
        const isPasswordValid = await bcrypt.compare(password, user.password);

        if (!isPasswordValid) {
            return res.status(401).json({ error:'用户名或密码不正确' });
        }

        // 生成 JWT 令牌
        const token = jwt.sign({ userId:user.id }, secretKey, { expiresIn:'1h' });

        res.json({ token });
    } catch (err) {
        res.status(500).json({ error:err.message });
    }
});

module.exports = router;
```

3. 客户端用户管理界面

最后，创建一个简单的客户端用户管理界面，使用 React 作为前端框架。示例代码如下：

```
// components/UserManagement.js

import React, { useState } from 'react';

function UserManagement({ onLogin }) {
  const [username, setUsername] = useState('');
  const [password, setPassword] = useState('');

  const handleLogin = async () => {
    try {
      const response = await fetch('/api/auth/login', {
        method:'POST',
        headers:{
          'Content-Type':'application/json',
        },
        body:JSON.stringify({ username, password }),
      });

      if (response.status == 200) {
        const data = await response.json();
        const token = data.token;

        // 将令牌存储在本地存储中
        localStorage.setItem('token', token);

        // 登录成功，执行回调
        onLogin();
      } else {
        // 处理登录失败
        console.error('登录失败');
      }
    } catch (error) {
      console.error('登录请求失败： ', error);
    }
  };

  return (
    <div>
      <h2>用户登录</h2>
      <input
        type="text"
        placeholder="用户名"
        value={username}
        onChange={(e) => setUsername(e.target.value)}
      />
```

```
        <input
          type="password"
          placeholder="密码"
          value={password}
          onChange={(e) => setPassword(e.target.value)}
        />
        <button onClick={handleLogin}>登录</button>
      </div>
    );
}
```

export default UserManagement;

这个示例创建了一个 UserManagement 组件，允许用户输入用户名和密码进行登录。登录成功后，令牌将存储在本地存储中，以便用于后续请求。

以上是用户管理的基本示例，实际项目中可能需要更多功能，如用户注册、密码重置、用户信息编辑等。这个示例提供了一个良好的起点，可以根据项目需求进行扩展和优化。

9.3.7 安全性考虑

在电子商务平台开发中，安全性至关重要。以下是有关安全性考虑的详细内容和一些安全性最佳实践。

1．身份验证和授权

（1）使用强密码策略：强制用户使用包含大写字母、小写字母、数字和特殊字符的强密码，并定期要求更改密码。

（2）使用多因素身份验证（Multi-Factor Authentication，MFA）：使用 MFA 以提供额外的安全层，例如手机验证码或身份验证应用程序。

（3）实施访问控制：确保只有授权用户可以访问敏感资源，使用角色和权限来管理用户权限。

（4）使用 JWT 令牌：使用 JWT 来安全地传输用户身份信息，确保令牌签名和有效期。

图 9.28 展示了用户登录和资源访问的身份验证和授权流程。用户首先登录并提交凭证，系统验证这些凭证；如果凭证有效，系统会生成一个 JWT 令牌并授权用户访问；用户随后请求资源，系统再次验证 JWT 令牌；如果令牌有效，则用户获得资源访问权限；如果无效，将请求用户重新进行身份验证。

2．防止 SQL 注入

使用参数化查询或 ORM：使用参数化查询来防止 SQL 注入攻击，或者使用 ORM 来处理数据库交互，ORM 通常能够自动防止 SQL 注入攻击。

图 9.29 展示了防止 SQL 注入的策略。应用服务器收到用户输入后，首先进行数据验证。安全查询通过参数化查询传递给数据库，防止 SQL 注入攻击。

（1）防止 XSS 攻击：对用户输入进行验证，并在将用户输入呈现到页面上时进行适当的输出编码，以防止 XSS 攻击。

（2）防止 CSRF 攻击：在表单提交或敏感操作上使用 CSRF 令牌，以验证请求是否来自合法来源。

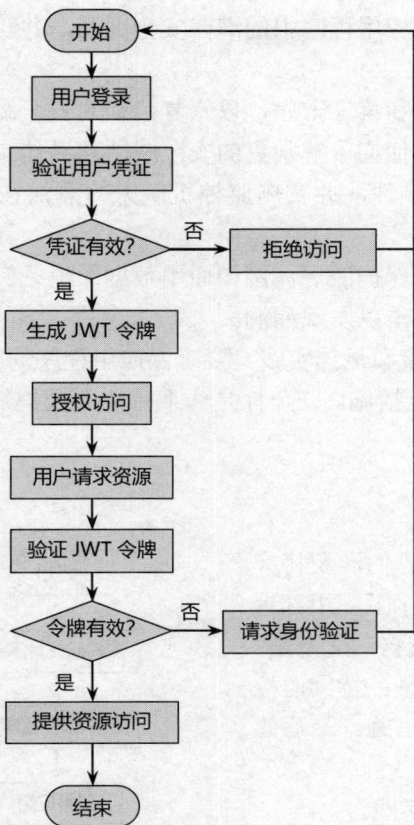

图 9.28　身份验证和授权流程

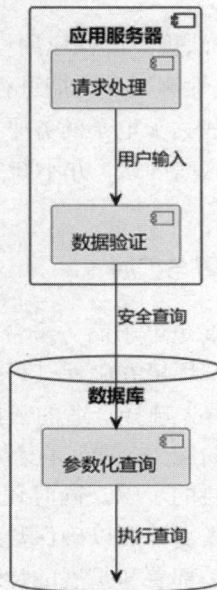

图 9.29　防止 SQL 注入策略

（3）数据保护。

1）使用 HTTPS：通过 HTTPS 传输敏感数据以加密通信。

2）数据加密：对数据库中的敏感数据进行加密，例如用户密码和支付信息。

3）定期备份数据：定期备份数据以防止数据丢失或损坏。

图 9.30 描述了数据保护和加密的过程。应用服务器在处理敏感数据时进行数据加密，并通过安全通信协议（如 HTTPS）将加密数据传输到数据库。

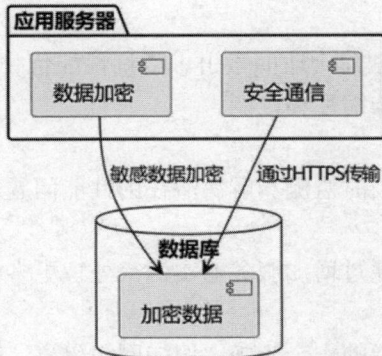

图 9.30　数据保护和加密的过程

（4）安全漏洞扫描：使用安全扫描工具来检测应用程序中的潜在安全漏洞，并及时修复它们。

（5）更新依赖项：及时更新应用程序的依赖项和第三方库，以修复已知的安全漏洞。

（6）安全培训：为开发团队提供安全培训，使他们了解常见的安全威胁和最佳实践。

（7）安全审计和监控：记录应用程序的安全事件，并实施监控机制来检测潜在的安全威胁。

（8）遵守法规：确保应用程序遵守适用的数据保护法规，例如通用数据保护条例。

（9）安全性测试：定期进行渗透测试，模拟攻击以发现漏洞。

以上是一些关于电子商务平台安全性的考虑因素和最佳实践。要确保应用程序的安全性，需要综合考虑这些因素，并不断更新和采取维护安全措施。安全性是一个持续的过程，不是一次性的任务。

9.3.8　部署与扩展

部署和扩展是电子商务平台项目的关键部分，它们涉及将应用程序推向生产环境并确保其可伸缩性。图 9.31 展示了应用部署的关键步骤。首先选择合适的云托管服务，然后设置自动化部署；接下来是实际的应用部署，配置负载均衡以分发流量；持续监控应用性能是重要的步骤，同时还需实施必要的安全措施。最后建立备份和灾难恢复计划以确保数据安全。

以下是有关部署和扩展的详细内容和一些最佳实践。

1. 选择合适的托管服务

选择可靠的云托管服务提供商，例如 AWS、Azure、GCP 等，以便轻松部署和扩展应用程序。

2. 自动化部署流程

建立自动化的部署流程，使用工具（如 Docker 和 CI/CD）来自动构建、测试和部署应用程序。

3. 负载均衡

使用负载均衡来分发流量，确保应用程序的高可用性和性能。

4. 数据库优化

对数据库进行优化，包括创建合适的索引、查询性能优化和备份策略，以确保数据库的可伸缩性和性能。

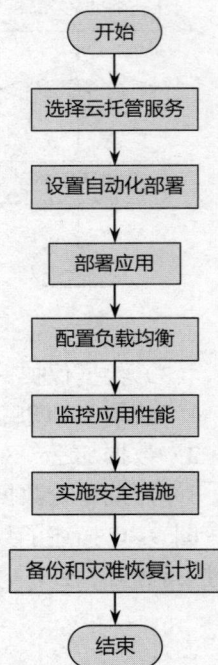

图 9.31　应用部署流程

5. 监控和警报

使用监控和警报系统，以及时监测和解决潜在的性能问题和故障。

6. 水平扩展

考虑水平扩展应用程序，通过增加服务器实例来处理更多的流量。

7. 安全性

确保在部署过程中采取适当的安全措施，例如网络隔离、防火墙规则设置和漏洞扫描。

8. 数据备份和恢复

定期备份应用程序数据，并测试数据恢复流程，以防止数据丢失。

9. 自动伸缩

使用自动伸缩工具来根据流量需求自动增加或减少服务器资源。

10. 监控性能

定期监控应用程序性能，识别并解决瓶颈问题，以确保应用程序的响应时间和可用性。

11. 定期更新

定期更新应用程序的依赖项和操作系统，以修复安全漏洞和性能问题。

12. 备份和灾难恢复计划

建立完善的备份和灾难恢复计划，以应对意外事件。

13. 扩展性测试

在应用程序部署到生产环境之前进行扩展性测试，模拟高负载情况，以确保应用程序在高流量下仍然稳定运行。

14. 缓存和 CDN

使用缓存和 CDN 来提高页面加载速度，减轻服务器负载。

15. 性能优化

不断进行性能优化，包括前端和后端优化，以提高用户体验。

综合考虑这些因素，确保应用程序能够在生产环境中稳定运行，并能够满足不断增长的用户需求。不断监测和优化部署和扩展策略，以确保应用程序的高性能和可用性。

9.4 在线协作工具

9.4.1 项目需求分析

在开发在线协作工具之前，首先需要进行项目需求分析，以确定项目的功能和特性。以下是有关在线协作工具项目需求的详细分析。

1. 用户角色

（1）普通用户：可以创建、编辑和共享文档，查看通知和提醒。

（2）管理员用户：具有管理用户、文件和权限的特权，可以创建和管理团队。

2. 功能需求

（1）实时协作编辑：多个用户可以同时编辑一个文档，实时同步他们的更改。

（2）文件版本控制：保存文档的历史版本，允许用户查看和还原以前的版本。

（3）用户权限管理：管理员可以设置不同用户的权限级别，包括查看、编辑和共享权限。

（4）通知与提醒：用户可以接收有关文档更新、评论和共享的通知和提醒。

（5）文件管理：用户可以创建、上传、删除和组织文档。

（6）团队管理：管理员可以创建和管理团队，将用户分配到不同的团队中。

（7）安全性实践：保障用户数据的安全性，包括数据加密、用户身份验证和授权。

（8）部署与监控：将应用程序部署到生产环境，并建立监控机制来监测性能和安全性。

3．技术选型

在项目需求分析中，还需要考虑选择适当的技术栈，包括前端框架、后端框架、数据库、实时协作技术、通知系统和安全性工具。

4．需求优先级

根据项目需求，确定各项功能的优先级，以便在开发过程中合理安排工作。

通过进行项目需求分析，确保对在线协作工具的开发有清晰的方向和目标，以满足用户的需求和期望。在确定需求后，可以制订详细的开发计划并开始开发相应的功能。

9.4.2 实时协作编辑

实时协作编辑是在线协作工具的核心功能之一，它允许多个用户同时编辑同一个文档，并实时同步他们的更改。这个示例将使用 WebSocket 来实现实时协作编辑功能。图 9.32 展示了实时协作编辑系统的关键组件。前端包括富文本编辑器和 WebSocket 客户端，用于发送和接收编辑更新。后端包括 WebSocket 服务器，负责管理双向通信，以及文档存储，用于保存文档更改。

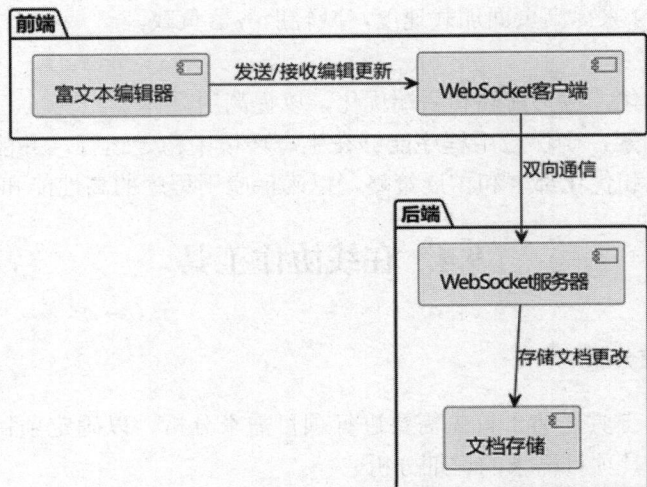

图 9.32　实时协作编辑架构

以下是有关实时协作编辑的详细内容和完整示例代码。

1．技术选型

在实现实时协作编辑功能时，可以选择使用 WebSocket 库，如 Socket.IO，来建立双向通信。此外，需要选择一个文本编辑器库，例如 Quill.js，用于创建富文本编辑器。

2．安装依赖

首先，需要安装所需的依赖，命令如下：

```
npm install express socket.io quill
```

3．创建服务器和 WebSocket 连接

图 9.33 详细展示了通过 WebSocket 进行通信的步骤。包括客户端与服务器的连接、发送编辑更新、服务器接收并广播更新，以及其他客户端接收这些更新。

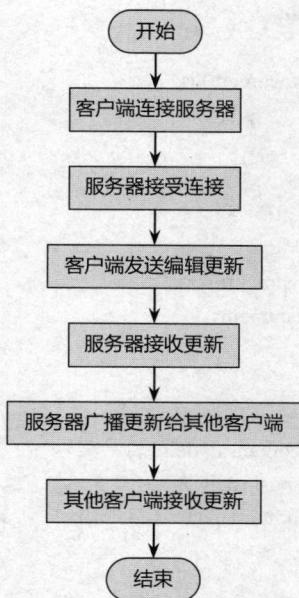

图 9.33 WebSocket 通信流程

接下来，创建一个 Express.js 服务器，并使用 Socket.IO 建立 WebSocket 连接，以实现实时通信。示例代码如下：

```
// server.js

const express = require('express');
const http = require('http');
const socketIO = require('socket.io');
const quillDeltaToHtml = require('quill-delta-to-html');
const { v4:uuidv4 } = require('uuid');

const app = express();
const server = http.createServer(app);
const io = socketIO(server);

const PORT = process.env.PORT || 3000;

// 用于存储文档内容的数据结构
const documents = {};

io.on('connection', (socket) => {
  console.log('新连接建立');

  // 创建新文档
  socket.on('createDocument', () => {
    const documentId = uuidv4();
    documents[documentId] = {
```

```
        content:[],
    };
    socket.emit('documentCreated', documentId);
});

// 加入文档
socket.on('joinDocument', (documentId) => {
    socket.join(documentId);
    const document = documents[documentId];
    socket.emit('documentJoined', document);
});

// 更新文档内容
socket.on('updateDocument', ({ documentId, delta }) => {
    documents[documentId].content.push(delta);
    socket.to(documentId).emit('documentUpdated', delta);
});

// 获取文档内容
socket.on('getDocument', (documentId) => {
    const document = documents[documentId];
    socket.emit('documentFetched', document);
});
});

server.listen(PORT, () => {
    console.log(`服务器正运行在端口 ${PORT}`);
});
```

4. 创建前端界面

创建一个简单的前端界面，使用 Quill.js 作为富文本编辑器，并与 WebSocket 服务器建立连接。示例如下：

```
<!DOCTYPE html>
<html lang="en">
<head>
    <meta charset="UTF-8" />
    <meta name="viewport" content="width=device-width, initial-scale=1.0"/>
    <title>实时协作编辑器</title>
    <!-- 样式文件请本地引入 Quill 样式 -->
    <link rel="stylesheet" href="quill.snow.css" />
</head>
<body>
    <div id="editor" style="height: 300px;"></div>

    <!-- 以下脚本请本地引入 -->
    <script src="socket.io.js"></script>
```

```
<script src="quill.js"></script>

<script>
  const socket = io();
  const editor = new Quill('#editor', {
    theme: 'snow'
  });

  let documentId;

  socket.emit('createDocument');

  socket.on('documentCreated', (id) => {
    documentId = id;
    socket.emit('joinDocument', documentId);
  });

  socket.on('documentJoined', (document) => {
    documentId = document.id;
    document.content.forEach((delta) => {
      editor.updateContents(delta);
    });
  });

  socket.on('documentUpdated', (delta) => {
    editor.updateContents(delta);
  });

  editor.on('text-change', (delta, oldDelta, source) => {
    if (source === 'user') {
      socket.emit('updateDocument', { documentId, delta });
    }
  });

  socket.emit('getDocument', documentId);
</script>
</body>
</html>
```

以上是一个简单的实时协作编辑器示例，它使用 WebSocket 建立实时连接，允许多个用户协作编辑同一个文档。可以根据实际需求扩展和改进这个示例，包括添加用户身份验证、保存文档历史版本、优化性能等功能。

9.4.3　文件版本控制

文件版本控制是在线协作工具的重要功能之一，它允许用户查看和还原以前的文件版本。图 9.34 展示了文件版本控制系统的组成。前端包括历史版本界面和文档编辑器，用于提交文档更改和查看文档的不同版本。后端包括版本控制服务（负责管理文档的版本）和数据库（用于存储和检索不同版本的文档）。

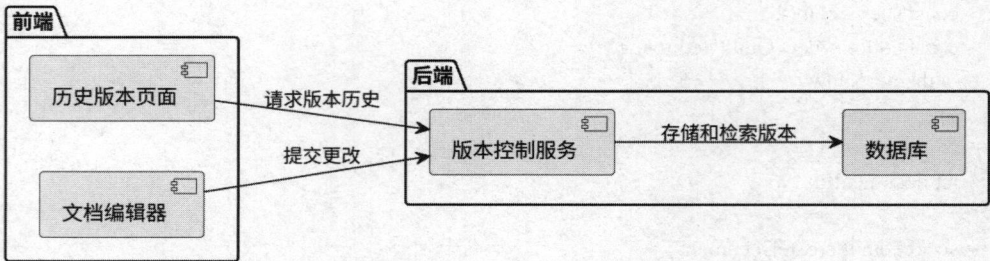

图 9.34　文件版本控制系统架构

这个示例将使用 Git 来实现文件版本控制功能。以下是有关文件版本控制的详细内容和完整示例代码。

1. 技术选型

在实现文件版本控制功能时，选择使用 Git 作为版本控制系统，因为它是一个成熟的工具，具有广泛的应用和强大的功能。

图 9.35 详细展示了使用 Git 进行文件版本控制的工作流程。用户首先在文档编辑器中进行编辑，然后将更改提交到本地仓库；接着，更改被推送到远程仓库；其他用户可以从远程仓库拉取最新的更改，并将这些更改合并到他们的本地副本。

2. 安装 Git

首先，确保在服务器上安装了 Git。可以使用以下命令检查是否安装了 Git。

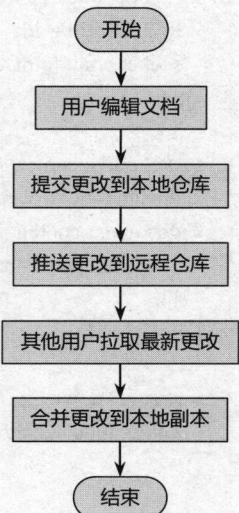

图 9.35　Git 工作流程

```
git --version
```

如果未安装，则可以按照官方文档的说明安装。

3. 创建 Git 仓库

在项目目录中，创建一个新的 Git 仓库以用于文件版本控制，命令如下：

```
git init
```

4. 添加和提交文件

将项目的文件添加到 Git 仓库并提交第一个版本，命令如下：

```
git add
git commit -m "Initial commit"
```

5. 创建分支

为了实现文件版本控制，为每个文档创建一个 Git 分支。创建一个新分支的命令如下：

```
git checkout -b document-1
```

6. 编写代码

编写在线协作工具的代码并将其提交到当前分支。当用户编辑文档时，将提交新的版本。

7. 查看历史版本

查看文档历史版本的命令如下：

```
git log
```

8. 还原版本

要还原到以前的版本，可以使用以下命令：

```
git checkout <commit-hash>
```

9. 合并分支

当需要合并多个用户的更改时，可以使用 Git 合并分支的功能。在主分支上运行以下命令：

```
git merge document-1
```

10. 示例代码

以上是文件版本控制的基本步骤。可以在在线协作工具的项目中实现这些功能，并根据需要扩展它们。在文件版本控制功能中使用 Git 的示例代码如下：

```javascript
const { exec } = require('child_process');

// 创建新分支
function createBranch(branchName) {
  return new Promise((resolve, reject) => {
    exec(`git checkout -b ${branchName}`, (error, stdout, stderr) => {
      if (error) {
        console.error(`创建分支 ${branchName} 失败：${error.message}`);
        reject(error);
        return;
      }
      console.log(`创建分支 ${branchName} 成功`);
      resolve();
    });
  });
}

// 提交更改
function commitChanges(message) {
  return new Promise((resolve, reject) => {
    exec(`git add . && git commit -m "${message}"`, (error, stdout, stderr) => {
      if (error) {
        console.error(`提交更改失败：${error.message}`);
        reject(error);
        return;
      }
      console.log(`提交更改成功：${message}`);
      resolve();
    });
  });
}
```

```
// 查看历史版本
function viewVersionHistory() {
  return new Promise((resolve, reject) => {
    exec('git log', (error, stdout, stderr) => {
      if (error) {
        console.error(`查看历史版本失败：${error.message}`);
        reject(error);
        return;
      }
      console.log('历史版本：');
      console.log(stdout);
      resolve();
    });
  });
}

// 还原版本
function restoreToVersion(commitHash) {
  return new Promise((resolve, reject) => {
    exec(`git checkout ${commitHash} .`, (error, stdout, stderr) => {
      if (error) {
        console.error(`还原版本失败：${error.message}`);
        reject(error);
        return;
      }
      console.log(`已还原到版本：${commitHash}`);
      resolve();
    });
  });
}

// 合并分支
function mergeBranch(branchName) {
  return new Promise((resolve, reject) => {
    exec(`git merge ${branchName}`, (error, stdout, stderr) => {
      if (error) {
        console.error(`合并分支 ${branchName} 失败：${error.message}`);
        reject(error);
        return;
      }
      console.log(`已合并分支 ${branchName}`);
      resolve();
    });
  });
}
```

```
// 使用 Git 示例
async function main() {
    // 创建新分支并提交更改
    await createBranch('document-1');
    await commitChanges('User 1 edits');
    await viewVersionHistory();

    // 还原到以前的版本
    await restoreToVersion('<commit-hash>');
    await viewVersionHistory();

    // 合并分支
    await mergeBranch('document-1');
}

main();
```

请注意，以上示例是一个简化的版本，实际项目中可能需要更多的功能和复杂性。文件版本控制是在线协作工具的关键功能之一，它可以帮助用户跟踪和管理文件的更改历史。

9.4.4　用户权限管理

用户权限管理是在线协作工具的关键功能之一，它允许管理员控制用户对文档和功能的访问权限。这个示例将实现基本的用户权限管理功能，包括用户角色分配和权限控制。以下是有关用户权限管理的详细内容和完整示例代码。

1. 用户角色

在线协作工具通常有不同的用户角色，例如普通用户和管理员用户。管理员用户拥有更高的权限，可以管理用户、文件和团队。

图 9.36 清晰地展示了用户角色之间的关系和权限差异。例如，普通用户可能拥有查看和编辑文档的权限，而管理员用户则拥有更高级的权限，如管理用户、文件和团队。该图可以帮助理解不同用户角色的权限范围。

2. 用户数据存储

为了实现用户权限管理，需要存储用户的相关数据，如用户名、密码、角色等信息。可以使用数据库来存储用户数据。

图 9.36　用户角色之间的
关系和权限差异

图 9.37 详细展示了用户访问受保护资源时的身份验证流程。它包括用户访问页面、输入用户名和密码、系统验证凭证，以及根据凭证的有效性授予或拒绝访问。

3. 注册和登录

实现用户注册和登录功能，以便用户可以访问在线协作工具。在注册时，用户可以选择角色（普通用户或管理员用户）。

4. 权限控制

根据用户的角色，实施不同级别的权限控制。管理员用户可以执行特定的管理操作，而普通用户只能执行常规操作，例如创建和编辑文档。

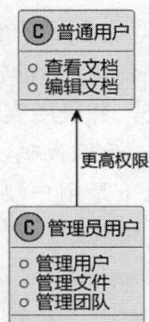

图 9.38 展示了访问控制系统的组件和它们之间的交互。前端用户界面向后端的身份验证服务发出访问请求，身份验证服务再与权限数据库交互以检查用户权限，并根据返回的权限检查结果向用户界面作出授权或拒绝访问的响应。

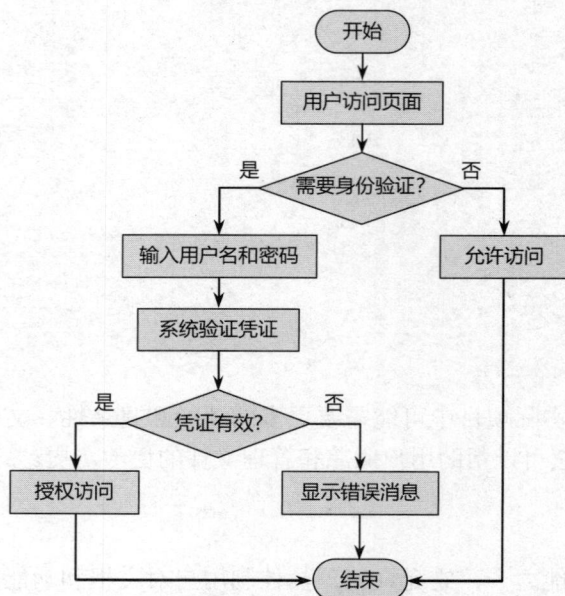

图 9.37　用户身份验证流程图

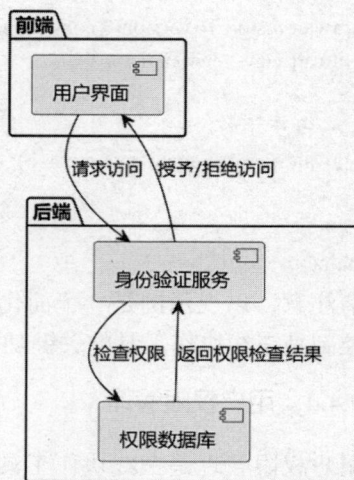

图 9.38　访问控制系统架构图

5. 安全性考虑

确保用户数据的安全性，包括密码加密、用户身份验证和授权。使用加密技术来保护用户密码，并采用安全的用户身份验证流程。

6. 示例代码

以下是用户权限管理示例，使用 Node.js 和 Express.js 作为后端框架，以及 MySQL 作为数据库。请注意，实际项目中可能需要更多的功能和复杂性。

```
// server.js

const express = require('express');
const bodyParser = require('body-parser');
const mysql = require('mysql');

const app = express();
const PORT = process.env.PORT || 3000;

app.use(bodyParser.json());

// MySQL 数据库连接配置
const db = mysql.createConnection({
  host:'localhost',
  user:'root',
```

```
      password:'password',
      database:'cooperation_tool',
});

db.connect((err) => {
  if (err) {
    console.error('无法连接到数据库：', err);
  } else {
    console.log('已连接到数据库');
  }
});

// 用户注册
app.post('/register', (req, res) => {
  const { username, password, role } = req.body;
  // 在实际应用中，应该进行密码加密
  const hashedPassword = password;
  const sql = 'INSERT INTO users (username, password, role) VALUES (?, ?, ?)';
  db.query(sql, [username, hashedPassword, role], (err, result) => {
    if (err) {
      console.error('注册失败:', err);
      res.status(500).json({ error:'注册失败' });
    } else {
      console.log('注册成功');
      res.status(200).json({ message:'注册成功' });
    }
  });
});

// 用户登录
app.post('/login', (req, res) => {
  const { username, password } = req.body;
  // 在实际应用中，应该验证密码
  const sql = 'SELECT * FROM users WHERE username = ?';
  db.query(sql, [username], (err, results) => {
    if (err) {
      console.error('登录失败:', err);
      res.status(500).json({ error:'登录失败' });
    } else if (results.length === 0) {
      res.status(401).json({ error:'用户名或密码不正确' });
    } else {
      // 在实际应用中，应该进行密码验证
      const user = results[0];
      console.log('登录成功');
      res.status(200).json({ message:'登录成功', user });
    }
  });
```

```
});

app.listen(PORT, () => {
  console.log(`服务器正运行在端口 ${PORT}`);
});
```

示例创建了一个 Express.js 服务器，实现了用户注册和登录功能。用户的角色信息存储在数据库中，并根据角色进行权限控制。请注意，在实际应用中，应该进行密码加密和密码验证以提高安全性。

9.4.5　通知与提醒

通知与提醒是在线协作工具的重要功能之一，它使用户能够及时了解与他们相关的活动和事件。这个示例将实现基本的通知和提醒功能，包括用户通知和事件提醒。

图 9.39 展示了通知系统的主要组件。前端包括用户界面，负责向用户展示通知。后端包括通知服务和数据库。通知服务处理来自用户界面的通知请求，与数据库交互来存储和检索通知数据，并将通知数据返回给用户界面以供显示。

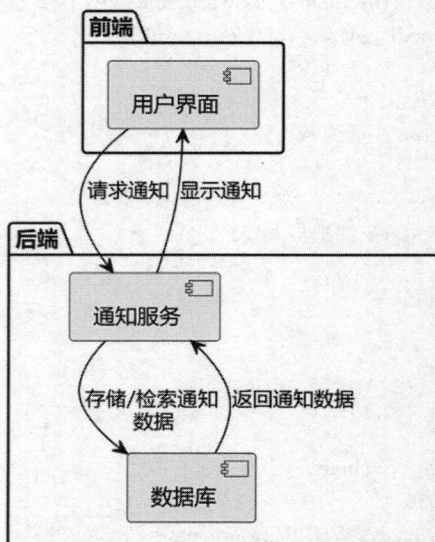

图 9.39　通知系统架构

以下是有关通知与提醒的详细内容和完整示例代码。

1. 用户通知

用户通知通常包括与其相关的新文档、文件共享请求、评论和提及（@）。用户能够查看和管理他们的通知。

图 9.40 描述了实时通知的生成和传递流程。当用户活动发生时，系统生成通知，并将这些通知实时发送给其他用户，接收方随即接收到这些通知。

2. 事件提醒

事件提醒用于提醒用户即将发生事件的相关信息，例如文档截止日期、会议时间等。用户可以设置提醒并接收提醒通知。

图 9.41 展示了事件提醒的流程。流程从用户设置提醒开始，提醒设置被存储起来；当到达设定的提醒时间时，系统将触发提醒通知，用户随后收到这一通知。

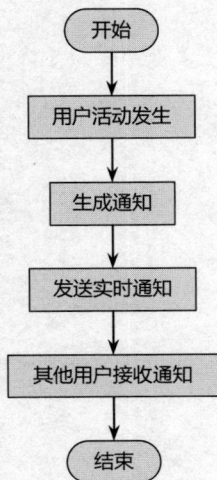

图 9.40 实时通知流程

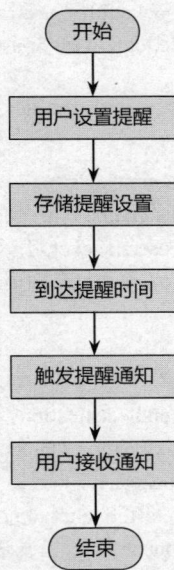

图 9.41 事件提醒流程

3. 技术选型

在实现通知与提醒功能时，可以使用推送通知服务，如 Firebase Cloud Messaging（FCM）或 WebSocket，来发送实时通知。另外，需要设置定时任务来处理事件提醒。

4. 示例代码

以下是通知与提醒示例，使用 Node.js 和 Express.js 作为后端框架，以及 WebSocket 来发送实时通知。请注意，实际项目中可能需要更多的功能和复杂性。

```javascript
// server.js

const express = require('express');
const http = require('http');
const socketIO = require('socket.io');
const { v4: uuidv4 } = require('uuid');

const app = express();
const server = http.createServer(app);
const io = socketIO(server);

const PORT = process.env.PORT || 3000;

const users = {};

io.on('connection', (socket) => {
    console.log('新连接建立');
```

```
// 用户登录
socket.on('login', (username) => {
    users[socket.id] = username;
    console.log(`用户 ${username} 已登录`);
});

// 用户注销
socket.on('logout', () => {
    const username = users[socket.id];
    delete users[socket.id];
    console.log(`用户 ${username} 已注销`);
});

// 发送通知
socket.on('sendNotification', (toUsername, message) => {
    const toSocket = Object.keys(users).find((socketId) => users[socketId] === toUsername);
    if (toSocket) {
        io.to(toSocket).emit('receiveNotification', message);
        console.log(`已发送通知给用户 ${toUsername}`);
    } else {
        console.log(`找不到用户 ${toUsername}`);
    }
});
});

server.listen(PORT, () => {
    console.log(`服务器正运行在端口 ${PORT}`);
});
```

示例创建了一个 Express.js 服务器，使用 WebSocket 实现了实时通知功能。用户可以登录和注销，然后发送和接收通知。这只是一个简单的示例，可以根据实际需求扩展和改进通知与提醒功能，包括事件提醒、通知存储和通知管理等功能。

9.4.6 前端与后端协同开发

前端与后端协同开发是在线协作工具开发过程中的重要部分。它涉及前端和后端开发团队之间的协同工作，以确保系统的无缝集成和功能的顺利实现。

图 9.42 展示了前端和后端在应用开发中的协同开发流程。前端包括用户界面和前端逻辑，负责与用户进行互动并向后端发送 API 请求。后端由服务器逻辑和数据库组成，处理来自前端的数据请求，访问数据库进行数据处理，并将处理结果返回给前端以显示给用户。

以下是有关前端与后端协同开发的详细内容和示例代码。

1. 分工合作

前端和后端开发团队应该分工明确，根据项目需求分工合作。前端团队负责用户界面的开发，包括用户界面设计和实现，而后端团队负责实现服务器端逻辑和数据库管理。

2．API 接口定义

前端和后端团队之间需要定义清晰的 API 接口，以确保数据顺利传输和交互。这些接口应包括请求和响应的数据格式、请求方法、路由等信息。

图 9.43 详细描述了前端和后端集成 API 的步骤。流程从前端发起请求开始，后端接收请求并处理业务逻辑，包括与数据库的交互；完成数据处理后，后端返回响应数据给前端，前端随后根据这些数据更新用户界面。

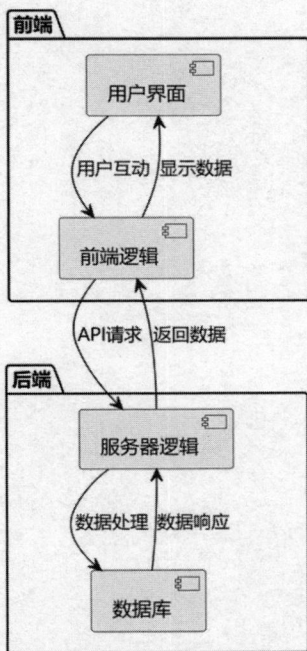

图 9.42　前端与后端协同开发

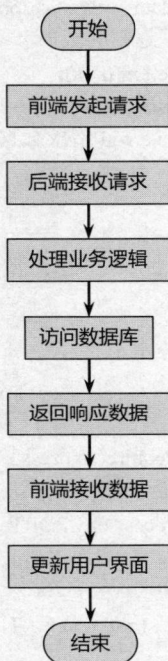

图 9.43　API 集成流程

3．数据库模型

前端和后端团队需要共同定义数据库模型，以确保数据的一致性和完整性。这包括表的结构、关联关系和数据验证规则。

图 9.44 展示了前端、后端和数据库之间的协作关系。它着重表现了如何设计数据库模式以满足前端的数据展示需求，以及后端如何处理数据并与数据库表结构进行交互。

4．接口测试

前端团队应该与后端团队一起进行接口测试，以确保接口的正确性和可用性。这包括单元测试、集成测试和端到端测试。

5．示例代码

以下是一个前端和后端协同开发的示例代码，分别展示了前端和后端的部分内容。

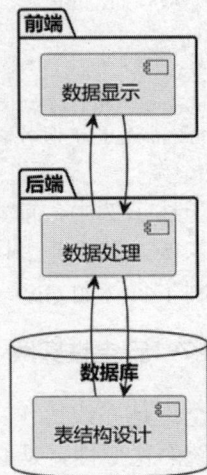

图 9.44　数据库模式协作关系

前端示例代码如下：

```javascript
// frontend.js

// 前端请求后端 API 接口
async function fetchData() {
    try {
        const response = await fetch('/api/data');
        const data = await response.json();
        // 处理返回的数据
        console.log(data);
    } catch (error) {
        console.error('请求数据失败：', error);
    }
}

// 调用 API 接口
fetchData();
```

后端示例代码如下：

```javascript
// server.js

const express = require('express');
const app = express();
const PORT = process.env.PORT || 3000;

// 后端提供 API 接口
app.get('/api/data', (req, res) => {
    const data = {
        message: '这是后端返回的数据',
    };
    res.json(data);
});

app.listen(PORT, () => {
    console.log(`服务器正运行在端口 ${PORT}`);
});
```

在上述示例中，前端代码负责发起请求，后端代码负责处理请求并返回数据。这是一个简单的示例，实际项目中前后端协同开发涉及更多的业务逻辑和数据交互。协同开发可以通过版本控制工具（如 Git）来管理代码，确保团队之间的协作顺畅。

9.4.7　安全性实践

安全性是在线协作工具开发过程中至关重要的方面。确保用户数据的保密性和完整性，以及系统的稳健性，是必不可少的。

图 9.45 描述了安全性实践在不同应用层面的侧重。在应用层，涉及用户身份验证和权限控制；在数据层，着重于数据加密和安全的数据库访问；在网络层，强调使用 HTTPS 和防火

墙的重要性。这展示了安全策略的多层次结构。

以下是有关安全性实践的详细内容和示例代码。

1. 数据加密

使用适当的加密算法来保护用户的敏感数据（如密码）常见的做法是使用哈希函数进行加密和存储，而不是明文存储。

图 9.46 详细展示了数据保护的关键步骤。从收集用户数据开始，接着应用数据加密技术，然后将加密数据存储起来；在数据访问请求发生时，系统验证用户请求的合法性，确保仅授权用户可以访问数据。

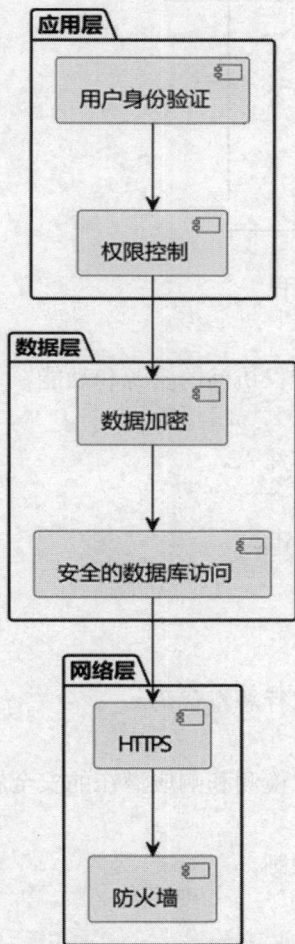

图 9.45　安全性实践架构

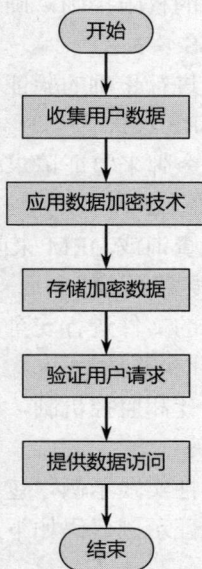

图 9.46　数据保护流程

2. 用户身份验证

使用安全的用户身份验证机制，如 JWT 或 OAuth，来确保用户的身份验证和授权。

图 9.47 展示了身份验证和授权的流程。当用户请求访问资源时，系统首先进行身份验证，然后根据身份验证的结果检查用户的权限。只有验证有效且具有相应权限的用户才能获得资源访问权限，否则请求将被拒绝。

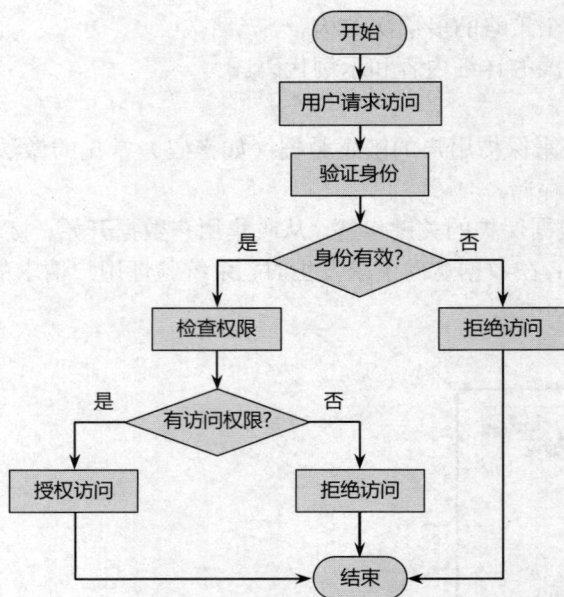

图 9.47　身份验证与授权流程

3. 权限控制

实施细粒度的权限控制，确保用户只能访问他们被授权访问的资源和功能。

4. 防止 XSS 攻击

对用户输入进行正确的验证和转义，以防止恶意脚本注入。

5. 防止 CSRF 攻击

使用 CSRF 令牌来验证请求的来源，以防止 CSRF 攻击。

6. 数据库安全性

使用参数化查询或 ORM 来防止 SQL 注入攻击。

7. 文件上传安全性

对用户上传的文件进行安全处理和验证，确保不会执行恶意代码。

8. 安全审计和监控

实施安全审计和监控机制，以便能够及实时报警，以检测和响应潜在的安全威胁。

9. 示例代码

以下是安全性实践示例，包括用户身份验证和权限控制。

用户身份验证示例代码如下：

```javascript
// auth.js

const jwt = require('jsonwebtoken');
const secretKey = 'your-secret-key';

// 用户登录，生成 JWT 令牌
function login(username, password) {
  if (isValidUser(username, password)) {
    const token = jwt.sign({ username }, secretKey, { expiresIn:'1h' });
```

```
        return token;
    } else {
        throw new Error('用户名或密码不正确');
    }
}

// 验证 JWT 令牌
function verifyToken(token) {
    try {
        const decoded = jwt.verify(token, secretKey);
        return decoded;
    } catch (error) {
        throw new Error('无效的令牌');
    }
}

module.exports = { login, verifyToken };
```

权限控制示例代码如下：

```
// authorization.js

// 检查用户是否有权限执行操作
function checkPermission(user, resource, action) {
    // 在实际应用中，根据用户角色和资源设置权限规则
    // 示例中简化为只允许管理员访问某些资源和操作
    if (user.role === 'admin') {
        return true;
    }
    return false;
}

module.exports = { checkPermission };
```

示例使用 JWT 来进行用户身份验证，并使用了一个简单的权限控制函数。实际项目中，需要根据具体需求和安全性要求来选择和实施适当的安全性实践。安全性是在线协作工具开发中不可忽视的一个方面，必须以严肃的态度对待。

9.4.8 部署与监控

部署与监控是在线协作工具开发的关键步骤，它确保系统在生产环境中稳定运行，并能够及时检测和解决问题。

图 9.48 展示了应用部署的关键步骤。从选择部署环境开始，配置服务器，部署应用程序，设置负载均衡，配置监控系统，最后启动应用程序。

图 9.49 展示了监控系统的组成。包括应用服务器的应用实例、性能监控、日志记录和告警系统。应用实例向性能监控和日志记录系统提供数据，而性能监控和日志记录系统则在发现异常时上报给告警系统。

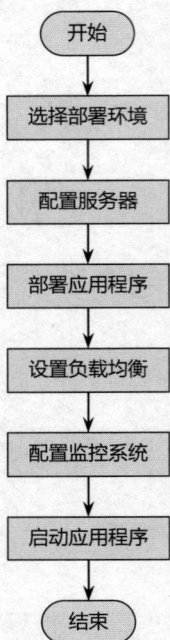

图 9.48　应用部署流程

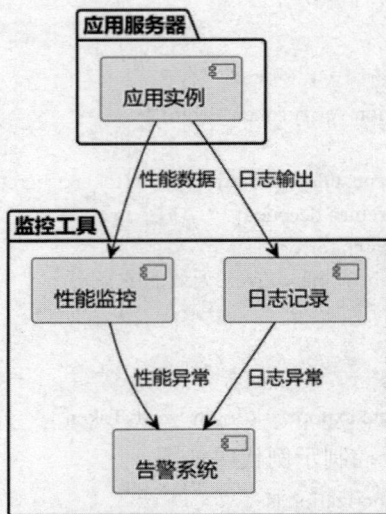

图 9.49　监控系统架构

以下是有关部署与监控的详细内容和示例代码。

1. 自动化部署

使用自动化工具（如 Docker、Jenkins、Travis CI 等）来实现自动化部署，以减少人为错误和提高部署效率。

2. 容器化

使用容器化技术（如 Docker）来将应用程序和其依赖项打包成容器，以确保环境的一致性，并简化部署和扩展。

3. 高可用性

部署多个实例以确保高可用性，使用负载均衡器来分发流量。

4. 日志记录

在应用程序中对日志进行详细地记录，以便在出现问题时进行故障排除。

5. 性能监控

使用性能监控工具（如 Prometheus、Grafana）来实时监控系统性能，并识别潜在问题。

6. 安全性监控

使用安全性监控工具来检测和报告潜在的安全威胁，例如入侵检测系统（Intrusion Detection System，IDS）和漏洞扫描器。

7. 告警和通知

设置告警规则，以便在系统出现问题时及时通知运维团队。

8. 示例代码

以下是部署与监控示例，使用 Docker 来容器化应用程序，并使用 Prometheus 和 Grafana 进行性能监控。

Docker 容器化示例代码如下：

```
# 使用 Node.js 作为基础镜像
FROM node：14

# 设置工作目录
WORKDIR /app

# 复制应用程序文件到工作目录
COPY . .

# 安装依赖项
RUN npm install

# 暴露应用程序端口
EXPOSE 3000

# 启动应用程序
CMD ["node", "server.js"]
```

Prometheus 和 Grafana 监控示例代码如下：

```
version:'3'
services:
  prometheus:
    image:prom/prometheus
    ports:
      - 9090:9090
    volumes:
      - ./prometheus:/etc/prometheus
  grafana:
    image:grafana/grafana
    ports:
      - 3000:3000
    environment:
      - GF_SECURITY_ADMIN_USER=admin
      - GF_SECURITY_ADMIN_PASSWORD=admin
    volumes:
      - ./grafana:/var/lib/grafana
```

　　上述示例使用 Docker 容器化应用程序，并使用 Docker Compose 启动 Prometheus 和 Grafana 容器，以进行性能监控。可以根据实际需求配置和扩展部署与监控环境。部署和监控是在线协作工具开发的关键步骤，确保系统在生产环境中能够稳定运行。

9.5　个人博客

9.5.1　博客设计思路

　　个人博客是一个展示个人思想、经验和作品的重要平台。在设计个人博客时，需要考虑用户体验、内容管理、社交互动和可定制性等方面。以下是有关博客设计思路的详细内容。

1. 用户体验

设计简洁、直观的用户界面，确保用户能够轻松阅读文章、浏览页面和进行博客导航。用户体验设计作为整体 UI 指导原则，在本章不另设小节。

2. 文章管理与发布

实现文章管理系统，系统应具有创建、编辑、发布和删除文章的功能。可以使用 Markdown 等格式来编写和格式化文章。

3. 评论系统

集成评论系统，允许读者在文章下方发表评论，与博主和其他读者互动。可以使用第三方评论插件（如 Disqus）或自主开发评论系统。

4. 用户个人页

创建个人用户页，展示博主的个人信息、文章列表和社交媒体链接等。

5. 主题与样式定制

提供多个博客主题和样式，让博主可以自定义博客的外观和风格。可以使用 CSS 预处理器（如 Sass 或 Less）来简化样式定制。

6. SEO

搜索引擎优化（Search Engine Optimization，SEO），包括设置规范的标题、描述和关键字，生成 SEO 友好的 URL，创建 Sitemap 和 robots.txt 文件等。

7. 数据备份与恢复

定期备份博客数据，以防止数据丢失。考虑使用自动化备份工具或云服务来实现数据备份和恢复功能。

8. 部署与域名配置

部署博客到合适的托管平台或服务器，配置自定义域名，确保博客可以正常访问。

博客的设计应该满足博主和读者的需求，提供良好的用户体验，并具备可扩展性和定制性。在实际项目中，可以选择使用不同的技术栈和框架来实现博客功能。接下来将深入探讨博客的各个方面，并提供相应的示例代码。

9.5.2 文章管理与发布

文章管理与发布是个人博客的核心功能之一，它允许博主创建、编辑、发布和管理博客文章。这个示例将实现基本的文章管理与发布功能，包括创建和编辑文章，以及展示文章列表。以下是有关文章管理与发布的详细内容和完整示例代码。

1. 文章数据模型

需要定义文章的数据模型，包括标题、内容、发布日期等字段。可以使用数据库（如 MySQL、MongoDB）来存储文章数据，也可以选择使用静态文件系统。

图 9.50 展示了个人博客文章的基本数据模型。文章数据模型包含字段如文章的标题、内容、发布日期、作者和摘要，每个字段的数据类型也被标明（例如标题为字符串类型）。这个模型是文章管理系统的核心，为存储和检索文章提供了基础。

2. 创建和编辑文章

博主需要一个界面来创建和编辑文章。可以提供一个富文本编辑器或 Markdown 编辑器，以方便博主编写和格式化文章。

图 9.51 详细描述了博主创建和编辑文章的步骤。首先打开创建/编辑界面，接着选择使用富文本或 Markdown 编辑器，然后是编写文章标题和内容，最后保存文章。此图可以帮助理解文章的创建和编辑过程。

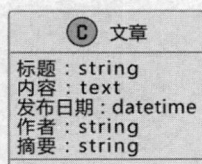

图 9.50 文章数据模型

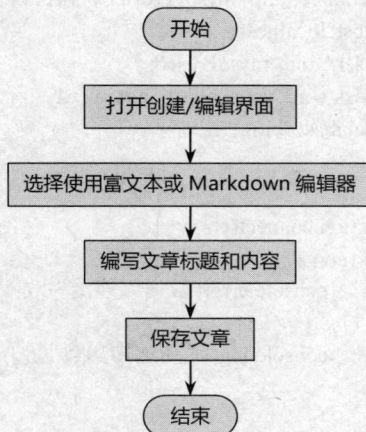

图 9.51 文章的创建和编辑流程

3. 文章列表展示

博客网站需要一个页面来展示文章列表，以便读者浏览和阅读。每篇文章都应该显示标题、摘要、作者、发布日期和阅读更多链接。

4. 详细文章页面

当读者单击文章标题或阅读更多链接时，他们应该被导航到详细的文章页面，以查看完整的文章内容。

5. 示例代码

以下是文章管理与发布示例，使用 Node.js 和 Express.js 作为后端框架，以及 MySQL 作为数据库。

首先，需要在 MySQL 数据库中创建一个表格来存储文章数据。以下是创建表格的 SQL 语句：

```sql
CREATE TABLE articles (
    id INT AUTO_INCREMENT PRIMARY KEY,
    title VARCHAR(255) NOT NULL,
    content TEXT NOT NULL,
    author VARCHAR(255),
    date TIMESTAMP DEFAULT CURRENT_TIMESTAMP
);
```

后端示例代码如下：

```javascript
// server.js

const express = require('express');
const mysql = require('mysql');
const bodyParser = require('body-parser');
```

```javascript
const app = express();
const PORT = process.env.PORT || 3000;

// 连接到 MySQL 数据库
const connection = mysql.createConnection({
    host:'localhost',
    user:'your_mysql_user',
    password:'your_mysql_password',
    database:'blog'
});

connection.connect(err => {
    if (err) {
        console.error('数据库连接失败：', err);
    } else {
        console.log('成功连接到数据库');
    }
});

app.use(bodyParser.json());

// 创建文章
app.post('/articles', (req, res) => {
    const { title, content, author } = req.body;
    const sql = 'INSERT INTO articles (title, content, author) VALUES (?, ?, ?)';
    connection.query(sql, [title, content, author], (err, result) => {
        if (err) {
            console.error('创建文章失败：', err);
            res.status(500).json({ error:'创建文章失败' });
        } else {
            res.status(200).json({ id:result.insertId, title, content, author });
        }
    });
});

// 获取文章列表
app.get('/articles', (req, res) => {
    const sql = 'SELECT * FROM articles';
    connection.query(sql, (err, results) => {
        if (err) {
            console.error('获取文章列表失败：', err);
            res.status(500).json({ error:'获取文章列表失败' });
        } else {
            res.status(200).json(results);
        }
    });
});
```

```
// 获取文章详情
app.get('/articles/:id', (req, res) => {
    const { id } = req.params;
    const sql = 'SELECT * FROM articles WHERE id = ?';
    connection.query(sql, [id], (err, results) => {
        if (err) {
            console.error('获取文章详情失败：', err);
            res.status(500).json({ error:'获取文章详情失败' });
        } else {
            if (results.length > 0) {
                res.status(200).json(results[0]);
            } else {
                res.status(404).json({ error:'文章未找到' });
            }
        }
    });
});

app.listen(PORT, () => {
    console.log(`服务器正运行在端口 ${PORT}`);
});
```

前端示例代码如下：

```
<!-- index.html -->

<!DOCTYPE html>
<html>
<head>
    <title>个人博客</title>
</head>
<body>
    <h1>博客文章列表</h1>
    <ul id="articleList"></ul>

    <script>
        // 使用 JavaScript 从后端获取文章列表并渲染到页面上
        fetch('/articles')
            .then(response => response.json())
            .then(articles => {
                const articleList = document.getElementById('articleList');
                articles.forEach(article => {
                    const listItem = document.createElement('li');
                    listItem.innerHTML = `<a href="/article/${article._id}">${article.title}</a>`;
                    articleList.appendChild(listItem);
                });
            })
            .catch(error => console.error('获取文章列表失败：', error));
```

```
        </script>
    </body>
    </html>
```

上述示例创建了简单的文章管理与发布功能。博主可以通过 POST 请求创建文章,读者可以通过 GET 请求获取文章列表和文章详情。这只是一个基本示例,可以根据实际需求来扩展和改进文章管理与发布功能。

9.5.3 评论系统

评论系统是个人博客的重要组成部分,它允许读者在博客文章下方发表评论,与博主和其他读者互动。这个示例将构建基本的评论系统,包括发表评论、查看评论和管理评论功能。将使用 MySQL 作为数据库来存储评论数据,并提供具体的数据库表字段信息。

图 9.52 描述了用户在博客文章下发表评论的步骤,包括输入和提交评论,以及后端处理和存储这些评论。

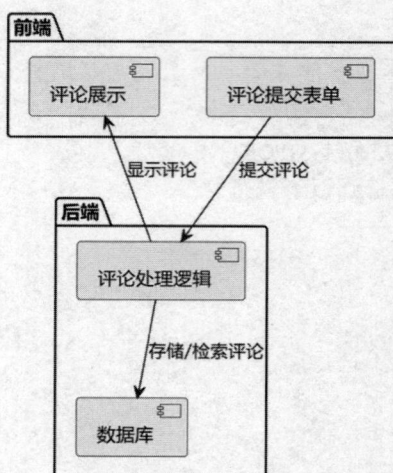

图 9.52　评论系统流程

以下是有关评论系统的详细内容和完整示例代码。

1. 数据库表设计

首先,需要设计数据库表来存储评论数据。创建一个名为 comments 的表,如表 9-11 所示。表格提供了一个结构化的方式来存储和管理与文章相关的评论数据,支持文章与读者间的互动和交流,并包含重要字段。

表 9-11　comments 表

id	article_id	username	content	created_at
1	101	user1	Nice article!	2023-11-21 11:50:37.597098
2	102	user2	Very informative.	2023-11-20 11:50:37.597110
3	103	user3	I have a question about...	2023-11-19 11:50:37.597114

以下是创建 comments 表的 SQL 语句：

```
CREATE TABLE comments (
    id INT AUTO_INCREMENT PRIMARY KEY,
    article_id INT,
    username VARCHAR(255),
    content TEXT,
    created_at TIMESTAMP DEFAULT CURRENT_TIMESTAMP,
    FOREIGN KEY (article_id) REFERENCES articles(id)
);
```

2. 发表评论

读者可以在文章下方的评论框中输入评论内容并单击提交按钮来发表评论。然后后端 API 接收评论内容，并将其存储到数据库中。

图 9.53 描述了读者在博客文章下发表评论的步骤，包括输入和提交评论，以及后端处理和存储这些评论，最后更新页面并显示评论。

3. 查看评论

读者可以在文章下方查看评论列表，每个评论应该显示评论者的用户名、评论内容和评论时间。

4. 管理评论

博主需要一个管理评论的界面，可以查看所有评论、删除不合适的评论等。这个示例将提供一个简单的评论管理 API。

图 9.54 展示了博主如何管理博客评论，包括查看、审核和删除不合适的评论。

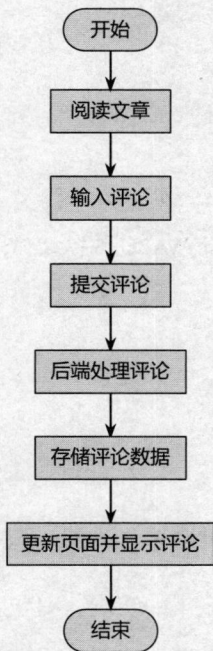

图 9.53　发表评论流程　　　　图 9.54　评论管理流程

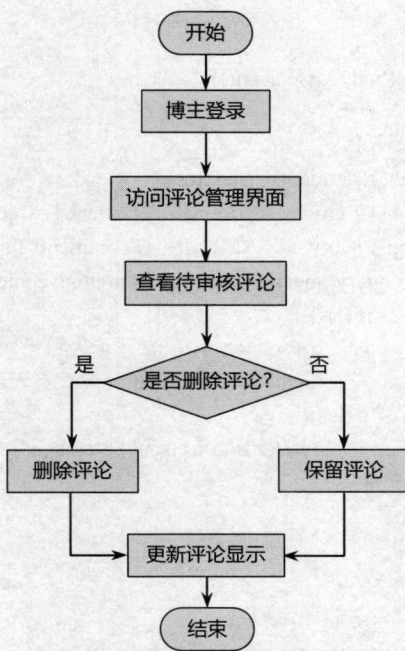

5. 示例代码

以下是评论系统示例,使用 Node.js 和 Express.js 作为后端框架,使用 MySQL 作为数据库。
后端示例代码如下:

```javascript
// server.js

const express = require('express');
const mysql = require('mysql');
const bodyParser = require('body-parser');

const app = express();
const PORT = process.env.PORT || 3000;

const db = mysql.createConnection({
    host: 'localhost',
    user: 'root',
    password: 'password',
    database: 'blog',
});

db.connect(err => {
    if (err) {
        console.error('数据库连接失败: ', err);
    } else {
        console.log('数据库连接成功');
    }
});

app.use(bodyParser.json());

// 发表评论
app.post('/comments', (req, res) => {
    const { article_id, username, content } = req.body;
    const query = 'INSERT INTO comments (article_id, username, content) VALUES (?, ?, ?)';
    db.query(query, [article_id, username, content], (err, result) => {
        if (err) {
            console.error('发表评论失败: ', err);
            res.status(500).json({ error:'发表评论失败' });
        } else {
            res.status(200).json({ message:'评论已发表' });
        }
    });
});

// 获取文章的评论列表
app.get('/comments/:article_id', (req, res) => {
    const { article_id } = req.params;
```

```
        const query = 'SELECT * FROM comments WHERE article_id = ?';
        db.query(query, [article_id], (err, comments) => {
            if (err) {
                console.error('获取评论列表失败：', err);
                res.status(500).json({ error:'获取评论列表失败' });
            } else {
                res.status(200).json(comments);
            }
        });
    });
});

app.listen(PORT, () => {
    console.log(`服务器正运行在端口 ${PORT}`);
});
```

前端示例代码如下：

```
<!-- article.html -->

<!DOCTYPE html>
<html>
<head>
    <title>文章标题</title>
</head>
<body>
    <h1>文章标题</h1>
    <p>文章内容</p>

    <h2>发表评论</h2>
    <form id="commentForm">
        <input type="hidden" id="articleId" value="1">
        <input type="text" id="username" placeholder="用户名" required>
        <textarea id="content" placeholder="评论内容" required></textarea>
        <button type="submit">发表评论</button>
    </form>

    <h2>评论列表</h2>
    <ul id="commentList"></ul>

    <script>
        // 使用 JavaScript 从后端获取评论列表并渲染到页面上
        const articleId = document.getElementById('articleId').value;
        const commentForm = document.getElementById('commentForm');
        const commentList = document.getElementById('commentList');

        // 提交评论
        commentForm.addEventListener('submit', event => {
            event.preventDefault();
```

```
                const username = document.getElementById('username').value;
                const content = document.getElementById('content').value;

                fetch('/comments', {
                    method:'POST',
                    headers:{
                        'Content-Type':'application/json',
                    },
                    body:JSON.stringify({ article_id:articleId, username, content }),
                })
                    .then(response => response.json())
                    .then(result => {
                        alert(result.message);
                        commentForm.reset();
                    })
                    .catch(error => console.error('发表评论失败：', error));
            });

            // 获取文章的评论列表
            fetch(`/comments/${articleId}`)
                .then(response => response.json())
                .then(comments => {
                    comments.forEach(comment => {
                        const listItem = document.createElement('li');
                        listItem.innerHTML = `<strong>${comment.username}</strong>:${comment.content}`;
                        commentList.appendChild(listItem);
                    });
                })
                .catch(error => console.error('获取评论列表失败：', error));
        </script>
    </body>
</html>
```

上述示例创建了一个简单的评论系统，使用 Node.js 和 Express.js 作为后端框架，使用 MySQL 作为数据库。读者可以在文章下方发表评论，评论将被存储在数据库中，并在页面上显示。这只是一个基本示例，可以根据实际需求扩展和改进评论系统。请确保在生产环境中实施适当的安全性和性能优化措施。

9.5.4　用户个人页

用户个人页是个人博客的一部分，用于展示博主的个人信息、文章列表和社交媒体链接等。这个示例将搭建用户个人页，并提供一个简单的界面，以展示博主的信息和文章列表。以下是有关用户个人页的详细内容和完整示例代码。

1. 个人信息展示

用户个人页应该包括以下信息：

（1）博主的用户名或昵称。

（2）博主的头像或个人照片。

（3）博主的简介或个人介绍。

图 9.55 展示了用户个人页的主要组件。前端包括文章列表展示、社交媒体链接、个人信息展示，后端则处理文章数据和用户信息。

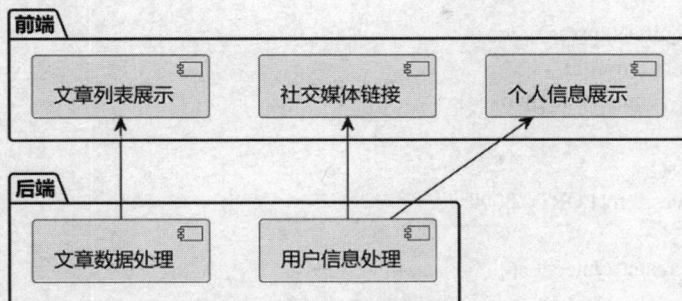

图 9.55　用户个人页架构

2．文章列表展示

用户个人页还应该展示博主的文章列表，以供读者浏览和阅读。每篇文章应该显示标题、摘要、发布日期和阅读更多链接。

图 9.56 描述了用户个人页中文章列表的展示流程。包括读者访问用户个人页，后端获取文章数据，前端渲染文章列表，以及用户浏览文章。

3．社交媒体链接

博主可以提供社交媒体链接，以便读者关注或联系博主。这些链接可以包括博主的 Twitter、LinkedIn、GitHub 等社交媒体账号。

图 9.57 展示了社交媒体集成的机制。前端展示社交媒体按钮，后端处理社交媒体链接，并将这些链接提供给前端展示。

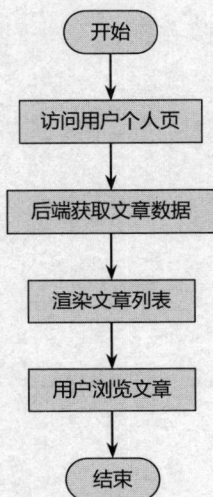

图 9.56　文章列表展示流程

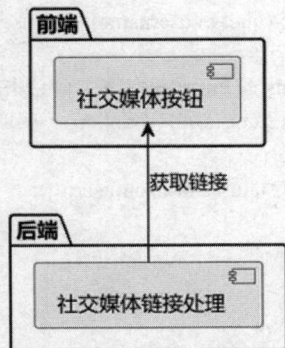

图 9.57　社交媒体集成架构

4. 示例代码

以下是用户个人页示例，使用 Node.js 和 Express.js 作为后端框架，使用 MySQL 作为数据库。

后端示例代码如下：

```javascript
// server.js

const express = require('express');
const mysql = require('mysql');
const bodyParser = require('body-parser');

const app = express();
const PORT = process.env.PORT || 3000;

const db = mysql.createConnection({
  host:'localhost',
  user:'root',
  password:'password',
  database:'blog',
});

db.connect(err => {
  if (err) {
    console.error('数据库连接失败：', err);
  } else {
    console.log('数据库连接成功');
  }
});

app.use(bodyParser.json());

// 获取博主信息
app.get('/user/:username', (req, res) => {
  const { username } = req.params;
  const query = 'SELECT * FROM users WHERE username = ?';
  db.query(query, [username], (err, user) => {
    if (err) {
      console.error('获取博主信息失败：', err);
      res.status(500).json({ error:'获取博主信息失败' });
    } else {
      res.status(200).json(user[0]);
    }
  });
});

// 获取博主的文章列表
```

```
app.get('/user/:username/articles', (req, res) => {
    const { username } = req.params;
    const query = 'SELECT * FROM articles WHERE author = ?';
    db.query(query, [username], (err, articles) => {
        if (err) {
            console.error('获取文章列表失败：', err);
            res.status(500).json({ error:'获取文章列表失败' });
        } else {
            res.status(200).json(articles);
        }
    });
});

app.listen(PORT, () => {
    console.log(`服务器正运行在端口 ${PORT}`);
});
```

前端示例代码如下：

```
<!-- user.html -->

<!DOCTYPE html>
<html>
<head>
    <title>用户个人页</title>
</head>
<body>
    <h1>用户个人页</h1>
    <div id="userInfo">
        <h2>个人信息</h2>
        <p><strong>用户名：</strong> <span id="username"></span></p>
        <p><strong>头像：</strong> <img id="avatar" src="" alt="用户头像"></p>
        <p><strong>简介：</strong> <span id="bio"></span></p>
    </div>

    <h2>文章列表</h2>
    <ul id="articleList"></ul>

    <h2>社交媒体</h2>
    <ul id="socialMediaLinks">
        <li><a href="" id="twitterLink">Twitter</a></li>
        <li><a href="" id="linkedinLink">LinkedIn</a></li>
        <li><a href="" id="githubLink">GitHub</a></li>
    </ul>

    <script>
        // 使用 JavaScript 从后端获取博主信息、文章列表和社交媒体链接，并渲染到页面上
        const username = 'example_user'; // 从 URL 参数或其他途径获取博主的用户名
```

```
// 获取博主信息
fetch(`/user/${username}`)
  .then(response => response.json())
  .then(user => {
    document.getElementById('username').textContent = user.username;
    document.getElementById('avatar').src = user.avatar;
    document.getElementById('bio').textContent = user.bio;
  })
  .catch(error => console.error('获取博主信息失败：', error));

// 获取博主的文章列表
fetch(`/user/${username}/articles`)
  .then(response => response.json())
  .then(articles => {
    const articleList = document.getElementById('articleList');
    articles.forEach(article => {
      const listItem = document.createElement('li');
      listItem.innerHTML = `<a href="/article/${article.id}">${article.title}</a>`;
      articleList.appendChild(listItem);
    });
  })
  .catch(error => console.error('获取文章列表失败：', error));

// 获取社交媒体链接
// 教材中社交媒体不使用真实链接，此处仅说明占位。请根据实际情况补充链接
</script>
</body>
</html>
```

上述示例创建了一个简单的用户个人页，使用 Node.js 和 Express.js 作为后端框架，使用 MySQL 作为数据库。读者可以在该页面上查看博主的个人信息、文章列表和社交媒体链接。这只是一个基本示例，可以根据实际需求扩展和改进用户个人页。请确保在生产环境中实施适当的安全性和性能优化措施。

9.5.5 主题与样式定制

主题与样式定制是个人博客的一个关键部分，允许博主自定义博客的外观和风格，以使其与个人品味和需求相符。接下来将探讨如何实现主题和样式定制功能，并提供一个简单的示例。以下是有关主题与样式定制的详细内容和完整示例代码。

1. 主题切换

博主应该能够从多个预定义的主题中进行选择，或者自定义主题。每个主题包括不同的颜色、字体和排版设置。

图 9.58 展示了用户在个人博客中选择和定制主题的步骤。用户首先访问定制页面，选择预设主题或自定义主题。如果选择自定义主题，则需输入自定义 CSS 并应用，否则直接应用选择的主题样式。

图 9.59 展示了自定义主题的实现机制，包括前端的主题选择器和 CSS 编辑器，后端的样式处理和主题数据库。用户可以通过主题选择器选择预设主题，或通过 CSS 编辑器提交自定义样式，后端处理这些信息并将主题配置存储在主题数据库中。

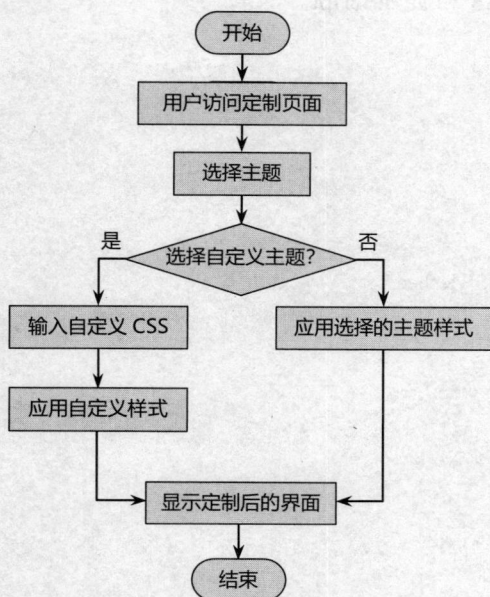

图 9.58　主题选择与定制流程

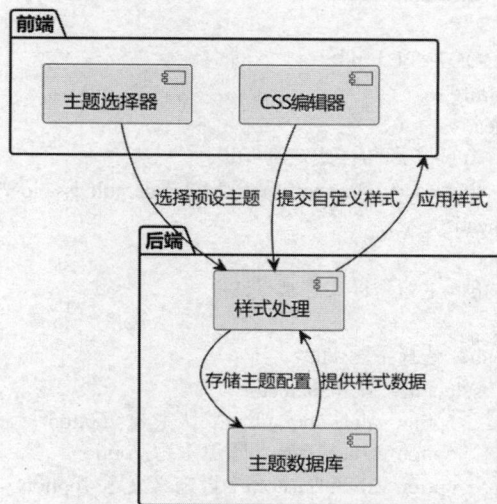

图 9.59　自定义主题架构

2. 样式编辑器

提供一个样式编辑器，博主可以使用它来自定义博客的 CSS 样式。这样，博主可以更精确地调整博客的外观。

图 9.60 描述了样式编辑器的组成和工作方式，包括前端的预览界面和样式编辑器，以及后端的样式存储和应用服务器。用户通过样式编辑器保存自定义样式，这些样式被存储并应用到博客上，最终显示在预览界面。

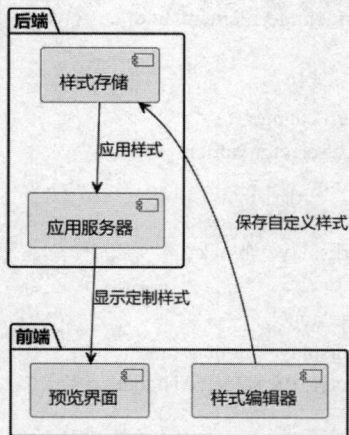

图 9.60　样式编辑器架构

3. 样式保存和应用

确保博主可以保存自定义样式并将其应用到博客。保存的样式应该与所选的主题一起生效。

4. 示例代码

以下是主题与样式定制示例,使用了 HTML、CSS 和 JavaScript。

前端示例代码如下:

```html
<!-- customize.html -->

<!DOCTYPE html>
<html>
<head>
  <title>主题与样式定制</title>
  <link rel="stylesheet" href="styles/default.css" id="customStylesheet">
</head>
<body>
  <h1>主题与样式定制</h1>

  <h2>选择主题</h2>
  <select id="themeSelector">
    <option value="default">默认主题</option>
    <option value="dark">暗黑主题</option>
    <option value="custom">自定义主题</option>
  </select>

  <h2>自定义样式</h2>
  <textarea id="customCSS" placeholder="在此输入自定义 CSS"></textarea>
  <button id="applyCustomStyles">应用自定义样式</button>

  <script>
    const themeSelector = document.getElementById('themeSelector');
    const customCSS = document.getElementById('customCSS');
    const applyCustomStyles = document.getElementById('applyCustomStyles');
    const customStylesheet = document.getElementById('customStylesheet');

    // 监听主题选择变化
    themeSelector.addEventListener('change', () => {
      const selectedTheme = themeSelector.value;
      if (selectedTheme === 'custom') {
        customCSS.style.display = 'block';
        applyCustomStyles.style.display = 'block';
      } else {
        customCSS.style.display = 'none';
        applyCustomStyles.style.display = 'none';
        customStylesheet.href = `styles/${selectedTheme}.css`;
      }
    });
```

```
        // 应用自定义样式
        applyCustomStyles.addEventListener('click', () => {
            const customCSSValue = customCSS.value;
            const styleTag = document.createElement('style');
            styleTag.innerHTML = customCSSValue;
            document.head.appendChild(styleTag);
        });
    </script>
</body>
</html>
```

上述示例创建了一个简单的主题与样式定制页面。博主可以选择预定义的主题（默认主题和暗黑主题），或者选择自定义主题并输入自定义 CSS 样式。当博主选择自定义主题并单击应用自定义样式按钮时，输入的自定义样式将被应用到博客。这只是一个基本示例，实际项目中可能需要更复杂的实现和后端支持来保存和管理主题和样式。

9.5.6 SEO

SEO 是指通过优化网站的内容和结构，提高搜索内容在搜索引擎结果页面上的排名，从而获得更多的有机流量。在个人博客项目中，SEO 是非常重要的，因为它可以帮助博客文章被更多人发现和阅读。以下是有关 SEO 的详细内容和一些简单的示例。

1. 优化页面标题

每篇博客文章的页面应该有一个清晰、有吸引力的标题。标题应该包含关键词，以提高搜索引擎的索引能力。

图 9.61 展示了 SEO 的关键步骤，包括关键词确定、页面标题和描述的优化、标题标签的使用、图片的 alt 标签优化、内部链接策略的设置、XML 网站地图的创建、响应式设计和网站速度的优化。

以下示例代码为设置每个页面的标题，优化 SEO 排名，并确保在用户搜索时能有效吸引点击。在实际应用中，确保每个页面的标题具有唯一性，并合理融入目标关键词。

图 9.61 SEO 流程

```
<title>博客文章标题 - 个人博客</title>
```

2. 使用适当的标题标签

文章内容应该使用适当的标题标签（例如<h1>、<h2>、<h3>等）。标题标签应该按照层次结构排列，以使页面结构清晰。示例代码如下：

```
<h1>文章标题</h1>
<h2>子标题</h2>
```

3. 图片优化

在文章中使用图片时，应该为每个图片添加适当的 alt 属性，以便搜索引擎可以理解图片内容。同时，图片文件名和描述应该包含关键词。示例代码如下：

```
<img src="image.jpg" alt="关键词和相关的图片描述">
```

图 9.62 展示了网页内容和 HTML 标签之间的关系，包括文章标题对应 title 标签，文章内容对应 meta 描述，图片对应 alt 文本，以及内部链接对应 heading 标签。

4. 内部链接

在文章中使用内部链接，将相关文章链接到一起。这可以提高用户的停留时间并改善网站的内部链接结构。示例代码如下：

```
<a href="/related-article">相关文章标题</a>
```

关键词密度：在文章中适当使用关键词，但不要过度使用。关键词应自然地融入文本，而不是强行插入。示例代码如下：

```
<p>这篇文章将介绍如何进行关键词优化以提高搜索排名。</p>
```

响应式设计：确保博客网站采用响应式设计，以适应不同设备和屏幕尺寸。这有助于提高用户体验，因为搜索引擎通常更适用于响应式网站。示例代码如下：

```
<meta name="viewport" content="width=device-width, initial-scale=1">
```

网站速度优化：优化网站加载速度，包括减小图片和文件的大小、使用浏览器缓存等。较快的网站速度有助于提高搜索引擎的索引能力。

XML 网站地图：图 9.63 展示了 XML 网站地图在 SEO 中的作用，描述了搜索引擎爬虫使用网站地图来索引网站内容的过程。

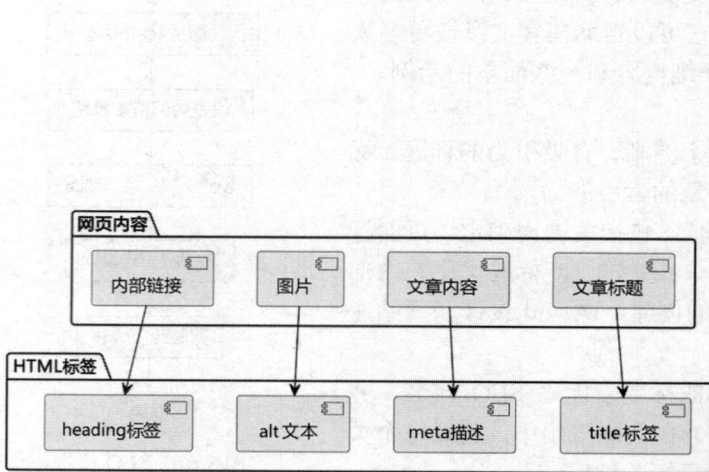

图 9.62　网页 SEO 元素

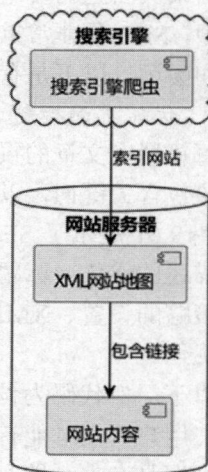

图 9.63　XML 网站地图架构

创建 XML 网站地图，以便搜索引擎更容易地索引网站的所有页面。示例代码如下：

```
<!-- 以下 xmlns 为标准 sitemap 命名空间，链接不包含真实跳转地址，需以实际链接替换 -->
<urlset xmlns="sitemap-namespace">
    <url>
        <loc>https://yourdomain.com/article1</loc>
        <changefreq>daily</changefreq>
        <priority>0.8</priority>
    </url>
    <!-- 更多页面 -->
</urlset>
```

社交媒体分享：在文章页面上添加社交媒体分享按钮，以便读者轻松分享文章。社交分享可以增加流量和曝光。示例代码如下：

```
<div class="share-buttons">
<!-- 以下链接为占位示例，不包含真实跳转地址 -->
    <a href="#" target="_blank">分享到平台 1</a>
    <a href="#" target="_blank">分享到平台 2</a>
</div>
```

这些是一些简单的 SEO 方法，可以帮助提高个人博客的搜索引擎可见性。但要注意，SEO 是一个广阔的领域，还有很多其他技术和策略可以用来优化网站。定期更新和优化博客内容也是持续改进 SEO 的重要步骤。

9.5.7　数据备份与恢复

在开发和运维博客网站时，数据备份与恢复是至关重要的。博客文章、评论和用户信息数据的丢失会造成不可挽回的损失。这一小节将讨论如何构建数据备份和恢复机制，以确保数据的安全性和可恢复性。

1．数据备份策略

图 9.64 展示了数据备份的关键步骤，包括定期执行备份、备份数据库、备份网站文件、验证备份的完整性，以及将备份存储到安全的位置。

（1）定期备份数据库：设置定期备份数据库的计划。常见的备份频率为每日、每周或每月。

（2）多地点备份：将备份文件存储在多个地点，例如本地服务器和云服务器。这可以提高数据的安全性和可用性。

（3）自动化备份：使用自动化工具或脚本来执行备份操作，以减少人为错误的风险。

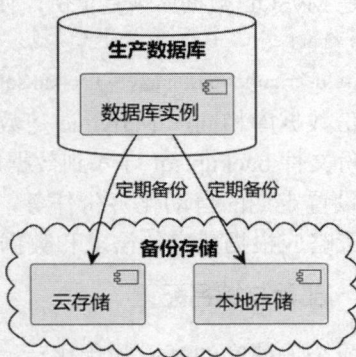

图 9.65 描述了数据库备份系统的组成，包括生产数据库以及备份存储，备份存储有云存储和本地存储。此图展示了数据库实例如何定期备份到这些存储选项中。

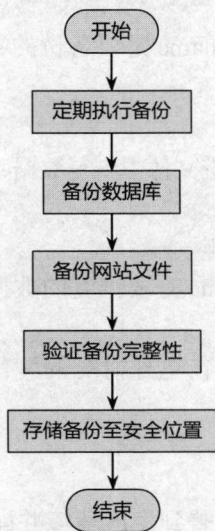

图 9.64　数据备份流程　　　　　图 9.65　数据库备份系统架构

2. 数据恢复策略

（1）测试备份的完整性：定期测试备份数据的完整性，确保它们可以成功恢复。

（2）备份恢复计划：建立数据恢复计划，明确恢复步骤和责任人员。

（3）监控与报警：设置监控和报警系统，以便在备份或恢复过程中出现问题时及时发出警报。

图 9.66 描述了数据恢复的详细步骤。从发生数据丢失开始，接着检索备份数据，验证备份数据，恢复数据到生产数据库，最后验证数据恢复的完整性。

3. 数据备份工具

以下是一些常用的数据库备份工具，可以根据实际需求选择合适的工具。

（1）MySQL 备份工具：MySQL 自带了 mysqldump 命令，可以用于备份和恢复 MySQL 数据库。

（2）数据库管理系统（Database Management System，DBMS）工具：许多 DBMS 提供了备份和恢复功能，例如 MySQL Workbench、phpMyAdmin 等。

（3）第三方备份工具：有许多第三方备份工具可用，例如 Duplicity、Bacula、Amanda 等。

图 9.66 数据恢复流程

4. 数据备份示例

以下是 MySQL 数据库备份示例，使用 mysqldump 命令来备份数据库。这是一个手动备份的示例，实际上应该将备份自动化并安排定期执行。

```
# 备份数据库到文件
mysqldump -u username -p dbname > backup.sql

# 恢复数据库
mysql -u username -p dbname < backup.sql
```

请注意，上述示例中的 username 是数据库的用户名，dbname 是要备份的数据库名称。恢复时，需要将备份文件 backup.sql 导入到数据库中。

5. 数据恢复示例

以下是 MySQL 数据库恢复示例，使用 mysql 命令来从备份文件中恢复数据库。

```
# 恢复数据库
mysql -u username -p dbname < backup.sql
```

与备份数据库相同，username 是数据库的用户名，dbname 是要恢复的数据库名称。恢复时，将备份文件 backup.sql 导入到数据库中。

通过设置定期的自动化备份任务，可以确保博客的数据在意外情况下具有可恢复性。备份和恢复策略应根据博客的需求和数据重要性来制定。

9.5.8 部署与域名配置

在完成个人博客的开发和优化后，最后一步是将博客部署到生产环境并配置域名，以使其对外可访问。这一小节将讨论如何部署博客并配置域名。

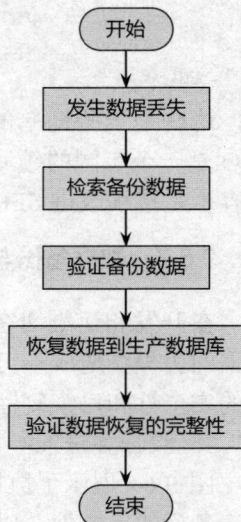

1.　部署到生产环境

图 9.67 展示了博客部署的关键步骤，包括选择托管服务、配置服务器环境、部署应用程序、设置域名解析以及启用 SSL 证书。

（1）选择托管服务：选择一个可靠的托管服务提供商，例如 AWS、GCP、Azure、Heroku、Netlify 等。

（2）配置服务器：设置服务器环境，包括操作系统、Web 服务器（如 Nginx 或 Apache）、数据库服务器（如 MySQL 或 PostgreSQL）等。

图 9.68 展示了服务器环境的配置，包括数据库服务器、Web 服务器、操作系统等组件。

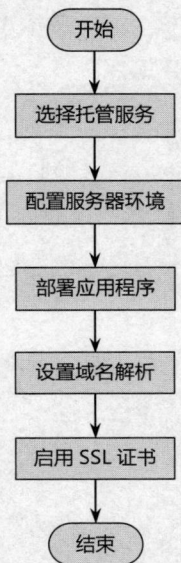

图 9.67　博客部署流程

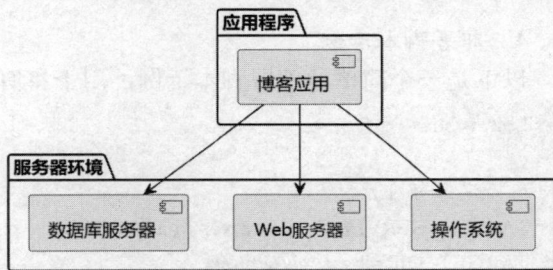

图 9.68　服务器环境的配置

（3）部署应用程序：将博客的应用程序代码部署到服务器上，并确保所有依赖项都已安装和配置。

（4）设置域名解析：配置域名解析，将域名指向服务器的 IP 地址。

2.　域名配置

图 9.69 描述了域名配置的步骤。从购买域名开始，接着配置 DNS 记录，设置 SSL 证书，最后配置域名重定向。

（1）购买域名：选择并购买合适的域名，注册一个可用的域名。

（2）配置 DNS 记录：在域名注册商的控制面板中配置 DNS 记录，将域名指向服务器的 IP 地址。

（3）设置 SSL 证书：为博客启用 SSL 证书，以确保安全的 HTTPS 连接。

3.　域名重定向

设置域名重定向规则，以确保访问博客的用户始终使用安

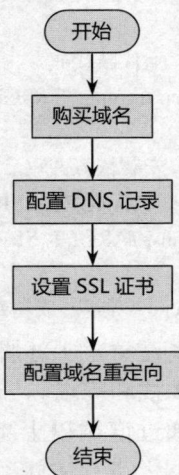

图 9.69　域名配置流程

全的 HTTPS 连接，同时将 www 和非 www 版本的域名都重定向到统一的域名。示例代码如下：

```
server {
    listen 80;
    server_name example.com www.example.com;
    return 301 https://example.com$request_uri;
}


server {
    listen 443 ssl;
    server_name example.com;
    ssl_certificate /etc/nginx/ssl/example.com.crt;
    ssl_certificate_key /etc/nginx/ssl/example.com.key;
    # 其他 SSL 配置

    location / {
        # 配置反向代理或应用程序服务
    }
}
```

4. 部署脚本示例

以下是一个简单的部署脚本示例，用于将博客应用程序从开发环境部署到生产环境。

```bash
!/bin/bash

# 定义部署目标服务器
TARGET_SERVER="your-server-ip-address"
TARGET_DIR="/var/www/blog"

# 备份现有代码
ssh $TARGET_SERVER "mkdir -p $TARGET_DIR/backups"
ssh $TARGET_SERVER "mv $TARGET_DIR/app $TARGET_DIR/backups/app-$(date +%Y%m%d%H%M%S)"

# 上传新代码
scp -r ./app $TARGET_SERVER：$TARGET_DIR/

# 安装依赖并重启应用
ssh $TARGET_SERVER "cd $TARGET_DIR/app && npm install"
ssh $TARGET_SERVER "pm2 restart app"

echo "博客已成功部署到生产环境"
```

请注意，上述脚本是一个简化的示例，实际部署过程可能更复杂，具体取决于博客采用的技术栈和需求。

通过遵循以上步骤，可以成功地将个人博客部署到生产环境并配置域名，使其可以在互联网上进行访问。确保在部署之前进行充分的测试和安全审查，以确保博客在生产环境中稳定运行。

实验 9　Web 项目规划与开发实践

实验 9.1　Web 项目规划

实验目标

（1）理解 Web 项目规划的重要性。

（2）掌握制定项目目标、范围、功能列表与技术路线的方法。

实验步骤

（1）选择一个 Web 项目主题（如博客、电子商务、社交平台）。

（2）明确项目目标与范围，列出功能模块。

（3）规划项目开发阶段、时间表与技术栈。

（4）撰写完整项目规划报告，说明规划的依据与意义。

实验 9.2　数据库设计与建模

实验目标

（1）掌握数据库建模基本知识。

（2）能使用建模工具完成数据表、字段与关系设计。

（3）理解实体关系建模在 Web 应用中的作用。

实验步骤

（1）确定 Web 项目所需数据实体与属性。

（2）使用 MySQL Workbench 或 ERwin 进行建模，创建表、字段、主键与外键。

（3）至少设计 3 张以上相关联的表。

（4）撰写数据库设计文档，附建模图与字段说明。

实验 9.3　Web 应用开发

实验目标

（1）掌握 Web 前后端开发流程与关键技能。

（2）能够实现核心功能模块并进行测试与部署。

实验步骤

（1）使用如 Django、React、Vue 等框架搭建 Web 应用。

（2）设计基本界面与核心功能（如文章发布、展示）。

（3）开发后端业务逻辑，实现数据交互与处理。

（4）进行本地调试、界面优化与用户体验测试。

实验 9.4　数据库集成与数据存储

实验目标

（1）掌握 Web 应用与数据库集成方法。
（2）能够实现数据录入、存储、查询与展示功能。

实验步骤

（1）配置数据库连接，实现 Web 应用与数据库通信。
（2）创建数据录入表单并实现提交与存储。
（3）编写数据库查询逻辑，支持数据检索与页面展示。
（4）测试数据库操作的正确性与系统性能。

习　题　9

1．Web 项目规划：如果计划开发一个新的 Web 项目，首先需要进行哪些方面的规划？列出至少五条关键的规划，并解释其重要性。

2．Web 应用架构：请解释什么是 MVC 架构模式，并说明其在 Web 应用程序中的作用。

3．数据库设计：如果开发一个电子商务网站需要设计数据库以存储产品信息。列出至少三个数据库表格，并描述它们之间的关系。

4．API 设计：如果需要设计一个 RESTful API，用于管理用户的任务列表。提供一个示例 API 端点，并说明它支持的 HTTP 请求方法以及返回的数据格式。

5．前端开发：如果开发一个在线投票应用，需要设计一个用户界面，以便用户查看和投票。描述一个用户界面的基本要素和如何与用户交互。

6．后端开发：如果 Web 应用需要一个后端服务来处理用户请求和与数据库交互。列出至少三个后端服务的功能，并解释它们在应用中的作用。

7．用户认证与授权：为什么用户认证和授权在 Web 应用中是重要的？描述如何实现基本的用户认证和授权机制。

8．测试与部署：为什么测试在 Web 项目中至关重要？列举至少三种不同类型的测试方式，并解释它们的作用。另外，描述一下 Web 应用的部署流程。

第 10 章 综 合 应 用

10.1 开源框架的总结

10.1.1 热门开源框架概览

在 Java 开发领域，众多开源框架为开发者提供了强大的工具和库，以简化开发流程、提高代码质量和开发效率。本小节将概览几个热门的 Java 开源框架，并通过示例代码和图表展示它们的工作原理。如图 10.1 所示。

1. Spring

概述：Spring 是一个轻量级的控制反转（Inversion of Control，IoC）和面向切面编程（Aspect Oriented Programming，AOP）的容器框架。

核心特点：

（1）依赖注入：自动管理对象间的依赖关系。

（2）面向切面编程：提供了丰富的 AOP 功能。

（3）模块化：包含多个模块，如 Spring MVC、Spring Security 等。

以下示例代码展示了一个使用 Spring 控制器（@RestController）的简单示例，它会响应 HTTP 请求，并返回字符串"Hello, World!"。页面显示如图 10.1 所示。

```
@RestController
public class GreetingController {

    @RequestMapping("/greet")
    public String greet() {
        return "Hello, World!";
    }
}
```

图 10.1 示例页面

Spring 工作原理如图 10.2 所示。

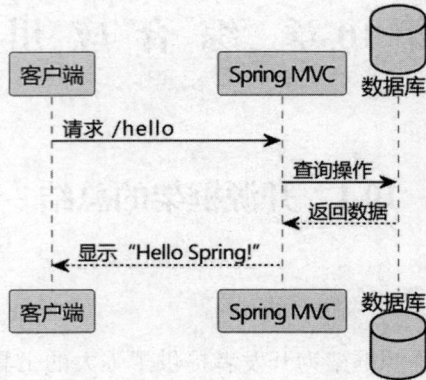

图 10.2　Spring 工作原理

2. Hibernate

概述：Hibernate 是一个 ORM 框架，用于将 Java 对象映射到数据库表。

核心特点：

（1）数据持久化：简化了 Java 对象和数据库间的映射。

（2）查询语言：提供了强大的查询语言 HQL。

以下示例代码展示了如何使用 Hibernate（通过 JPA 注解）来定义一个 Java 实体类，并将其映射到数据库表中。

```
@Entity
public class User {
    @Id
    private Long id;
    private String name;
    // getters and setters
}
```

Hibernate 工作原理如图 10.3 所示。

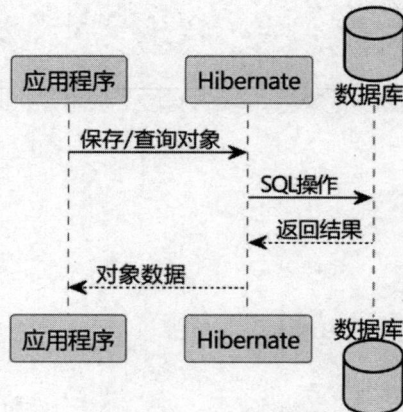

图 10.3　Hibernate 工作原理

3.　Apache Struts

概述：Apache Struts 是一个基于 MVC 架构的 Web 应用框架。

核心特点：

（1）模型-视图-控制器：分离业务逻辑、用户界面和控制流。

（2）插件架构：支持通过插件扩展功能。

以下示例代码代码展示了 Struts 框架如何将一个简单的 HTTP 请求映射到一个对应的 Action 类，并通过 ActionForward 指定跳转到的视图。这是 Struts 控制器的典型模式，用于处理用户请求、执行逻辑并返回视图。

```
public class HelloWorldAction extends Action {
    public ActionForward execute(ActionMapping mapping, ActionForm form,
        HttpServletRequest request, HttpServletResponse response)
        throws Exception {
        return mapping.findForward("success");
    }
}
```

Apache Struts 工作原理如图 10.4 所示。

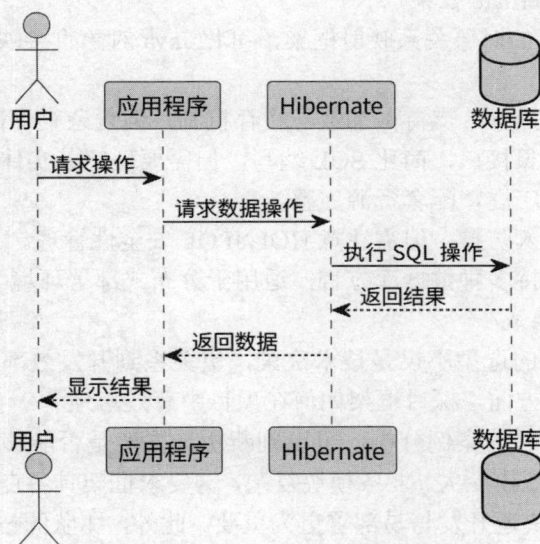

图 10.4　Apache Struts 工作原理图

以上介绍的框架在 Java 开发中比较常用且功能强大。每个框架都有其特定的用途和优势，选择合适的框架可以极大提升开发效率和应用性能。通过这些示例代码和图表，我们可以直观地理解各个框架的工作原理和应用方式。

10.1.2　开源框架的选择和评估

在 Java 项目中选择合适的开源框架是关键决策之一。合适的框架不仅可以提高开发效率，还能确保应用的稳定性和可维护性。有效的开源框架选择对于 Java 项目的成功至关重要。本小节将深入讨论如何根据项目的特定需求选择和评估合适的 Java 开源框架。

1. 开源框架评估标准

在选择框架之前，开发团队应从多个维度对框架进行系统评估，以下为常用评估指标：

性能：框架的运行效率及资源消耗水平，例如响应时间与吞吐量。

易用性：学习曲线是否平缓、开发接口是否友好，是否便于团队成员快速上手。

社区支持：框架是否活跃，是否有完善的技术文档与生态资源。

安全性：框架的历史漏洞、修复响应能力以及内置的安全机制。

灵活性与扩展性：框架是否便于定制，是否能顺利与其他技术栈进行集成。

2. 案例评估一：Spring 框架

Spring 是当前主流的 Java 企业级应用开发框架之一，具有良好的模块化与生态兼容性，适用于大多数中大型项目。

性能：提供高效的依赖注入机制，但在大型系统中初始化与内存管理需优化。

易用性：文档丰富，社区活跃，支持广泛，入门门槛低。

社区支持：拥有全球最大 Java 社区之一，教程、博客、插件资源丰富。

安全性：搭配 Spring Security 可实现完善的身份验证与访问控制。

灵活性与扩展性：模块高度解耦，适合微服务架构，易于与第三方系统对接。

3. 案例评估二：Hibernate 框架

Hibernate 是广泛应用的对象关系映射框架，可将 Java 对象直接映射到数据库表，实现数据访问层的抽象与简化。

性能：优化了数据库操作，支持懒加载与缓存机制，但复杂查询需谨慎设计。

易用性：提供面向对象接口，简化 SQL 编写，但需要理解其实体管理机制。

社区支持：社区基础广泛，配套资源完整。

安全性：内建基本注入防护，但需注意 HQL/JPQL 安全性管理。

灵活性与扩展性：支持多种数据库方言，适用于分布式部署环境。

4. 实战应用与项目集成

在实际项目中，框架的选型不仅是技术决策，更关系到开发效率和项目成功率。下面结合实际开发中的几个关键方面，探讨框架如何在项目中有效落地。

首先，通过对真实项目的案例分析，可以判断所选框架是否能够满足特定需求。例如在大型企业级应用中，项目规模庞大、业务模块复杂，这要求框架具备良好的模块化和高可维护性；而对于中小型项目，快速开发与易部署更为重要。此外，团队的技术背景、熟悉度和学习成本也是选型时的重要考量。

其次，性能测试是验证框架可靠性的关键步骤。可使用 JMeter、Apache Bench 等压力测试工具，模拟高并发访问场景，评估系统在实际运行环境下的响应时间、吞吐量及资源占用情况，提前识别潜在瓶颈。

安全方面，建议借助 SonarQube、OWASP 工具对框架及其应用层代码进行定期审计，识别可能存在的安全漏洞。同时结合日志分析和版本更新策略，及时修复漏洞、加强权限控制，提升系统整体安全性。

在技术栈集成方面，需要分析框架与现有系统（如 Redis、Kafka、MySQL）之间的兼容性与依赖关系。良好的集成能力能够有效降低迁移成本，实现新旧系统之间的平滑衔接。

最后，总结一些业界常见的框架使用最佳实践：合理划分模块与包结构，便于功能复用与维护；使用配置中心集中管理系统参数，提高部署灵活性；通过面向切面编程统一处理日志、异常和权限控制；持续关注社区动态和版本升级，确保系统长期稳定运行。

10.1.3 开源框架的集成和实践案例

成功集成开源框架到 Java 项目中不仅能提高开发效率，还能增强应用的功能性和可靠性。本小节将通过实际案例展示如何在 Java 项目中集成和应用几种常见的开源框架。

1. Spring Boot 和 MyBatis 集成实例

场景：在 Web 应用中集成 Spring Boot 框架和 MyBatis ORM 框架。

目的：利用 Spring Boot 的便捷性和 MyBatis 的灵活性，实现高效的数据处理。

核心代码如下：

```
@SpringBootApplication
public class MyApp {
    public static void main(String[] args) {
        SpringApplication.run(MyApp.class, args);
    }
}


@Mapper
public interface UserMapper {
    @Select("SELECT * FROM users WHERE id = #{id}")
    User getUserById(int id);
}
```

Spring Boot 和 MyBatis 集成实例原理如图 10.5 所示。

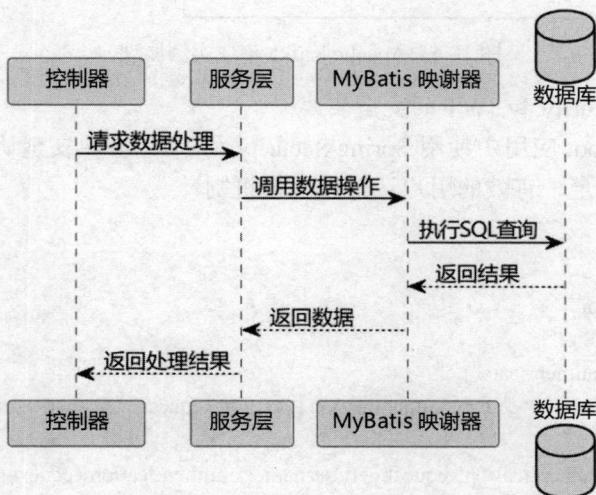

图 10.5 Spring Boot 和 MyBatis 集成实例原理

2. Apache Kafka 集成实例

场景：在 Java 应用中集成 Apache Kafka 进行消息处理。

目的：构建高吞吐量、可扩展的消息队列系统。

核心代码如下：

```java
@Configuration
public class KafkaProducerConfig {
    @Value("${kafka.bootstrap.servers}")
    private String bootstrapServers;

    @Bean
    public ProducerFactory<String, String> producerFactory() {
        Map<String, Object> configProps = new HashMap<>();
        configProps.put(ProducerConfig.BOOTSTRAP_SERVERS_CONFIG, bootstrapServers);
        configProps.put(ProducerConfig.KEY_SERIALIZER_CLASS_CONFIG, StringSerializer.class);
        configProps.put(ProducerConfig.VALUE_SERIALIZER_CLASS_CONFIG, StringSerializer.class);
        return new DefaultKafkaProducerFactory<>(configProps);
    }

    @Bean
    public KafkaTemplate<String, String> kafkaTemplate() {
        return new KafkaTemplate<>(producerFactory());
    }
}
```

Apache Kafka 集成实例原理图表如图 10.6 所示。

图 10.6　Apache Kafka 集成实例原理

3. 结合 Spring Security 和 JWT 的安全实践

场景：在 Spring Boot 应用中使用 Spring Security 和 JWT 实现安全认证。

目的：提供一种安全、有效的用户认证和授权机制。

核心代码如下：

```java
@RestController
@RequestMapping("/api")
public class UserController {
    @PostMapping("/authenticate")
    public ResponseEntity<?> createAuthenticationToken(@RequestBody JwtRequest authenticationRequest)
throws Exception {
        authenticate(authenticationRequest.getUsername(), authenticationRequest.getPassword());
        final UserDetails userDetails = userDetailsService.loadUserByUsername(authenticationRequest.getUsername());
        final String token = jwtTokenUtil.generateToken(userDetails);
        return ResponseEntity.ok(new JwtResponse(token));
    }
}
```

安全认证原理如图 10.7 所示。

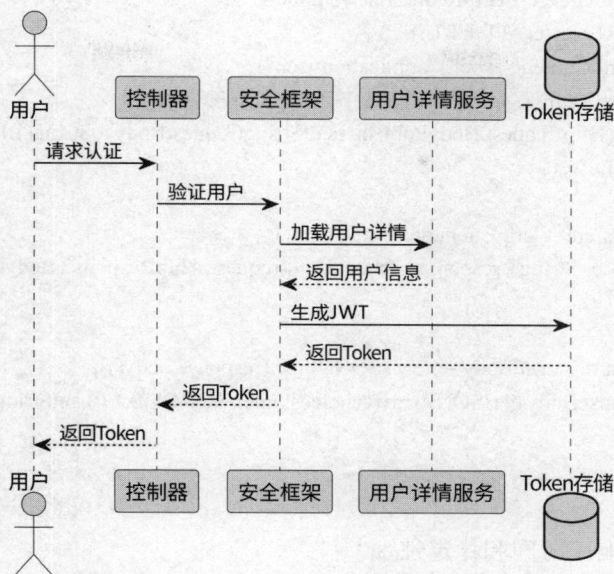

图 10.7 安全认证原理

集成开源框架到 Java 项目中是一个涉及多个技术层面的过程。理解每个框架的工作原理和最佳实践，以及如何将它们有效地组合并使用，是确保项目成功的关键。通过实际的示例代码和原理图，可以更好地理解这些集成如何在实际项目中发挥作用。

10.2　文心一言在 Java Web 应用中的应用前景

10.2.1　文心一言在 Java Web 应用中的集成

文心一言的核心技术原理与应用场景已在第 1 章中介绍，本节将重点介绍如何在 Java Web 应用中集成并调用其服务，以实现智能文本生成与增强用户交互体验。

1. 集成文心一言到 Java Web 应用

目的：通过集成文心一言提高用户交互体验。

方法：使用 Java 程序调用文心一言的 API 接口。

核心代码如下：

```
public class WenxinYiyanService {
    private static final String API_URL = "https://api.wenxinyiyan.com/v1/engines/your_model/completions";

    public String getWenxinYiyanResponse(String prompt) {
        // 构造请求体
        JSONObject requestBody = new JSONObject();
        requestBody.put("prompt", prompt);
        requestBody.put("max_tokens", 50);
```

```
    // 发送请求
    HttpRequest request = HttpRequest.newBuilder()
        .uri(URI.create(API_URL))
        .header("Content-Type", "application/json")
        .header("Authorization", "Bearer YOUR_API_KEY")
        .POST(HttpRequest.BodyPublishers.ofString(requestBody.toString()))
        .build();

    HttpClient client = HttpClient.newHttpClient();
    HttpResponse<String> response = client.send(request, HttpResponse.BodyHandlers.ofString());

    // 解析响应
    JSONObject responseBody = new JSONObject(response.body());
    return responseBody.getJSONArray("choices").getJSONObject(0).getString("text");
    }
}
```

2．考虑因素

性能：确保 API 响应时间和稳定性。

成本：考虑调用 API 的费用。

隐私和安全性：确保用户隐私和数据的安全。

3．实际案例

案例分析：分析实际项目中文心一言的集成和应用情况，包括用户反馈、使用场景等。

将文心一言集成到 Java Web 应用中可以显著提升用户交互体验和加强应用功能。通过理解文心一言的核心原理和探索其在实际项目中的应用，开发者能够有效地利用这项先进技术，为他们的应用程序带来创新和价值。

10.2.2　文心一言在 Java Web 应用中的潜在用途

文心一言在 Java Web 应用中的应用前景广阔，从提高用户体验到优化后端服务，它提供了多种可能性。本小节将探讨文心一言在 Java Web 应用中的潜在用途，并提供示例代码。

1．用户交互增强

场景：使用文心一言改进客户服务和用户体验。

应用：引入智能聊天机器人，提供自动化的客户咨询和支持。

核心代码如下：

```
// 聊天机器人接口
@GetMapping("/chat")
public ResponseEntity<String> chatWithUser(@RequestParam String query) {
    String response = wenxinYiyanService.getWenxinYiyanResponse(query);
    return ResponseEntity.ok(response);
}
```

2．内容生成与管理

场景：利用文心一言自动生成或编辑内容。

应用：动态生成文章、新闻、产品描述等。

核心代码如下：

```
// 自动生成内容
public String generateContent(String topic) {
    String prompt = "写一篇关于" + topic + "的文章";
    return wenxinYiyanService.getWenxinYiyanResponse(prompt);
}
```

3.　数据分析与处理

场景：使用文心一言进行数据分析和解读。

应用：提供数据分析报告、解释统计结果等。

核心代码如下：

```
// 数据分析
public String analyzeData(String dataDescription) {
    String prompt = "分析以下数据：" + dataDescription;
    return wenxinYiyanService.getWenxinYiyanResponse(prompt);
}
```

4.　教育和培训

场景：利用文心一言进行在线教育和培训。

应用：自动回答学习相关的问题，提供辅助教学。

核心代码如下：

```
// 辅助教学
public String provideEducationalSupport(String question) {
    return wenxinYiyanService.getWenxinYiyanResponse(question);
}
```

5.　语言处理和翻译

场景：使用文心一言进行语言处理和翻译工作。

应用：实现多语言翻译、自然语言理解等。

核心代码如下：

```
// 语言翻译
public String translateText(String text, String targetLanguage) {
    String prompt = "将以下文本翻译成" + targetLanguage + "：" + text;
    return wenxinYiyanService.getWenxinYiyanResponse(prompt);
}
```

10.2.3　实际案例分析

将文心一言集成到 Java Web 应用可以大大提升应用的互动性和智能化水平。本小节将通过一个实际案例来展示如何在 Java Web 项目中集成和使用文心一言。

1.　项目概述

场景：在电商平台中集成文心一言以提供智能客服服务。

目的：利用文心一言提供即时的客户咨询服务，改善用户体验。

2.　系统架构

技术栈：Java，Spring Boot，文心一言 API，MySQL。

组件如下：

UI：负责展示商品信息和接收用户查询指令。

后端服务：处理业务逻辑，与文心一言 API 和数据库进行交互。

文心一言 API：将用户的查询指令发送给文心一言并获取智能回复。

数据库：存储用户信息和商品数据。

3. 聊天接口集成

核心代码如下：

```java
@RestController
public class ChatController {
    private final WenxinYiyanService wenxinYiyanService;

    public ChatController(WenxinYiyanService wenxinYiyanService) {
        this.wenxinYiyanService = wenxinYiyanService;
    }

    @PostMapping("/chat")
    public ResponseEntity<String> getResponse(@RequestBody String userInput) {
        String response = wenxinYiyanService.getWenxinYiyanResponse(userInput);
        return ResponseEntity.ok(response);
    }
}
```

4. 用户界面设计

设计：简洁直观的聊天界面，支持文本输入和显示文心一言的回答。

实现：使用 HTML、CSS 和 JavaScript 创建响应式用户界面。

5. 数据存储和管理

数据库设计：存储用户查询指令和文心一言的回答，用于进一步分析和优化。

安全性：确保存储数据的安全性和隐私保护。

6. 性能和可扩展性

缓存机制：引入缓存，减少对文心一言 API 调用，从而提高响应速度并减少成本。

负载均衡：采用负载均衡策略来确保在高流量情况下应用的稳定性和可用性。

这个实际案例展示了如何在 Java Web 项目中集成文心一言。此类集成不仅提升了应用的智能化水平，还优化了用户体验。通过合理的系统设计和技术实施，可以有效地将文心一言融入现有的 Java Web 应用中。

10.2.4 挑战与机遇

将 AI 技术，特别是像文心一言这样的模型，融入传统的 Java Web 开发，既带来挑战也带来机遇。本小节将探讨这些挑战和机遇，并展示如何利用这些机遇优化 Web 应用。

1. 技术融合的挑战

兼容性问题：将 AI 技术与现有技术栈相融合可能面临兼容性问题。

性能考量：AI 模型可能对系统性能产生影响，尤其是在响应时间和资源消耗方面。

数据隐私和安全：使用 AI 技术处理敏感数据时，必须确保数据的安全和隐私保护。

2. 机遇与应用

用户体验改善：利用 AI 技术提供个性化的用户体验和高效的服务。

业务流程优化：使用 AI 技术自动化常规任务和流程，提高效率。

新功能实现：利用 AI 技术实现以往难以实现的功能，如智能推荐、预测分析等。

3. 融合案例：智能推荐系统

场景：在电商平台中集成智能推荐系统。

技术栈：Java、Spring Boot、文心一言 API、推荐算法。

核心代码如下：

```
@RestController
public class RecommendationController {
    private final RecommendationService recommendationService;

    @GetMapping("/recommendations")
    public ResponseEntity<List<Product>> getRecommendations(@RequestParam String userPreferences) {
        List<Product> recommendations = recommendationService.getRecommendations(userPreferences);
        return ResponseEntity.ok(recommendations);
    }
}
```

智能推荐原理如图 10.8 所示。

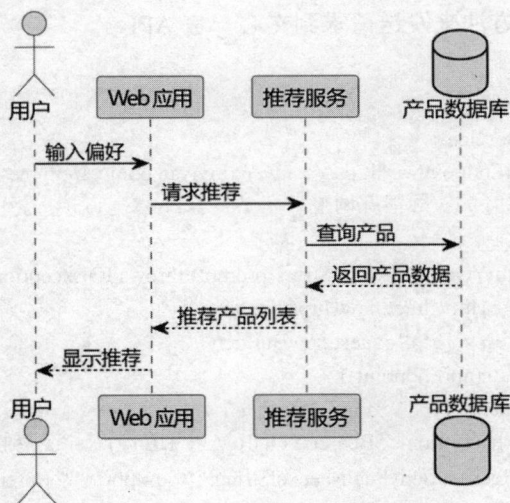

图 10.8　智能推荐原理

4. 性能和可扩展性

缓存策略：实施缓存机制以提高响应速度和减少系统负载。

异步处理：使用异步编程模型处理耗时的任务，以避免阻塞主线程。

5. 安全和隐私

数据加密：对传输和存储的敏感数据进行加密。

访问控制：实施严格的访问控制策略，确保数据安全。

将 AI 技术融入 Java Web 开发确实带来了一系列挑战，如性能优化、数据安全和隐私保护。

但同时，这也为传统 Web 应用带来了新的可能性，以及前所未有的机遇。通过克服这些挑战，开发者可以利用 AI 技术，如文心一言，大幅提升应用的智能化水平，从而为用户提供更丰富、更个性化的体验。随着技术的进步和策略的优化，将 AI 技术与传统 Web 应用结合将成为软件开发领域的重要趋势。

实验 10　Spring Boot 应用集成文心一言 API

实验目标

在这个实验中，将学习如何将文心一言集成到一个简单的 Java Web 应用中。将创建一个基于 Spring Boot 的应用，并集成文心一言 API。

实验步骤

（1）搭建 Spring Boot 项目。

使用 Spring Initializr 创建一个新的 Spring Boot 项目。

添加必要的依赖，例如 spring-boot-starter-web。

（2）创建文心一言服务类。

创建一个新的 Java 类 WenxinYiyanService。

在该类中，编写一个方法来发送请求到文心一言 API。

示例代码如下：

```java
@Service
public class WenxinYiyanService {
    private final String apiEndpoint = "https://api.wenxinyiyan.com/v1/engines/your_model/completions";
    // 请根据文心一言 API 的实际情况调整

    public String getWenxinYiyanResponse(String prompt) throws IOException, InterruptedException {
        HttpClient client = HttpClient.newHttpClient();
        HttpRequest request = HttpRequest.newBuilder()
            .uri(URI.create(apiEndpoint))
            .header("Content-Type", "application/json")
            .header("Authorization", "Bearer YOUR_API_KEY")        // 替换成自己的 API 密钥
            .POST(HttpRequest.BodyPublishers.ofString("{\"prompt\":\"" + prompt + "\",\"max_tokens\":150}"))
            .build();
        HttpResponse<String> response = client.send(request, HttpResponse.BodyHandlers.ofString());
        return response.body();
    }
}
```

（3）创建控制器。

创建一个新的 Java 类 ChatController。

添加一个端点，用于接收用户输入并调用 WenxinYiyanService。

示例代码如下：

```
@RestController
public class ChatController {
    private final WenxinYiyanService wenxinYiyanService;

    public ChatController(WenxinYiyanService wenxinYiyanService) {
        this.wenxinYiyanService = wenxinYiyanService;
    }

    @PostMapping("/chat")
    public ResponseEntity<String> chat(@RequestBody String userInput) {
        try {
            String response = wenxinYiyanService.getWenxinYiyanResponse(userInput);
            return ResponseEntity.ok(response);
        } catch (Exception e) {
            return ResponseEntity.status(HttpStatus.INTERNAL_SERVER_ERROR).body("Error:" +
e.getMessage());
        }
    }
}
```

（4）测试应用。

运行 Spring Boot 应用。

使用 Postman 或任何 HTTP 客户端发送 POST 请求到/chat 端点，并检查返回的结果。

习　题　10

1．描述集成 Spring Boot 与 MyBatis 的步骤和好处。

2．分析在使用 Hibernate 框架时，为什么要慎重考虑懒加载策略。

3．设计一个场景，其中文心一言可以优化 Java Web 应用的用户体验。详细描述该场景的设计要点。

附录 A Java Web 开发框架使用指南

A.1 快速参考指南

A.1.1 Java Web 开发的主要框架和技术

Java Web 开发领域包含多种框架和技术，每个都有其特定的用途和优势。以下是一些主要的框架和技术。

1. Spring

用途：提供全面的编程和配置模型，适用于任何类型的 Java 应用。

特点：支持依赖注入（DI），面向切面编程（AOP），数据访问，事务管理等。

2. Spring Boot

用途：简化 Spring 应用的配置和部署。

特点：自动配置，内嵌服务器选项，能够独立运行，提供了多种生产就绪特性。

3. Hibernate

用途：提供 Java 对象和数据库表之间的映射。

特点：强大的 ORM 支持，具备缓存机制和查询语言（HQL）。

4. Java Persistence API（JPA）

用途：定义了对象关系映射（ORM）的标准。

特点：独立于特定 ORM 解决方案，简化了数据持久化的工作。

5. Struts 2

用途：作为一个模型-视图-控制器（MVC）框架，用于构建 Web 应用。

特点：可插拔的架构，支持 REST、AJAX、JSON。

6. Java Servlet API

用途：定义用于 Web 应用程序的 Java 类。

特点：支持请求-响应编程模型，生命周期管理。

7. Java Server Pages（JSP）

用途：用于开发动态 Web 内容。

特点：可嵌入 Java 代码的 HTML 模板，支持自定义标签库。

8. JavaServer Faces（JSF）

用途：用于构建基于组件的用户界面。

特点：支持 UI 组件模型、事件处理、页面导航。

9. Spring MVC

用途：Spring 框架的一个模块，用于构建 Web 应用程序。

特点：拥有强大的配置功能，与 Spring 生态系统无缝集成。

10.　Microservices Architecture

用途：构建灵活、可伸缩的应用程序。

特点：可以进行服务分解、独立部署、去中心化数据管理。

了解这些框架和技术对于任何希望在 Java Web 开发领域发展的开发者来说都是至关重要的。它们提供了构建高效、可维护和可扩展 Web 应用程序所需的工具和方法。

A.1.2　关键术语和概念：列出常用术语和概念的定义

在 Java Web 开发中，存在一系列重要的术语和概念。了解这些基本概念对于理解和应用相关技术至关重要。

1.　模型-视图-控制器（MVC）

定义：一种设计模式，用于将应用程序分为三个主要的逻辑部分：模型、视图和控制器。这种分离有助于管理复杂的应用程序，因为它允许单独修改各个部分，而不影响其他部分。

2.　依赖注入（DI）

定义：一种设计模式，其中对象的依赖项不是由对象本身创建的，而是由外部实体提供。这种方法简化了类之间的依赖管理，提高了代码的模块化和可测试性。

3.　面向切面编程（AOP）

定义：一种编程范式，用于增强模块化，通过将影响多个类的行为（如日志记录、事务管理）分离到可重用的组件中。

4.　对象关系映射（ORM）

定义：一种技术，用于在关系数据库和面向对象编程语言之间进行映射。这使开发者可以使用面向对象的思维方式来操作数据库。

5.　RESTful Web 服务

定义：一种基于 REST 原则的 Web 服务设计风格。这种风格使用标准的 HTTP 方法，如 GET、POST、PUT、DELETE，并且消息通常基于文本格式，如 JSON 或 XML。

6.　Spring Bean

定义：在 Spring 框架中，Bean 是一个被 Spring IoC 容器管理的对象。这些 Bean 是 Spring 应用程序的主要构成部分。

7.　Java Persistence API（JPA）

定义：一种 Java 规范，为对象关系映射提供了一套标准。JPA 使开发者可以更容易地将 Java 对象映射到关系数据库中。

8.　Servlet

定义：一种 Java 程序，用于扩展服务器的功能。Servlet 通常处理 HTTP 请求并生成响应。

9.　JavaServer Pages（JSP）

定义：一种用于生成 HTML 或其他文档类型的 Web 页面的技术。JSP 允许将 Java 代码嵌入到 HTML 页面中。

10.　Spring Security

定义：一个提供全面的安全服务的框架，主要用于基于 Spring 的应用程序。它支持身份验证、授权以及与安全相关的多种防护措施。

这些概念构成了 Java Web 开发的基本框架，理解它们对于有效地利用 Java Web 技术至关重要。

A.2　主流框架对比

框架比较：在 Java Web 开发中，有几个主流框架，每个都有其独特的特点和适用场景。以下是对 Spring、Spring Boot、Hibernate、JPA、Struts 2 框架的比较。

1. Spring

特点：提供全面的编程和配置模型，适用于构建任何类型的 Java 应用。支持依赖注入、面向切面编程等。

适用场景：当需要构建高度可配置且可扩展的复杂企业级应用时。

2. Spring Boot

特点：简化 Spring 应用的配置和启动过程。提供了快速开发和部署的能力，内嵌服务器，自动配置等。

适用场景：当需要快速搭建和部署微服务或任何基于 Spring 的应用时。

3. Hibernate

特点：功能强大的 ORM 框架，提供了对象到关系数据库的映射。支持延迟加载、缓存等。

适用场景：适用于需要复杂对象关系映射和数据库操作的应用。

4. JPA

特点：定义了对象关系映射的标准。允许开发者以面向对象的方式操作数据库。

适用场景：当需要一个标准化的 ORM 解决方案时，特别是在不同的 ORM 框架间迁移时。

5. Struts 2

特点：基于 MVC 设计模式的 Web 应用框架。支持 REST、AJAX、JSON 等。

适用场景：适用于需要构建大型企业级 Web 应用的情况，尤其是对分层架构和可扩展性有较高要求时。

通过对这些框架的对比，开发者可以根据自己的项目需求和环境特点选择适合的框架。理解每个框架的优势和局限性是进行高效 Web 开发的关键。

A.3　实用技巧和最佳实践

A.3.1　问题解决：常见问题的解决方案

在 Java Web 开发过程中，开发者可能会遇到一系列常见的问题。以下是一些典型问题的解决方案。

1. 性能瓶颈

问题：应用运行缓慢或响应时间长。

解决方案：

（1）使用性能分析工具（如 JProfiler、VisualVM）定位热点。

（2）优化数据库查询，使用索引和缓存。

（3）减少网络延迟，例如使用更有效的数据传输格式（如 JSON）。

2. 内存泄漏

问题：应用消耗过多内存，导致效率下降或崩溃。

解决方案：

（1）使用内存分析工具（如 Eclipse Memory Analyzer）检查和修复内存泄漏。

（2）确保在不需要时释放对象引用。

（3）使用弱引用和缓存策略。

3. 并发问题

问题：在多线程环境下，应用表现出数据不一致或竞态条件。

解决方案：

（1）使用 Java 并发工具，如 synchronized 关键字、ReentrantLocks、ConcurrentHashMap 等。

（2）设计线程安全的数据结构和算法。

（3）对共享资源进行适当的同步。

4. 数据库连接问题

问题：数据库连接过多或过少，影响性能和可靠性。

解决方案：

（1）使用连接池管理数据库连接。

（2）调整连接池配置，如最大和最小连接数，连接超时时间等。

5. 依赖管理

问题：应用中出现库依赖冲突或版本不一致问题。

解决方案：

（1）使用 Maven 或 Gradle 来管理项目依赖。

（2）定期更新依赖，并测试兼容性。

6. 安全漏洞

问题：应用面临 SQL 注入、XSS 攻击、CSRF 攻击等安全威胁。

解决方案：

（1）使用预编译的 SQL 语句防止 SQL 注入。

（2）对用户输入进行验证和清理以防止 XSS 攻击。

（3）实施 CSRF 令牌或类似策略防止 CSRF 攻击。

7. 配置问题

问题：应用在不同环境中配置复杂或错误。

解决方案：

（1）使用外部配置文件或环境变量。

（2）在开发、测试和生产环境中分别维护不同的配置。

（3）这些解决方案旨在帮助开发者处理日常开发中的常见问题，提供清晰的指导和最佳实践。通过这些解决方案，开发者可以提高 Java Web 应用的性能、可靠性和安全性。

A.3.2　性能优化：Java Web 应用的性能优化技巧

优化 Java Web 应用的性能是确保快速响应和提高用户满意度的关键。以下是一些性能优化的技巧。

1. 代码级优化

技巧：

（1）优化热点代码：使用性能分析工具找出耗时的部分，对其进行优化。

（2）减少不必要的对象创建：避免在循环中创建对象，使用对象池。

（3）使用高效的数据结构：根据需求选择合适的数据结构。

2. 数据库优化

技巧：

（1）索引优化：确保数据库查询使用到索引。

（2）查询优化：避免使用复杂的 SQL 查询，尽量减少 JOIN 操作。

（3）使用批处理和预编译语句来减少数据库访问次数。

3. 缓存策略

技巧：

（1）应用级缓存：使用缓存框架（如 Ehcache）缓存常用数据。

（2）数据库缓存：合理使用数据库缓存来提高查询效率。

（3）分布式缓存：在高并发情况下使用 Redis 或 Memcached。

4. 并发处理

技巧：

（1）使用线程池来管理线程资源。

（2）优化同步代码，避免长时间锁定资源。

（3）利用 Java 并发包提供的工具，如 ConcurrentHashMap、CountDownLatch 等。

5. Web 服务器和应用服务器调优

技巧：

（1）调整服务器设置，如线程池大小，连接数。

（2）使用负载均衡减少单个服务器的压力。

（3）启用 HTTP 压缩和缓存来减少数据传输量。

6. 前端优化

技巧：

（1）压缩和合并 CSS 和 JavaScript 文件。

（2）优化图像大小和格式。

（3）使用异步加载和延迟加载技术。

（4）对于耗时的操作，使用异步处理。

（5）使用消息队列来处理高峰时期的负载。

7. 监控和日志记录

技巧：

（1）实时监控应用性能和异常。

（2）使用日志记录关键事件，便于问题的快速定位和解决。

通过运用这些性能优化技巧，可以显著提高 Java Web 应用的响应速度和处理能力。重要的是要根据应用的具体情况和需求来选择合适的优化策略。

A.4　安 全 指 南

安全实践：保护 Web 应用安全的基本方法

在 Web 应用开发中，安全是一个不容忽视的重要方面。以下是一些基本的安全实践，以帮助保护 Java Web 应用免受常见的安全威胁。

1. 输入验证和清理

（1）对所有用户输入进行验证，避免 SQL 注入、XSS 攻击等。

（2）使用白名单而非黑名单来验证输入。

（3）对用户输入进行严格的验证和清理，确保输入格式正确，不包含恶意代码。

2. 使用 HTTPS

（1）对所有传输数据使用 HTTPS 加密，以保护数据在互联网上的传输安全。

（2）获取并安装 SSL 和 TLS 证书。

3. 身份验证和授权

（1）实现强大的身份验证机制，如多因素认证。

（2）确保敏感操作或数据的访问受到适当的授权控制。

（3）使用现成的安全框架，如 Spring Security，来管理身份验证和授权。

4. 避免暴露敏感信息

（1）保护应用错误信息不被暴露给用户或攻击者。

（2）配置错误处理，以避免泄露栈跟踪和敏感的系统信息。

5. 会话管理

（1）安全地管理用户会话，例如，使用安全的、难以预测的会话 ID。

（2）在适当的时候使会话无效，如用户退出登录时。

6. 文件上传和处理

（1）限制上传文件的类型和大小。

（2）对上传的文件进行扫描，以防止恶意代码的上传。

7. 定期更新和补丁

（1）定期更新应用程序和其依赖的库，以修补已知的安全漏洞。

（2）关注并及时应对安全漏洞公告。

8. 安全编码标准

（1）遵循安全编码最佳实践和指南。

（2）进行代码审查，以发现和修补安全漏洞。

9. 日志和监控

（1）实施日志记录策略，记录安全相关事件。

（2）定期审核日志，以识别可疑活动。

通过实施这些安全实践，可以显著提高 Web 应用的安全性，降低遭受攻击和数据泄露的风险。安全防护是一个持续的过程，需要定期评估和改进。

A.5 扩展阅读和资源

A.5.1 书籍和在线资源

为了帮助读者更深入地了解 Java Web 开发和相关技术，以下是一些推荐的书籍、网站和在线课程。

1. 推荐书籍

《Spring in Action》，作者是 Craig Walls，Ryan Breidenbach。

概述：深入介绍 Spring 框架及其生态系统，适合想要深入学习 Spring 的读者。

《Java Persistence with Hibernate》，作者是 Christian Bauer，Gavin King。

概述：详细讲解 Hibernate 框架，包括 ORM、JPA 实现等。

《Pro Java EE 5 Performance Management and Optimization》，作者是 Steven Haines。

概述：专注于 Java EE 5 的性能管理和优化。

2. 在线课程

Udemy 教学平台：Spring & Hibernate for Beginners。

概述：适合初学者的课程，涵盖 Spring 和 Hibernate 框架的基础知识。

Coursera 教学平台：Building Scalable Java Microservices with Spring Boot and Spring Cloud。

概述：教授如何使用 Spring Boot 和 Spring Cloud 构建可扩展的微服务。

3. 在线文档和网站

Spring 官方文档。

概述：提供关于 Spring 框架各个方面的最新文档。

Hibernate 官方文档。

概述：介绍 Hibernate 框架的使用和最佳实践。

Baeldung。

概述：涵盖丰富的 Java 和 Spring 相关的教程和文章。

通过这些资源的学习和探索，读者可以加深对 Java Web 开发的理解，同时保持对最新技术趋势的了解。这些资源覆盖了从基础到高级的各种主题，适合不同水平的开发者。

A.5.2 社区和论坛

Java Web 开发者可以在许多在线社区和论坛中找到知识分享、技术讨论以及同行支持。以下是一些受欢迎的社区和论坛。

Stack Overflow。

概述：全球性的程序员问答网站，拥有大量的 Java 和 Web 开发相关问题和解答库。

GitHub。

概述：不仅是代码托管平台，还有许多 Java 开源项目，可供学习。

Reddit：r/java。

概述：一个热门的社区，聚集了许多 Java 开发者，分享最新的 Java 新闻、库、教程和问题。

JavaRanch。

概述：一个友好的 Java Web 开发者社区，讨论各种 Java 相关话题，包括 Web 开发。

Oracle Java Community。

概述：官方 Java 社区，提供技术文章、论坛和各种 Java 资源。

CodeRanch。

概述：一个关于编程语言的讨论论坛，非常适合初学者和中级开发者。

DZone。

概述：提供大量的 Java 和 Web 开发相关的技术文章和指南。

JavaWorld。

概述：提供 Java 技术、新闻和资源的专业网站，适合所有级别的 Java 开发者。

这些社区和论坛提供了一个极好的机会来学习新技术、解决遇到的问题、分享经验和与其他开发者建立联系。参与这些社区和论坛可以大大加速学习过程和职业发展。

附录 B 数据库设计规范

B.1 引　　言

概述：数据库设计的重要性及其在 Web 项目中的作用。

在 Web 项目中，数据库扮演着至关重要的角色。它不仅是存储信息的地方，更是确保数据完整性、优化性能和支持业务逻辑的核心组件。良好的数据库设计对于整个 Web 项目的成功至关重要，它直接影响到应用的响应速度、数据准确性和用户体验。

1. 数据完整性和准确性

数据库是 Web 应用中信息存储和检索的关键。一个结构良好的数据库可以确保数据的准确性和一致性，从而减少错误和数据冗余。

2. 性能优化

在 Web 项目中，数据库的性能直接影响页面的加载时间和服务器的响应速度。经过精心设计的数据库可以显著提高查询效率，从而提升整个应用的性能。

3. 可扩展性和维护性

随着 Web 应用的发展，数据量和访问需求可能会迅速增长。一个设计合理的数据库可以更容易地扩展和维护，以适应未来的需求变化。

4. 安全性

数据库中可能存储敏感信息，如用户数据和商业信息。因此，数据库设计需要考虑安全措施，以防止未授权访问和数据泄露。

5. 业务支持和决策制定

数据库不仅是数据的仓库，还支持关键业务流程和数据驱动的决策制定。一个有效的数据库设计能够提供准确的数据分析和报告，支持业务增长和策略规划。

总的来说，数据库设计是 Web 项目成功的基石。它要求开发者不仅考虑当前的需求，还要预见未来的扩展。本附录将探讨如何建立一个强大、高效和可维护的数据库，以支持 Web 应用的各种需求。

B.2 规范化原则

B.2.1 基础概念：数据库规范化及其范式

数据库规范化是数据库设计中至关重要的一部分，旨在通过优化表结构来减少数据冗余和提高数据完整性。规范化的主要目标是清晰地组织数据，并确保每个数据项只被记录一次。下面是几种常见的规范化范式及其重要性。

1．第一范式（1NF）

定义：表的每一列都是不可分割的基本数据项，相同的列中不能有重复的行。

重要性：确保每个字段都具有原子性，消除了重复组，为数据完整性打下基础。

2．第二范式（2NF）

定义：在 1NF 的基础上，所有非主键字段都依赖于主键。

重要性：通过消除部分依赖，减少数据冗余，提高数据结构的稳定性。

3．第三范式（3NF）

定义：在 2NF 的基础上，所有非主键字段都直接依赖于主键，而不是通过其他字段间接依赖。

重要性：进一步减少数据冗余，确保数据依赖的直接性，提高数据的可靠性和维护性。

4．博伊斯-科德范式（BCNF）

定义：在 3NF 的基础上，强化了对依赖的处理，即使是主键的一部分也不应该依赖于其他非主键字段。

重要性：主要用于处理复合主键情况下的特殊依赖，增强数据结构的逻辑一致性。

5．第四范式（4NF）

定义：在 BCNF 的基础上，没有非平凡的多值依赖。

重要性：用于处理多值依赖，确保数据表的进一步优化。

6．第五范式（5NF）

定义：在 4NF 的基础上，所有数据表的列都是互相依赖的。

重要性：通常认为是最终的规范化目标，实现完全的冗余消除。

规范化设计是平衡数据完整性、冗余性和查询性能的艺术。过度的规范化可能导致查询性能下降，因为过度规范化后可能需要更多的表连接操作。因此，数据库设计者需要根据实际应用的需求，恰当地选择适用的规范化级别。

B.2.2　应用场景：何时应用或避免过度规范化

在数据库设计中，规范化和反规范化都有其适用场景。理解何时应用规范化以及何时考虑反规范化是关键。

1．应用规范化的场景

确保数据完整性：当数据的一致性和准确性是首要考虑条件时，规范化是必要的。例如，在金融系统或医疗信息系统中，数据的准确性是至关重要的。

避免数据冗余：在需要减少数据重复存储的场景下，规范化可以减少冗余，节省存储空间。

结构变化频繁：如果数据模型经常变更，规范化的数据库更容易适应这些变化，因为数据关系更清晰。

2．避免过度规范化的场景

性能考量：在查询性能是重要考量的系统中，如联机分析处理（OLAP）系统，过度规范化可能导致复杂的联结操作，从而降低查询效率。

大量的数据写入操作：如果系统更多地涉及数据写入而非读取，过度规范化可能导致写入操作的性能下降。

数据仓库和报告系统：在数据仓库和报告系统中，数据通常是被预先处理并优化以支持快速的查询操作，这些场景中反规范化可能更为适宜。

3. 平衡规范化和反规范化

考虑实际需求：基于应用的具体需求和数据使用模式来决定规范化的程度。需要在数据完整性、性能和可维护性之间找到平衡点。

性能测试：对数据库设计进行性能测试，以验证设计是否满足应用需求。

逐步优化：在实际应用中，可以根据性能指标和用户反馈逐步调整数据模型，实现规范化和反规范化的平衡。

总的来说，规范化和反规范化不是互相矛盾的概念，而是根据不同应用场景下的需求进行权衡的结果。理解这些原则和应用场景对于设计高效、可靠的数据库至关重要。

B.3　数据模型设计

B.3.1　实体关系模型：创建有效的实体关系图（ER 图）

实体关系模型是数据库设计的关键步骤，它帮助设计者可视化数据库结构，确保数据组织的逻辑性和有效性。创建一个有效的 ER 图涉及以下步骤。

1. 确定实体

定义：实体是可以独立存在并可被明确识别的事物或概念。在数据库中，它通常对应于一个表。

步骤：识别应用程序中的主要对象，如用户、订单、产品等，并将它们定义为实体。

2. 定义属性

定义：属性是实体的特征，如姓名、价格、数量等。

步骤：为每个实体确定必要的属性，并确定这些属性的数据类型和约束。

3. 识别关系

定义：关系描述实体之间的关联，如一对多、多对多等。

步骤：确定实体间的相互作用和依赖，如用户和订单之间的"下单"关系。

4. 建立主键和外键

定义：主键是唯一标识实体的属性，外键通常用于在一个表中引用另一个表的主键。

步骤：为每个实体选择一个主键，并在关系中使用外键来维持数据完整性。

5. 绘制 ER 图

步骤：使用专门的绘图工具或软件，将识别的实体、属性和关系可视化为 ER 图。确保图中清晰地表示了实体之间的关系，包括关系的类型（一对一、一对多、多对多）。

6. 检查规范化

步骤：审查 ER 图，确保设计遵循规范化原则。调整实体和关系以消除冗余和依赖。

7. 反馈和迭代

步骤：与开发团队、潜在用户和利益相关者讨论 ER 图，收集反馈，并根据需要进行调整。

通过有效的实体关系模型设计，可以确保数据库结构既能满足业务需求，又能保持数据的完整性和灵活性。这是建立健壮且可扩展数据库系统的基础。

B.3.2　数据建模最佳实践：构建高效数据模型的策略

创建高效且可靠的数据模型是数据库设计中的关键步骤。以下是一些最佳实践，旨在指导开发者构建更优质的数据模型。

1. 彻底理解业务需求

在开始设计之前，深入了解业务逻辑、目标和数据需求。与业务分析师、利益相关者和最终用户进行交流，确保对需求有清晰的认识。

2. 进行适当的抽象和简化

尽可能地简化数据模型，避免不必要的复杂性。通过抽象化，将复杂的业务流程转化为简单的模型结构。

3. 保持灵活性和可扩展性

考虑将来可能的变化，设计一个容易扩展和修改的数据模型。避免过度依赖当前的业务规则，这些规则可能会随时间变化。

4. 确保数据模型的规范化

应用数据库规范化原则，避免数据冗余和依赖问题。但同时也要注意过度规范化可能带来的性能问题。

5. 适当使用反规范化

在注重性能的场景中，适当使用反规范化技术，如在读取操作频繁的地方使用冗余数据以减少查询开销。

6. 清晰和一致的命名规范

使用清晰和一致的命名规范，使数据模型易于理解和维护。包括表名、字段名和约束名在内的所有命名，都应具有描述性且遵循同一套标准。

7. 考虑数据的安全性和隐私性

在设计模型时，考虑敏感数据的保护，例如使用加密算法存储敏感字段。遵守相关的数据保护法规和最佳实践。

8. 定期评估和优化

随着应用的发展，需要定期回顾并优化数据模型。使用性能分析工具监控数据库操作，并根据需要调整模型。

9. 文档化和记录

记录数据模型的设计决策和变更历史。保持文档的更新，使其反映当前的数据结构。

遵循这些最佳实践可以帮助开发者创建出既能满足当前需求，又能适应未来变化的强大数据模型，从而为整个 Web 项目的成功奠定坚实的基础。

B.4　索引和性能优化

B.4.1　索引设计：选择合适的索引及其类型和使用

在数据库设计中，合理的索引策略对于优化查询性能和提高应用整体效率至关重要。以下是索引设计的关键方面。

1. 理解索引的工作原理

索引是帮助数据库快速定位和检索数据的数据结构，可以显著加快查询速度，但也可能增加写入操作的开销。

2. 确定索引的候选列

为频繁用于查询条件（如 WHERE 子句）、排序（如 ORDER BY 子句）和连接表（如 JOIN 语句）的列添加索引。考虑对那些具有高度唯一性的列添加索引，如主键或具有许多不同值的列。

3. 索引类型

单列索引：在单个列上创建的索引。适用于只涉及该列的简单查询。

复合索引：在两个或多个列上创建的索引。适用于查询条件涉及多个列的情况。

唯一索引：确保索引列中的每个值都是唯一的。

全文索引：用于全文搜索，特别适用于包含大量文本的列。

4. 选择正确的索引类型

根据查询模式和数据特性选择合适的索引类型，还要考虑索引的维护成本和对写入操作的影响。

5. 避免过度索引

过多的索引可能会降低更新、插入和删除操作的性能。定期评估索引的效果，去除不再需要或效果不佳的索引。

6. 监控和调整索引

使用数据库性能监控工具跟踪索引的效能。根据实际的查询模式和性能数据定期调整索引策略。

7. 考虑索引对存储的影响

索引虽然可以提高查询效率，但也会占用额外的存储空间，要在有限的存储资源下权衡索引的利弊。

通过这些策略，可以确保索引的有效应用，从而在提高查询性能和保持数据操作效率之间找到平衡。合理的索引设计是实现高效数据库系统的关键组成部分。

B.4.2　查询优化：提高数据库查询效率的技巧和策略

数据库查询优化是提高 Web 应用性能的关键部分。以下是一些有效的技巧和策略，用于提高数据库查询的效率。

1. 使用有效的查询语句

尽量避免使用"SELECT *"，而是指定需要的列，以减少数据传输量。

对于复杂的查询，考虑分解为多个简单查询。

2. 优化 WHERE 子句

确保在 WHERE 子句中使用的字段已经建立索引。

避免在 WHERE 子句中使用函数或计算，这可能导致索引失效。

3. 合理使用连接

当需要合并多个表的数据时，确保连接的字段已经被索引。

尽量使用内连接（INNER JOIN）而非外连接（OUTER JOIN），因为通常内连接的效率更高。

4. 避免复杂的子查询

尽可能将复杂的子查询重写为连接，特别是在处理大型数据集时。

考虑将重复使用的子查询结果存储在临时表或视图中。

5. 使用聚合操作优化

当使用聚合函数（如 SUM，AVG，COUNT 等）时，考虑是否可以通过索引来优化。

使用 HAVING 子句时要小心，它可能会降低查询效率。

6. 利用数据库缓存

利用数据库的查询缓存机制，特别是对于频繁执行且结果集相对静态的查询。

7. 避免大量数据的一次性处理

对于大量数据的查询，考虑分批处理或分页查询，以避免对内存和处理器造成巨大负担。

8. 使用 Explain Plan

使用数据库提供的 Explain Plan 工具分析查询的执行计划，以发现性能瓶颈。

9. 持续监测和优化

定期回顾和分析查询性能，根据数据变化和应用需求调整查询策略。

10. 考虑数据分区

对于极大的数据集，考虑使用数据分区技术，将表分割成更小、更易管理的部分。

通过运用这些查询优化技巧和策略，可以显著提高数据库查询的速度和效率，从而提升整个应用的性能。

B.5　安全性和权限管理

B.5.1　数据安全：保护数据的方法

在 Web 项目中，保证数据库的安全性至关重要。这不仅涉及防止未授权访问，还包括保护数据不被窃取或篡改。以下是一些确保数据库数据安全的方法。

1. 访问控制

实施严格的访问控制策略：确保只有授权用户才能访问数据库。这包括实现用户身份验证和授权机制。

基于角色的访问控制（RBAC）：根据用户的角色分配不同的访问权限，确保用户只能访问其角色所需的数据。

2. 数据加密

传输加密：使用 SSL 和 TLS 等协议加密数据传输过程，确保数据在传输过程中不被窃取或篡改。

存储加密：对敏感数据进行加密存储，如用户密码、个人信息等。即使数据被非法访问，未经授权的人也无法读取加密数据。

3. SQL 注入防护

预防措施：避免在 SQL 查询中直接嵌入用户输入，而是使用参数化查询或存储过程。

输入验证：对用户输入进行严格的验证和清理，确保输入不包含恶意代码。

4. 审计和监控

数据库活动监控：记录和监控所有数据库操作，包括谁、何时、对哪些数据进行了何种操作。

异常检测：实现异常检测机制，以便及时发现和响应不寻常的数据库访问或操作。

5. 备份和恢复

定期备份：定期备份数据库，以防数据丢失或损坏。

灾难恢复计划：制订并测试灾难恢复计划，确保在数据丢失或系统故障的情况下能迅速恢复。

6. 更新和补丁管理

定期更新：定期更新数据库管理系统和相关软件，以修复安全漏洞。

应用安全补丁：关注并及时应用发布的安全补丁。

通过实施这些措施，可以显著增强数据库的安全性，保护数据免受各种威胁，从而为整个 Web 项目提供坚实的安全基础。

B.5.2 角色和权限：数据库层面的用户访问权限管理

在数据库设计中妥善管理用户访问权限是确保数据安全的关键环节。以下是在数据库层面管理用户访问权限的一些方法。

1. 定义清晰的角色

根据业务需求和安全策略，定义一系列数据库角色，每个角色具有特定的权限集。

例如，可以创建如管理员、开发者、报告分析师等角色，每个角色拥有对应的访问级别和操作权限。

2. 使用基于角色的访问控制（RBAC）

为用户分配一个或多个角色，而非直接分配具体权限。这样做可以简化权限管理和提高安全性。

角色定义了一组权限，这些权限决定了角色的成员可以访问和操作的数据库资源。

3. 限制权限范围

遵循最小权限原则，确保用户和角色只拥有完成其工作所必需的权限。这有助于减少潜在的安全风险，因为即使发生权限滥用或账号泄露，所能造成的损害也将是有限的。

4. 实施精细的权限控制

根据需要，为不同角色配置精细的权限，包括表级、行级甚至列级的权限控制。

例如，一些用户可能只能访问特定的表或表中的特定列。

5. 定期审查和更新权限

定期审查用户和角色的权限设置，以确保它们仍然符合当前的业务需求和安全策略。

当用户的角色或职责发生变化时，及时更新其权限。

6. 使用数据库提供的安全特性和工具

利用数据库管理系统提供的安全特性，如角色、视图、存储过程等，来实现权限管理。

使用数据库审计工具来监控和记录权限的使用情况。

7．提供适当的培训和指导

对数据库用户进行安全意识培训，确保他们了解如何安全地处理数据和遵守公司的安全准则。

提供文档和指南，帮助用户理解他们的角色和权限。

通过这些方法，可以在数据库层面有效地管理用户访问权限，从而保护数据免遭未经授权的访问和操纵。这是确保整个数据库系统安全的基础环节。

B.6　事务管理和并发控制

B.6.1　事务处理：事务的特性及其管理

在数据库系统中，事务处理是保证数据完整性和一致性的关键机制。一个事务是一系列操作，要么全部执行，要么全部不执行。以下是事务的基本特性及其管理方法。

1．事务的 ACID 特性

原子性（Atomicity）：事务中的所有操作要么全部完成，要么全部不执行。

一致性（Consistency）：事务必须使数据库从一个一致的状态转换到另一个一致的状态。

隔离性（Isolation）：一个事务的执行不能被其他事务干扰。

持久性（Durability）：一旦事务完成，其对数据库的修改应该是永久的，即使系统发生故障。

2．事务的实现

使用数据库管理系统提供的事务控制语句，如 BEGIN TRANSACTION，COMMIT 和 ROLLBACK。

在事务开始时使用 BEGIN TRANSACTION，完成所有操作后使用 COMMIT 提交事务，如遇错误或需要撤销时使用 ROLLBACK。

3．事务的隔离级别

数据库通常提供不同的事务隔离级别，包括读未提交、读已提交、可重复读和串行化。

选择合适的隔离级别可以平衡事务的准确性和性能，较高的隔离级别可以提供更好的数据完整性，但可能影响性能。

4．并发控制

并发控制是管理多个并发事务的过程，确保数据库的一致性和隔离性。

常用的并发控制技术包括锁定机制（悲观锁和乐观锁）和多版本并发控制（MVCC）。

5．死锁处理

在多个事务同时运行时可能发生死锁，即事务相互等待对方释放资源。

数据库系统通常会检测到死锁并自动回滚某些事务以解决这个问题。但在设计事务时，应尽量避免长时间持有锁以减少死锁的可能性。

6．事务日志

使用事务日志记录事务的所有修改，以支持事务的持久性和在系统发生故障时的恢复。

通过合理的事务管理，可以确保数据库操作的安全性和一致性，特别是在面对复杂的业务逻辑和高并发环境时。合适的事务处理策略对于维护数据的完整性和稳定性至关重要。

B.6.2 并发控制：处理并发访问以确保数据一致性

在多用户环境中，数据库的并发控制机制确保当多个用户同时访问数据库时，每个用户的操作不会相互干扰，从而保持数据的完整性和一致性。以下是处理并发访问的关键策略。

1. 锁定机制

悲观锁定：假设资源请求冲突发生，会在数据被访问时锁定该数据。直到当前事务完成，其他事务才能访问这部分数据。

乐观锁定：假设资源请求冲突不太可能发生，那么不立即锁定数据。会在事务提交时检查数据是否被其他事务更改，并相应地采取行动。

2. 隔离级别

不同的事务隔离级别提供不同程度的数据保护。较低的隔离级别（如读未提交）可以提高性能，但增加了数据不一致的风险；较高的隔离级别（如串行化）则相反。

3. 多版本并发控制

多版本并发控制是一种广泛使用的技术，通过为每个读取的事务创建数据的快照来避免死锁。这允许读取操作和写入操作不互相阻塞，从而提高并发性。

4. 死锁检测与解决

数据库应能够检测死锁并自动解决，通常是通过回滚其中一个事务来释放资源。

5. 一致性保护

确保在并发环境中进行的修改不会破坏数据库的一致性。例如，即使在多个事务同时更新同一数据时，也要保证最终数据的一致性。

6. 事务日志

利用事务日志记录所有更改，以便在发生冲突或故障时能够恢复到一致状态。

7. 应用层并发控制

在某些情况下，应用逻辑也可以参与并发控制，例如在应用层管理临时状态或队列。

8. 测试和优化

并发控制策略应该经过充分的测试，以确保在高负载状态下仍能维护数据的一致性和性能。

合理的并发控制策略对于任何数据库系统都至关重要，特别是在高并发的 Web 应用中。选择和实施正确的并发控制机制，可以显著提高应用的响应性和可靠性。

B.7　备份和灾难恢复

B.7.1 备份策略：有效地备份数据库数据

备份是确保数据安全的关键环节，特别是在灾难恢复情况下。以下是制定有效数据库备份策略的重要步骤。

1. 确定备份的类型

全备份：备份数据库中的所有数据。这是最完整的备份类型，但也是最耗时的。

增量备份：只备份上次全备份或增量备份后发生变化的数据。这种方式节省时间和存储空间，但恢复过程可能更复杂。

差异备份：备份自上次全备份以来所有更改的数据。

2．选择备份频率

根据数据的重要性和变化频率确定备份的频率。对于关键数据，可能需要每日甚至实时备份。

3．自动化备份过程

配置自动备份，以减少人为错误和确保定期备份的执行。许多数据库系统提供了自动备份的功能。

4．备份验证

定期验证备份数据的完整性和可恢复性。备份未经测试的数据等于没有备份。

5．在多个位置存储备份

将备份存储在多个地理位置，以防单点故障。可以考虑使用云存储服务器作为其中一个备份位置。

6．考虑备份的安全性

确保备份数据的安全，例如，通过加密备份文件来防止未授权访问。

7．制订备份计划

制订清晰的备份计划，包括备份类型、频率、存储位置和安全措施等。

8．文档化备份程序

将备份过程、位置和恢复步骤进行文档化，确保在需要时能够迅速找到并使用备份数据。

通过实施这些备份策略，可以确保在发生数据丢失或系统故障时，能够迅速恢复数据，最小化业务中断。备份是数据安全策略中不可或缺的一部分。

B.7.2　恢复计划：灾难恢复的方法和最佳实践

灾难恢复计划是保证在发生严重故障时能够迅速恢复数据库运行的重要部分。以下是灾难恢复的方法和最佳实践。

1．详细的恢复计划

制订一个全面的灾难恢复计划，明确在各种灾难发生的情况下的具体步骤和操作。包括如何快速恢复数据、重启数据库服务、切换到备用系统等。

2．多层次的恢复策略

实施多层次的恢复策略，包括立即恢复（例如使用备份的镜像）、短期恢复（例如从最近的备份中恢复）和长期恢复策略（例如从遥远地点的备份中恢复）。

3．定期恢复测试

定期进行恢复测试，以确保恢复计划的有效性和备份数据的可用性。测试过程中模拟不同类型灾难发生的情况，验证恢复策略和过程。

4．备份数据的版本控制

保持备份数据有不同的版本，以便在需要时回退到特定时间点的数据状态。

5．确保备份的完整性

定期检查备份数据的完整性和可恢复性，确保备份数据没有损坏或丢失。

6．远程备份和热备机制

除了本地备份外，还应在远程位置保留备份副本。考虑使用热备机制，如数据库镜像或复制，以实现快速切换。

7. 文档化和培训

将恢复过程进行详细文档化，并确保相关人员了解并能够执行这些步骤。

对团队进行灾难恢复流程的培训和演练。

8. 灵活性和可扩展性

灾难恢复计划应具有灵活性和可扩展性，以适应不断变化的技术环境和业务需求。

9. 合作伙伴和服务提供商

在必要时，与合作伙伴和服务提供商合作，确保他们可以支持灾难恢复策略。

通过这些策略和实践，可以确保在遇到灾难时，能够最小化数据丢失和业务中断，并迅速恢复运营。灾难恢复计划是任何数据库设计中不可忽视的重要组成部分。

B.8　文档化和维护

B.8.1　文档标准：记录和维护数据库设计文档的方法

有效的文档化是确保数据库设计的长期维护和可持续发展的关键。以下是记录和维护数据库设计文档的标准和最佳实践。

1. 创建详细的设计文档

包含所有数据模型的细节，如 ER 图、数据字典、表结构、索引、关系以及约束等。

详细记录数据库架构的设计决策和原因，包括规范化级别、选择的数据类型、索引策略等。

2. 文档更新和版本控制

确保文档随着数据库的更改而持续更新。在文档中记录所有变更的日期和内容。

使用版本控制系统来跟踪文档的变更历史，例如 Git。

3. 标准化文档格式

使用清晰、一致的格式来撰写文档，使其易于阅读和理解。

尽可能使用图形化工具来表示复杂的关系和结构。

4. 存取和分享文档

确保文档易于存取，对所有需要的团队成员可见。

考虑使用在线文档工具或企业知识管理系统来分享和存储文档。

5. 维护操作手册

编写操作手册，包括日常操作、性能监控、备份和恢复程序、常见问题解决方案等。

6. 安全性和敏感信息

在文档中明确标出包含敏感信息的部分，并管理访问权限。

7. 培训和指导

利用文档作为培训新员工和团队成员的资源，帮助他们快速理解现有的数据库结构和策略。

8. 定期审查

定期审查文档，确保其准确性和时效性。对于过时或不再使用的部分进行清理或更新。

通过遵循这些文档标准和最佳实践，可以确保数据库设计的技巧被有效地传递和保留，同时也为未来的维护和扩展提供了坚实的基础。

B.8.2 持续维护：数据库维护的策略和周期性任务

持续维护是确保数据库长期稳定运行和保持高效性能的关键。以下是实施数据库维护的策略和周期性任务。

1. 性能监控

定期监控数据库性能指标，如查询响应时间、事务处理速度、资源利用率等。

使用专业工具来帮助识别性能瓶颈和潜在问题。

2. 定期优化

根据性能监控的结果，定期对数据库进行优化。包括重新组织数据文件、优化索引、调整缓存大小等。

定期清理不必要的数据，如旧的日志文件和临时表。

3. 备份验证和恢复测试

定期验证备份的完整性和可用性。

定期进行恢复测试以确保在必要时可以快速恢复数据。

4. 更新和打补丁

定期检查并应用数据库管理系统的更新和安全补丁。

在更新前，确保备份数据，并在测试环境中测试更新。

5. 安全审计

定期审查数据库的安全设置，包括访问控制、加密措施和审计日志。

监控并响应安全漏洞和威胁。

6. 数据一致性检查

定期进行数据一致性和完整性检查，确保数据的准确性和完整性。

7. 文档更新

及时更新文档，与数据库的修改同步，包括结构变更、性能调优措施和维护操作等。

8. 灾难恢复计划的评估和更新

定期评估并更新灾难恢复计划，确保其有效性和与当前系统的一致性。

9. 用户反馈和需求评估

定期与用户沟通，收集反馈，评估新的需求或变化，确保数据库持续满足业务需求。

10. 技术培训和知识共享

定期进行技术培训和知识共享，提升团队成员的数据库维护能力。

通过实施这些维护策略和执行周期性任务，可以确保数据库系统的稳定性、安全性和最优性能，为支持业务运营和数据驱动决策提供坚实基础。

B.9 现代数据库趋势

B.9.1 新技术：云数据库、NoSQL 等现代数据库技术的兴起及其影响

数据库技术正在经历快速的演变，新兴技术如云数据库和 NoSQL 正在改变数据存储和处理的方式。以下是一些关键趋势及其对数据库设计和管理的影响。

1. 云数据库

概述：云数据库提供了灵活的扩展性、高可用性，减轻了本地基础设施管理的负担。

影响：

（1）提供了按需扩展资源的能力，支持动态调整以应对不同的负载需求。

（2）降低了物理硬件的维护成本和复杂性。

（3）需要重点关注数据迁移、安全性和合规性问题。

2. NoSQL 数据库

概述：NoSQL 数据库提供了非关系型数据存储的解决方案，支持更灵活的数据模型，特别适合处理大规模、非结构化或半结构化数据。

影响：

（1）适应了大数据和实时数据处理的需求。

（2）提供了更高的水平扩展性和分布式计算能力。

（3）强调了对数据模型和查询优化的不同考虑。

3. 自动化和人工智能在数据库管理中的应用

概述：自动化工具和 AI 技术正在被用来优化数据库性能、监控系统健康状态和预测未来的系统需求。

影响：

（1）提高了数据库的管理效率，减少了人为错误。

（2）可以动态调整资源，预测并解决潜在问题。

4. 数据安全和隐私

概述：随着数据保护法规的加强（如 GDPR），数据安全和隐私及保护成为了重要考量。

影响：

（1）加强了对加密、审计、合规性和访问控制的需求。

（2）强调了数据在设计和操作上的安全性和隐私保护。

5. 多模型数据库

概述：多模型数据库支持在单一数据库系统中处理多种数据模型，如文档、图形、键值等。

影响：

（1）提供了更大的灵活性，以适应不同的数据类型和应用需求。

（2）简化了应用架构，减少了需要集成多个数据库系统的复杂性。

6. 服务化和微服务架构

概述：数据库作为服务的概念正在兴起，与微服务架构相结合，使数据存储更加灵活和模块化。

影响：

（1）支持更短的开发周期和更灵活的扩展。

（2）强调了服务之间的松耦合和独立性。

通过了解和适应这些现代数据库技术的趋势，可以确保数据库设计和管理保持最新状态，以支持不断变化和增长的业务需求。

B.9.2　未来展望：数据库技术的发展趋势和未来方向

数据库技术正处于快速发展之中，未来的趋势预示着它们将更加智能、灵活和高效。以下是一些预见的发展方向和趋势。

1. 增强的人工智能和机器学习集成

数据库系统将更深入地集成人工智能技术和机器学习算法，实现自动化数据管理和优化任务，提高效率和性能。

AI 驱动的预测分析将成为数据库系统的标准特性，帮助企业从数据中获得更深入的洞见。

2. 自我修复和智能运维

基于机器学习的智能运维（AIOps）将在数据库管理中发挥更大的作用，包括自我修复能力，减少了对数据库管理员的依赖。

数据库将能够自动检测和修复问题，如性能下降和故障。

3. 多云和混合云策略

多云和混合云环境将成为常态，数据库将需要在不同云提供商和本地环境之间无缝集成和迁移。

数据库技术将更加灵活地支持跨云服务的数据共享和协作。

4. 边缘计算和物联网

边缘计算的崛起将使数据库技术更接近数据源，特别是在物联网设备中。

数据库将需要适应在边缘设备上运行，处理实时数据流和进行本地决策。

5. 更强的数据安全和隐私保护

数据安全和隐私保护将继续是重点关注领域，特别是在全球数据保护法规不断增强的背景下。

数据库将采用更先进的安全技术，如同态加密，以保护数据的安全和隐私。

6. 图数据库和非传统数据模型的增长

非传统数据模型，如图数据库，将因其能够处理复杂关系和模型而变得越来越流行。

这些数据库将在社交网络分析、推荐系统和欺诈检测等领域发挥重要作用。

7. 无服务器数据库和即用即付模式

无服务器架构将为数据库带来更大的灵活性和提高成本效率，特别是对于动态和不规则的工作负载。

即用即付的定价模式将使数据库服务更加灵活和可扩展。

通过了解这些未来趋势，数据库设计师和管理员可以为即将到来的变化做好准备，确保他们的技能和系统保持最新和更具备竞争力。随着技术的不断进步，适应这些变化将是数据库领域的关键。

参 考 文 献

[1] 方腾飞，魏鹏，程晓明. Java 并发编程的艺术[M]. 2 版. 北京：机械工业出版社，2023.

[2] 柳伟卫. Spring Cloud 微服务架构开发实战[M]. 北京：北京大学出版社，2018.

[3] 谭勇德. Spring 5 核心原理与 30 个类手写实战[M]. 北京：电子工业出版社，2019.

[4] 马俊昌. Java 编程的逻辑[M]. 北京：机械工业出版社，2018.

[5] 李艳鹏，杨彪，李海亮，等. 可伸缩服务架构：框架与中间件[M]. 北京：电子工业出版社，2018.

[6] 郝佳. Spring 源码深度解析[M]. 2 版. 北京：人民邮电出版社，2019.

[7] 李磊. Java EE 企业级应用开发实战：Spring Boot+Vue+Element[M]. 北京：人民邮电出版社，2023.

[8] 柳伟卫. Vue. js+Spring Boot 全栈开发实战[M]. 北京：人民邮电出版社，2023.

[9] 盖茨，派尔斯，布里赫，等. Java 并发编程实战[M]. 童云兰，译. 北京：机械工业出版社，2012.

[10] 奥克斯利. Java 性能权威指南[M]. 柳飞，陆明刚，臧秀涛，译. 北京：人民邮电出版社，2016.

[11] 埃克尔. On Java：中文版 基础卷[M]. 陈德伟，臧秀涛，孙卓，译. 北京：人民邮电出版社，2022.

[12] 维塔莱. 云原生 Spring 实战：Spring Boot 与 Kubernetes 实践[M]. 张卫滨，译. 北京：人民邮电出版社，2024.

[13] Walls, Craig. Spring in Action[M]. 6th ed. Shelter Island: Manning Publications, 2021.

[14] Urma, Raoul-Gabriel, Fusco, et al. Modern Java in Action: Lambda, Streams, Functional and Reactive Programming[M]. Shelter Island: Manning Publications, 2018.

[15] 斯皮尔卡. Spring Security 实战[M]. 蒲成，译. 北京：清华大学出版社，2022.

[16] 埃文斯，高夫，纽兰. Java 性能优化实践：JVM 调优策略、工具与技巧[M]. 曾波，译. 北京：人民邮电出版社，2020.

[17] 汪诚波，宋光慧. Java Web 开发技术与实践[M]. 北京：清华大学出版社，2018.